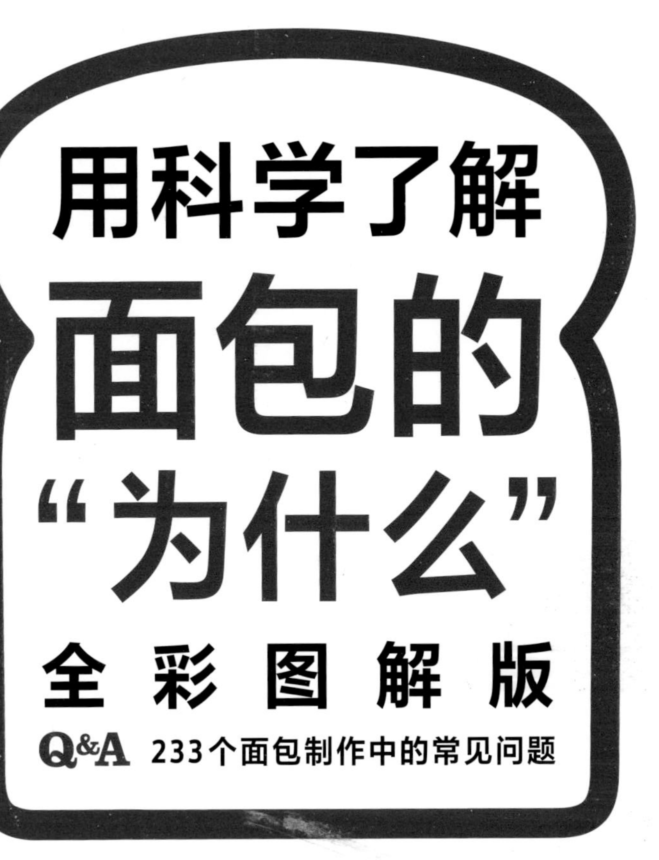

用科学了解面包的"为什么"

全彩图解版

Q&A 233个面包制作中的常见问题

［日］梶原庆春 ［日］木村万纪子 著

辻制果专门学校 监修

王春梅 译

北方联合出版传媒（集团）股份有限公司

辽宁科学技术出版社

前言

10年前，我曾写了针对在家自制面包的图书，以初学者为对象，教他们如何应对各种问题，例如“在制作面包的过程中失败，怎么都无法顺利完成”“不知道失败的原因”等，我为此还增加了面包的食谱配方，回复解答这些在制作面包过程中容易产生的疑问，最后演变成了Q&A的形式。

本书进一步针对面包烘焙爱好者，像教授学生一样，以把面包制作作为专业目标的初学者为对象，是一本以面包制作科学为主题的入门图书。

看到“用科学了解面包的‘为什么’？”这个标题，大家会有什么样的想法呢？应该会有“科学？看起来好像很困难吧！”“制作面包时这是必要的吗？”“面包和科学的关系是什么呢？”等想法吧。

几乎所有与面包制作相关的事都可以用科学道理来说明。“科学”一词，翻开词典查询，可以得到定义：借由观察和实验等经验过程被实证出来的法则与系统知识。正如本书中着重介绍的重点——面包的“为什么”，我希望尽量简洁易懂地将面包制作的科学方法传递给各位读者们，目的在于希望大家能加深对面包制作的理解，也期许能让大家活用在平日的面包制作上。

本书可能会有一些大家至今从没看过或听说过的词语或图表。本书的另一位作者木村万纪子女士，以科学的视角，将面包从制作至材料特征等内容，用科学且易于理解的方法下了一番功夫进行解说。

本书由7章的Q&A所构成。若有关于面包制作的疑问，请翻开本书查看吧。无论从哪个部分开始阅读，或是仅翻阅部分章节都可以。当然推荐从第1章开始阅读，直至最终章；或是先搜寻自己想要了解的

Q&A，再阅读其他部分。了解肉眼看不到的面包内到底发生了什么事，应该更能感受到至今没有觉察到的面包制作的魅力吧！那么通过研究科学并运用在面包制作上，就可以使面包风味一点一点地提升。

但是，即使依照书中的原理和科学的方法来制作面包，也未必能烘焙出美味的面包。在面包制作上比什么都重要的就是制作出能让食用者觉得美味的面包，这才是不能忘记的目标，这也是面包制作上困难但又充满乐趣的地方。重视经由不断重复制作获得的经验，以及面包制作的科学知识，希望大家务必加以执行。若本书在各位进行面包制作时能有所助益，将是我最大的荣幸。

最后，对于将原本照片中难以表达的面包及面团状态以极佳的照片呈现出的高户先生，以及给予我机会执笔本书的柴田书店编辑佐藤顺子女士、井上美希女士，我在此深表感谢。还有在试烤的章节中从事前的检验至拍照时各种面团的管理、校正制作的工作人员，没有诸位的协助，我无法完成本书的摄影。此外，还要感谢着手整理全部原稿和照片的近藤乃里子女士。

梶原庆春

2022年1月

目录

Contents

第1章

想了解的面包大小事

面包的小知识

第2章 制作面包前

第3章 制作面包的基本材料

小麦粉

酵母 （面包酵母）

盐

水

第4章
制作面包的辅料

砂糖

油脂

鸡蛋

乳制品

添加物

第5章
面包的制作方法

第6章 面包的教程

用教程说明构造的变化

准备工作

搅拌

烘焙完成

面包的制作

第7章 试烤

第1章

想了解的面包大小事

面包的小知识

面包的 Crust 与 Crumb 指的是哪个部分？= 表层外皮与柔软内侧

Crust 是带有烘烤色泽的表层部分，Crumb 是面包内侧含有气泡的柔软部分。

所谓的Crust是面包外侧的表皮，举例来说就是相当于吐司边的部分。而所谓的Crumb就是面包中心，白且柔软的部分。

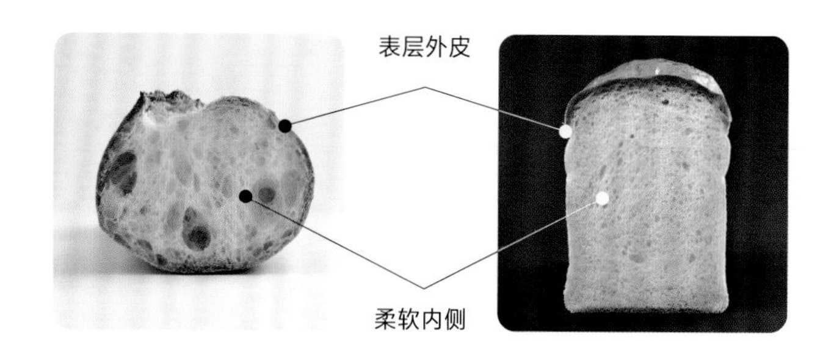

LEAN 类和 RICH 类、HARD 类和 SOFT 类，究竟指的是什么样的面包？ = 面包的类型（LEAN、RICH、HARD、SOFT）

以基本材料制作的是 LEAN 类，多作为主食食用。使用较多辅料制作的称为 RICH 类，面包房常见的大多数面包都是这一类。

HARD为硬质，SOFT为软质，是以面包表层外皮的硬度来区分的。

LEAN是单纯、无脂肪的意思，指的是面团配方仅使用基本材料（小麦、面包酵母、盐、水），或是指类似的面团。相对LEAN，RICH是丰富、浓郁的意思，基本材料中添加了较多的辅料（砂糖、油脂、鸡蛋、乳制品等）配方的面团。

HARD指的就是有硬质表层外皮的面包，大多是LEAN类配方的面包，也称为硬质面包。相反的，SOFT指的是表层外皮和内侧都柔软的面包，大多是RICH类配方，也称为软质面包。

例如，法式面包是LEAN类硬质面包的代表；布里欧则可以说是RICH类软质面包的代表。

分切面包使用波浪刀刃的面包专用刀会比较顺利吗？
= 分切面包的刀

只要好切，不一定要使用面包专用刀。

表层外皮坚硬的硬质面包，虽说以波浪刀刃可以比较容易分切表层外皮，但柔软内侧部分并没有特别需要使用波浪刀刃。若是锋利、容易分切，即使不是波浪刀刃也无妨。

通常，分切面包时会大动作地滑动刀刃，但有时对于柔软的面包，略小动作地分切可以切得更漂亮。根据面包的种类和硬度来区分刀刃的动作和力道会更合适。

最早诞生的面包是什么形状的？
= 发酵面包的起始

据说是没有膨胀、扁平硬质的成品。

人类最早食用的面包，据说是没有膨胀起来、形状扁平的硬面包。

一个偶然的机会，人类试着烘烤了一个放置后膨胀起来的面团，发现与以往烘烤的硬面包截然不同，柔软美味也更容易消化。于是思考出可以稳定地制作膨胀面团的方法。这个方法就是使用“面种”制作。

起初，面团被认为是偶然膨胀的，但膨胀的来源是存在于自然界被称为酵母（面包酵母）的微生物。现在全世界的面包在制作时不可或缺的材料就是面包酵母。

当今世界各地的面包，虽然也有不使用面包酵母来制作的种类，但大多使用小麦以外的谷物，或是以不含面筋的小麦来制作，大多也像古时一般外形薄而平。

参考 ⇒ Q57, Q58

面包传入日本大约是什么时候？
= 发酵面包的传入

据说是在16世纪后半期，始于同西班牙和葡萄牙进行贸易的契机。

虽然有各种说法，但发酵面包传入日本是在16世纪，因葡萄牙人漂流至日本，展开相互贸易而开始。

葡萄牙的贸易商或基督教传教士将西方的面包食用文化传入日本，葡萄牙语的pan（面包）就转为日文固定使用了。

江户时代后期，长崎已有面包店，面包店出售面包给滞留在当地的荷兰人，现在仍留有当时荷兰通事的备忘录。

法式面包有哪些种类?
= 法式面包的种类

有各种大小和样式，不同名称代表不同的形状。

在日本，虽然很多时候会将之笼统地称为法式面包，但其实它有很多种类。在法国，面包店按照特定的名称、地区来售卖常见的面包。虽然是以相同的面团制作而成，但会依形状、大小不同而分别命名。

名称	意思	形状
巴黎香（Parisien）	巴黎人、巴黎的	比法棍更粗，面团量更多
法棍（Baguette）	棒、杖	法国最普遍且受欢迎的种类
巴塔（Batard）	中间的	较法棍更粗且短
菲塞尔（Ficelle）	细绳	较法棍细且短
麦穗面包（Epi）	（麦）穗	类似麦穗的形状
球形面包（Boule）	球	圆形，有大有小
野菇面包（Champignon）	蘑菇	类似蘑菇的形状

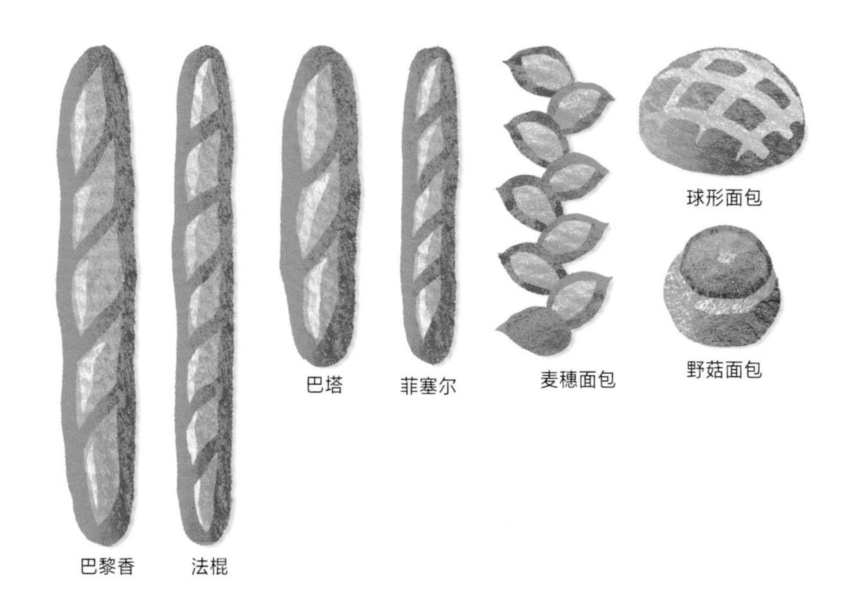

曾经看过白色的面包，要如何才能烘焙出雪白的面包呢？
= 不呈现烘烤色泽的烘焙方法

调低烘焙温度的烘烤。

调低烘焙温度（140℃以下），只要能防止美拉德反应（amino-carbonyl reaction）或焦糖化反应，避免表层外皮呈色，就能烘焙出白色的面包。

例如，蒸面包的表面呈现白色，这是因为面包是在不会发生美拉德反应的100℃以下加热而成的。烘烤面包时，烤箱温度在140℃以内，不会烤出烘烤色泽。但若是较平常烘焙的温度更低时，烘烤的时间也会随之变长，面团中的水分蒸发量也会变多，烘烤出的面包更容易变硬。

此外，面团配方中也有必须注意的地方。控制容易使面包呈色的材料（砂糖、乳制品等）的用量，也是方法之一。

参考 ⇒ Q98，Q132

布里欧有哪些种类呢？
= 布里欧的种类

依其形状而命名，即使是相同配方的面团，也会产生不同的口感。

诞生在法国诺曼底的布里欧，制作时使用了大量的鸡蛋和黄油，属于RICH类（高糖、高油成分）面包，依其形状而有各式各样的名称。

僧侣布里欧

拿铁鲁布里欧

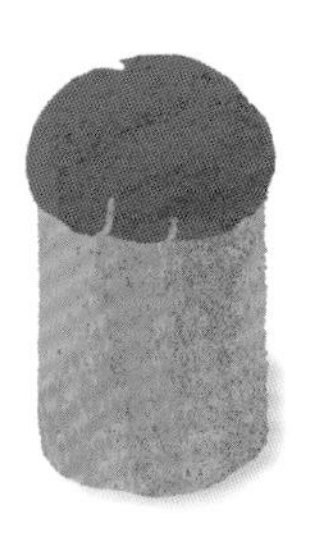

穆斯林布里欧

名称	特征
僧侣布里欧（brioche a tete）	像布里欧，本体部分柔软润泽，头部则经过充分烘烤而散发香气并且非常酥脆
拿铁鲁布里欧（brioches de Nanterre）	冠以巴黎近郊城市拿铁鲁名称的布里欧，放入上半部较宽、高度较低的磅蛋糕模具制成山形吐司。内侧润泽且柔软，表面充分烘烤至散发香气且酥脆
穆斯林布里欧（brioche mousseline）	放入穆斯林模具制成长圆柱状的面包，内侧有纵向拉长的气泡，嚼感极佳。表面经过充分烘烤散发香气且酥脆

面包或丹麦面包上摆放水果的表面大都由刷涂物包覆，它们是什么呢？ = 镜面果胶、果酱和翻糖

透明的是镜面果胶、果酱，白色的是翻糖。

透明的是镜面果胶或果酱（呈现光泽用的糕点制作材料）。刷涂这些的主要目的是呈现光泽并防止干燥。

泛白的是翻糖，糖浆熬煮后搅拌，使砂糖再次结晶化的糕点材料。

●镜面果胶

nappage在法语中是“覆盖”的意思。使用杏桃或覆盆子等水果作为原料，或是以糖类或胶化剂等制成，有需添加水分后加热再使用的类型，也有不用加热加水直接使用的种类。

●果酱

相较于镜面果胶，果酱价格较高，虽然也用于使成品散发光泽并防止干燥，但着重用于凸显蛋糕的风味。虽然各种水果都可以使用，但一般常用的是杏桃果酱。使用时会先加热，待产生流动性后，趁热用刷子刷涂。依果酱的硬度（黏度），在加热时会适度添加水分加以调节。

●翻糖

翻糖与果酱和镜面果胶不同，并不用于防止干燥，而是为了添加甜味并使外观更美丽。有原本就具流动性且可以直接使用的制品，也有些固态产品，需要添加糖浆，隔水加热至人体肌肤温度，待产生极佳的流动性后使用。

镜面果胶（加热型）、果酱

果酱或镜面果胶，若必要时可添加水分调节硬度，加热后趁热刷涂在表面

翻糖（加热型）

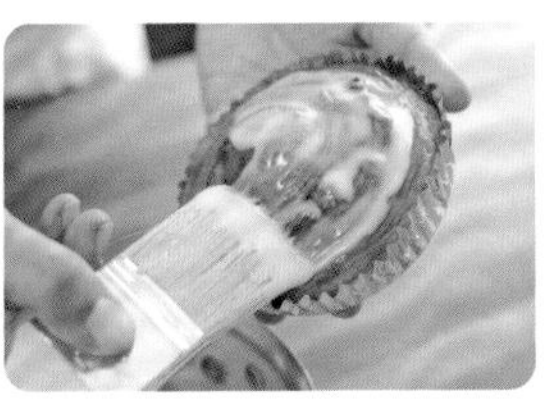

固态的翻糖，需添加糖浆，隔水加热后使用

想要制作中间孔洞较少的甜馅面包或咖喱面包时，该怎么做才好呢？ = 防止面包中间出现孔洞的方法

尽量减少馅料的水分。

甜馅面包中形成孔洞是因为烘焙时馅料水分因加热而蒸发，内馅撑起的上方面团就成为孔洞状态。不仅是甜馅面包，包入食材的包馅类型的果子面包或咖喱面包等，馅料水分越多就越容易形成孔洞。

防止出现这种状况的方法就是尽可能减少内馅中的水分。以方便操作的角度而言， 内馅含水量相对较少时，更不易散开而且更方便整合。

此外，带馅面包在包裹馅料后，从面团上方按压使其平坦，只要这个时候用手指按压中央部分（所谓的“肚脐眼”），孔洞也同样不易形成。

咖哩面包油炸时，咖哩会漏出，该怎么防止呢？
= 炸面包的注意事项

请务必完全紧闭面团的接口处。

制作咖哩面包等包裹馅料的面包时，在油炸过程中会有馅料流出造成炸油喷溅的危险，这个状况源于面团膨胀，接口处裂开。

为避免产生这个情况，包入馅料后，紧实闭合接口处非常重要。内馅的咖哩一旦粘在面团边缘，接口处会无法完全紧密黏合，因此必须多加注意。此外，闭合接口时，面团之间也必须按压紧实。

包入馅料时，一旦过于勉强按压填入，会使面团部分变薄或是裂开，这也是油炸过程中造成馅料流出的原因。

用于制作油炸类面包的面包粉，有适合或不适合的面包吗？
= 适合面包的面包粉

在甜面包上使用面包粉，可能会使油炸色过重，容易炸焦。

糖分较多的面包在油炸时会太容易上色，所以避开使用这种面包粉会比较好。面包粉采用法式面包粉或配方简单的吐司粉等比较适合。

市售的面包粉分为新鲜面包粉和干燥面包粉，粗细也各有不同。新鲜面包粉是将原料直接粉碎制成，相较于干燥面包粉，其中的含水量较多，一旦油炸后会产生酥脆又柔软的口感。干燥面包粉则是将粉碎的面包粉干燥而成（含水量14%以下），具有爽脆口感。制作时粘裹粗面包粉会有硬脆的口感；使用细面包粉时，口感会较柔和一点。

如何制作意式面包的玫瑰面包？
= 玫瑰面包的制作方法

折叠面团，以专用模具按压，
就能烘焙出具有大孔洞特征和玫瑰形状的面包了。

Rosetta是意大利面包，意思是“小玫瑰”，有着玫瑰的形状，特征是中央具有大孔洞。用独特的制作方法，以蛋白质含量少的面粉进行粗略的搅拌，在以滚轮延展折叠至面筋组织被破坏（变脆弱）前，不断地重复折叠。待发酵后，以擀面杖擀压，再以专用压模按压出六角形，进行最后发酵。借由这样的制作方法，如同p.10制作出孔洞⑤的说明一般，是大气泡相互连接产生的现象，就能烘烤出玫瑰面包中央所形成的独特的大孔洞。

玫瑰面包

玫瑰面包的压模和切模

为什么口袋面包（Pita）会形成中空呢？= 中空的口袋面包

面筋结合较弱的面团薄薄擀压后烘烤，就能做出中空的面包。

所谓的口袋面包，主要是指中东地区的主食面包，制作时烘烤成薄型的面包，据说已经有数千年的历史了。因为其中间是空的，因此英文也称为口袋面包（Pocket Bread）。它主要是以面粉、水、酵母、盐、液态油脂制作而成的。

轻轻揉和面团使其发酵，薄薄地擀压成圆片状，放入高温烤箱中短时间完成烘烤。如此就会像气球般大大地膨胀起来，形成内部中空的面包了。

用手撕开，蘸取泥状酱汁食用，或是对半切开，在中空口袋处添加蔬菜、肉类或豆类等食材，像三明治般享用。

制作出孔洞

①略硬的面团不要过分揉和

面筋组织不充足，利用较弱的连接，弱化包覆面包的薄膜。

②略短的发酵时间

避免面筋组织问题，缩短发酵时间。

因为仍需要面包酵母释放的二氧化碳，所以必须使其发酵。

③整形使用擀面杖薄薄地擀压

借由薄薄地擀压，使烘焙时面包的表面（上面、底部）快速定形，待中心温度升至高温时，就会在面包内形成中空。

④不进行最后发酵或用短时间完成

最后发酵的时间一旦过长，面筋组织的结合变强，不容易形成中空。

⑤以高温烤箱烘烤

因为是薄面团，烘烤时内部会快速传热，气泡内的气体也会立即开始膨胀，并蒸发水分。再者，借由高温烘烤使表面定形，利用气体的膨胀升高内部压力，大气泡会因压力差而吸收小气泡，形成更大的气泡。并且持续加热，使大气泡相互结合，最后在内部形成大的孔洞。

吐司分为山形吐司和方形吐司，有什么不同吗？
= 山形吐司和方形吐司的区别

特征是山形吐司松软膨胀易咀嚼，方形吐司润泽略有嚼感。

吐司分为以不加盖模具烘烤出来的山形吐司和以加盖模具烘烤出来的方形吐司。即便使用相同的面团，分割成相同重量、相同形状烘焙，最后发酵的程度与烘烤时是否加盖，也是影响是否能烤出不同特征面包的重要因素。

面包不仅是发酵的时候，连烘焙时也会膨胀（烘焙弹性）。山形吐司因为最后发酵而膨胀充满烘焙模具，没有加盖使得面团得以向上膨胀完成烘烤。因此内侧柔软部分的气泡向纵向延伸，成品面包食用时口感松软，容易咬断和咀嚼。另外，方形吐司最后发酵时，约膨胀至模型的八分满后，加盖烘烤。因此烘烤时，内侧的气泡无法完全向上延伸而变成圆形（⇒Q210，Q215）。因加盖烘烤，减少了水分的蒸发，因此相较于山形吐司，烘烤出的面包会留下较多的水分，成为口感湿润且具嚼感的面包。一旦再次加热烘烤面包后，这些特征会变得更加明显。山形吐司会形成酥脆、嚼感极佳的口感；方形吐司烤热后，加热烘烤面会硬脆，中间润泽柔软。

为什么乡村面包的表面都粘裹着粉末呢？
= 乡村面包手粉

原本是为了避免面团粘黏在发酵篮上而使用的面粉。

乡村面团柔软，整形后面团也容易变得软塌而难以保持形状，因此发酵时会使用发酵篮（⇒Q180）。此时，为了防止柔软的面团附着在发酵篮内而撒上面粉。这个面粉在进行烘焙时会留在面团表面，以此状态完成烘焙时也会存留在面包上。乡村面包烘烤前，会在面团表面划入割纹，存留的面粉使得割纹变得更加明显，割纹成为面包的装饰。

可颂和派皮面团两者都一样有层次，到底有什么不同呢？ = 有无发酵的折叠面团

折叠面团有无发酵，会形成完全不同的口感。

可颂和派皮面团，无论哪一种都是以折叠黄油等油脂制成的，因此油脂层和面团层之间的相互层叠状态都相同，最大的不同之处在于是否发酵。

可颂面团是发酵后的面团，因此能烘烤出发酵面团蓬松柔软的层次。派皮面团因为没有进行发酵，所以面团呈现酥脆的、薄薄的层次。

通过比较可颂和派皮面团，就可以充分理解。可颂和派皮面团的折叠次数也不同，但为了能更简单了解层次状态，两者皆进行3次3折叠后作比较。并且可颂在进行折叠前的面团阶段（发酵）和烘焙前（最后发酵）都适度地进行发酵。

外观

切面

可颂面团（左）蓬松胀大起来。派皮面团（右）的层次薄且脆，可以看见层叠，每个层次都清晰可见

第2章 制作面包前

面包制作的流程

制作面包的流程简单而言分为以下几个步骤。这个流程虽然符合多数的面包，但其中也有必须经过更复杂工序和步骤的种类，实际上面包的做法非常多样化。

1.搅拌	揉和材料，制作面团
2. 发酵	使面团膨胀（使其发酵）
压平排气	按压面团，排出气体
3. 分割	配合目标重量（大小），分割面团
4. 滚圆	滚圆面团
5. 中间发酵	静置完成滚圆的面团
6. 整形	整理形状
7. 最后发酵	使整理完形状的面团膨胀（使其发酵）
8. 烘焙	烘烤膨胀的面团

制作面包的工具

制作面包的工具，从适合家庭制作到专业使用，有各种各样的工具。专业工具以大型机器居多，因此不适合家庭制作时使用。

在此，针对刚开始接触面包的初学者，我将向大家介绍最基本的、适合家庭制作的工具。

●烤箱是必备品

在家制作面包，一定要有的是烤箱。使面团变为食物——面包，烤箱是不可或缺的存在。当然，也有使用小烤箱或平底锅等就能烘烤的面包，但不适用于所有的面包。

家用烤箱

顺便说一下，家用烤箱有很多附有发酵功能，若有就很方便，但即使没有这个功能也没有关系，并不影响制作。

●准备工作需要的器具

提到准备工作时使用的工具，首先是测量材料的秤。制作面包的材料中，用量最多的是面粉，用量最少的是盐或酵母（面包酵母）。必须是能同时测量这两者的秤，因此建议最大计量可达2kg，最小计量能测量至0.1g的电子秤（⇒Q170）。

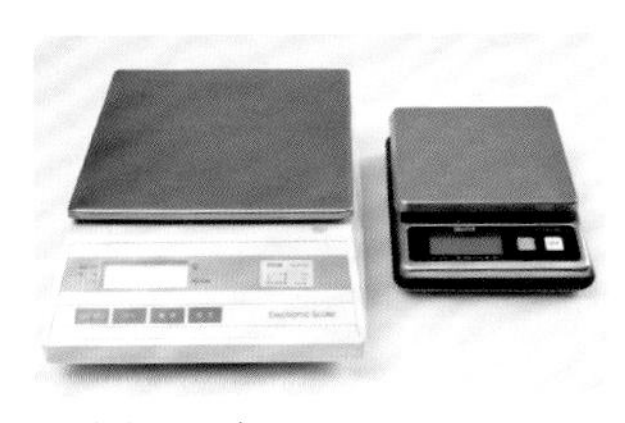

秤（电子秤）

当然，也请准备好测量材料、发酵面团时必须使用的盆、容器、混拌材料的搅拌器、刮刀等。

其次是测量水温、面团温度的温度计。为避免制作失败，调节水温、发酵器内的温度，测量并记录面团温度，都非常重要。

盆

发酵容器

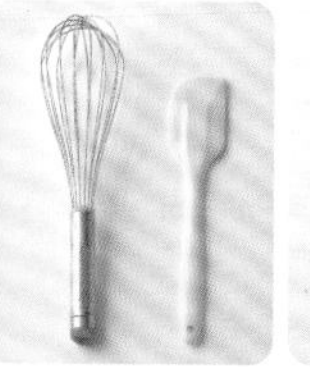

搅拌器、刮刀

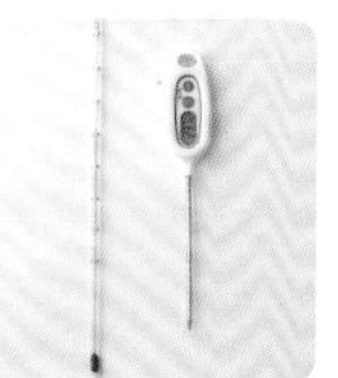

温度计

●制作面团时，先用手揉和

桌上型搅拌机

用手揉和制作面团时，是以手作为工具，因此没有其他特别需要的工具。但也有用手揉和难以制作的面包，因此在习惯面包制作过程、想要挑战各种面包时，也可以将揉和面团用的工具准备好。

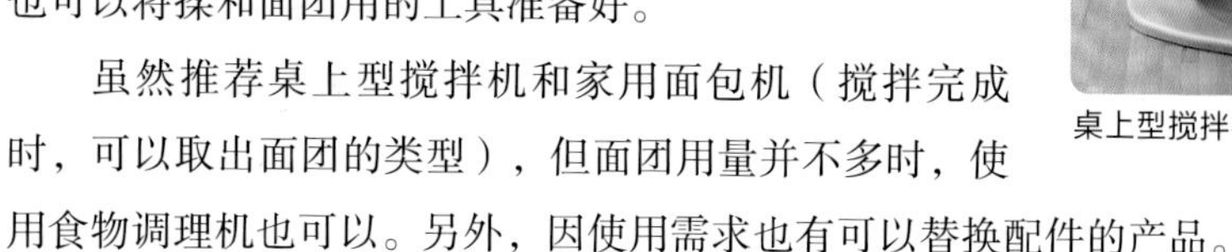

虽然推荐桌上型搅拌机和家用面包机（搅拌完成时，可以取出面团的类型），但面团用量并不多时，使用食物调理机也可以。另外，因使用需求也有可以替换配件的产品。

●发酵最重要的是温度和湿度

若有兼具发酵功能的烤箱或小型发酵器（折叠式等）就非常方便，但若没有这样专门的机器时，也可以利用身边的物品使面团顺利发酵。

在发酵时，最重要的就是合适的温度和湿度。例如，在附盖的沥水篮内倒入少量热水，或是将装有热水的容器放入泡沫箱或收纳箱等，可以借此取代发酵器（⇒Q195）。

若室温就是最合适的温度时，也可以直接放置发酵。无论哪种方法，都必须注意，为了避免干燥，以温度计进行温度管理是必要的。

家用发酵器

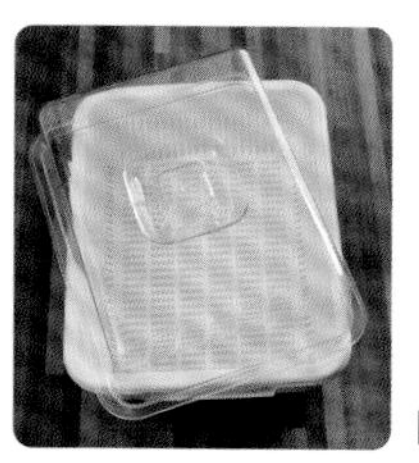

附盖的沥水篮

●分割的必要工具

发酵的面团基本上是使用刮板和切刀按压分割。另外，分割后的面团也需要称重。

分割的面团，若在中间发酵时需要移动，可以放在塑料板或亚克力板上，也可以用烤盘或冷却架等来代替。

将面团放在板子上时，为了避免粘黏，会使用手粉或铺放布巾以防止粘黏。

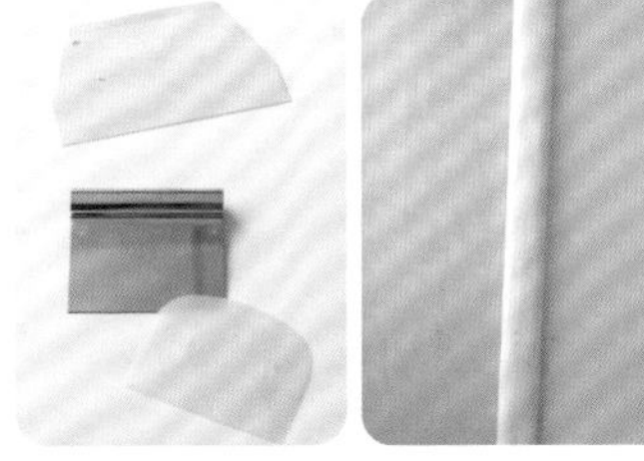

刮板、切刀　　板、布

●整形的必要工具

面包整形时必要的工具，会因制作的面包而不同。擀面杖是主要的工具之一，例如它在制作奶油卷或吐司整形时不可或缺，因为必须用擀面杖按压出面团中的气体。

吐司等使用模具完成烘焙的面包就必须使用相应的模具。

划切割纹时，可以使用剪刀或小刀。完成整形的面包，虽然也有例外，但基本上都会摆放在烤盘上进行最后发酵。

擀面杖

吐司模具

剪刀、小刀

●烘焙前使用的工具

完成烘焙的面包表面虽然有线条或割纹，但这些都是在放入烤箱烘焙前用刀子或刀片割划而形成的纹样。大多会出现在法式面包等硬

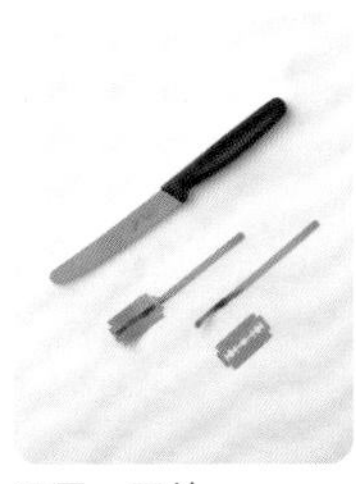

刀子、刀片

喷雾器

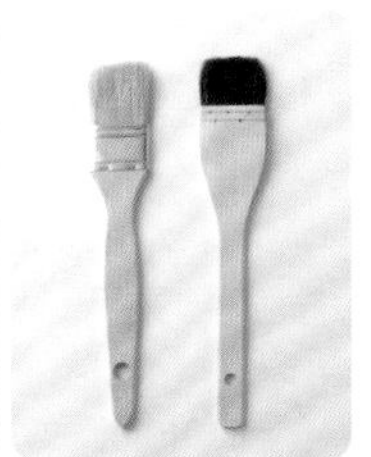

毛刷

质类的面包上。划出割纹不但体现了设计的美感，也能更好地呈现良好的膨胀状态（⇒**Q225～Q227**）。

此外，在将成品放入烤箱前，需要在面团上喷洒水雾、刷涂蛋液，保持面团表面湿润，这样就可以拉长面团膨胀的时间，使面包体积更加膨大（⇒**Q220**）。因此喷雾器或毛刷等也是制作面包时需要准备的工具。

●将完成烘烤的面包放置在冷却架上

刚完成烘烤的面包会将饱含在面包中的水分转为水蒸气释放出来。因此，如果直接将其放置在工作台上，面包会接触释放出的水分。所以，至面包完全冷却为止，都要放置在冷却架上。

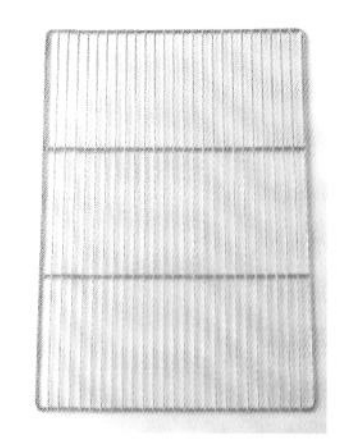

冷却架

制作面包的材料

为了制作美味的面包，需要使用各种材料，基本材料有4种。

纵观世界谷物，最常使用的谷物就是小麦，因此本书使用的是小麦的粉末，也就是小麦粉。当然也有很多使用小麦以外的谷物制成的面包。

除了基本材料外，还有赋予面包各种特色的材料，称为辅料。辅料虽然种类繁多，但本书经常使用的为下面5种辅料。

辅料的主要作用是赋予面包甜味和浓郁风味，使其体积膨胀，成品呈现良好色泽，提高营养价值等。

4种基本材料

- 小麦粉
- 酵母（面包酵母）
- 盐
- 水

5种辅料

- 砂糖
- 油脂
- 鸡蛋
- 乳制品
- 添加物

第3章

制作面包的基本材料

小麦粉

除小麦以外还有哪些麦的种类？
= 麦的种类

大麦、裸麦、燕麦等。

麦属于禾本科植物，是小麦、大麦、裸麦、燕麦等的总称。

麦类当中，在面包制作上最常使用的就是小麦，它是世界上大部分面包制作的原料。以食物而言，小麦的历史悠久，在面包出现之前，就被当作主食来烹煮或烘烤后食用。即使是现在，小麦同玉米、稻米一样，是在世界范围内被广泛种植的谷类。

因小麦在低温下不易栽植，因此在以北欧为中心的寒冷地区，裸麦占有非常重要的地位，制作面包时不仅使用小麦，很多时候会混合裸麦或只用裸麦。相较于小麦制作的面包，使用较多裸麦制成的面包颜色会略黑，所以也被称为黑面包，其特征是具有独特的香气和酸味。

此外，大麦和小麦一样具有悠久历史，虽然也曾被当作主食，但是现在较少直接食用，而是作为啤酒、麦芽饮料、麦茶的原料而广为使用。

燕麦也被称为乌麦，在日本虽然大家不熟悉，但在世界各地被加工为燕麦片、燕麦粥等供人们食用。

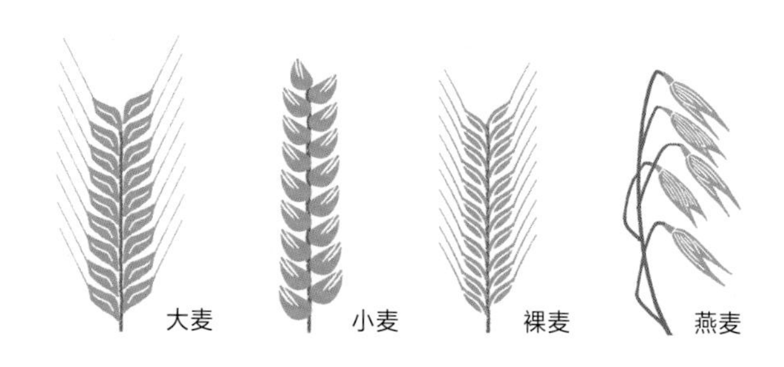

小麦是什么时候、从什么地方传入日本的呢？
= 小麦的起源及传播

弥生时代（公元前 300 年—公元 250 年），从中国、朝鲜半岛传入日本。

小麦的历史非常古老，据说起源于中亚到中东的地区。至于之后如何广泛传播到世界各地，众说纷纭，但在公元前一万年左右，在世界各地就已经开始食用自然生长的小麦了。

农耕文化的发源地，被称为“肥沃月弯”（现在的伊拉克、叙利亚、黎巴嫩）的地区，以底格里斯河和幼发拉底河包围的美索不达米亚为中心，向外扩展为一弯新月的形状。这个地区在公元前8000年左右就开始种小麦了。

公元前6000—前5000年，小麦从美索不达米亚地区传至包含埃及的地中海沿岸。公元前4000年左右，小麦传入欧洲，从土耳其传至多瑙河流域及莱茵河盆地，公元前3000—前2000年，据说已传到了其他欧洲地区及伊朗高原。

之后，公元前2000年左右，传入中国和印度，在日本弥生时代，经由中国及朝鲜半岛传入日本。现在成为日本小麦主要输入国的美国、加拿大、澳大利亚等，其小麦的历史并不算久，是在17—18世纪从欧洲传入的。

用于制作面包的面粉，是碾磨麦粒的哪个部分制成的？
= 麦粒的结构及成分

是碾磨小麦的胚乳部分。

将收获的小麦脱壳，去除外壳后，麦粒会呈蛋形或椭圆形，并从上至下出现很深的沟槽。被外壳包裹的内部大部分就是胚乳。在下部有约占整颗麦粒2%的胚芽。

面粉就是研磨胚乳而成的粉类。胚乳的主要成分是糖类（淀粉）与蛋白质，在麦粒的中心与外壳附近成分比例、性质都各不相同。因为外壳有较多灰分（矿物质⇒Q29），所以胚乳也是越靠近外壳灰分越多，中心部分灰分较少。胚芽内含有种子发芽所需要的维生素、矿物质、脂肪等营养，会用于具有营养效果的保健食品中，也会添加在面包配方中。

面粉也有不去除外壳及胚芽，使用整颗麦粒碾磨成粉的全麦面粉（⇒Q44）。

麦粒的成分

虽然会因为品种及种植条件等而有所不同，在此介绍一般的成分及含量。

麦粒的切面图

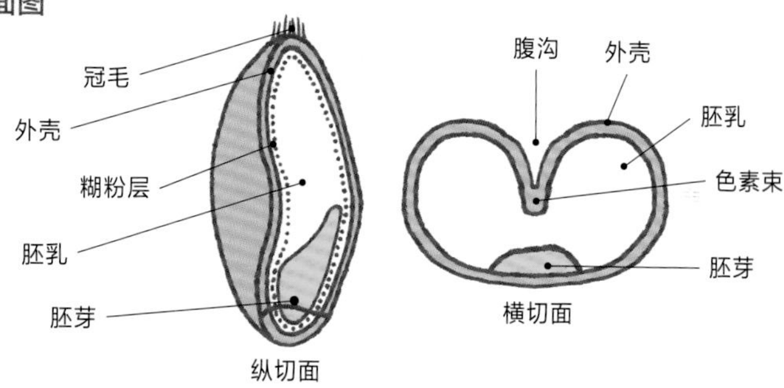

麦粒的结构

胚乳	约占麦粒的83% 这个部分经过研磨成为面粉。主要成分为糖类（淀粉）、蛋白质
外壳	约占麦粒的15% 矿物质、纤维质多，在制粉操作中与胚乳分离成为麸皮。主要被当成饲料或肥料，但有一部分会成为食品原料。糊粉层虽是胚乳的一部分，但在制作面粉时会与外壳一起被去除
胚芽	约占麦粒的2% 富含糖类、蛋白质、脂肪、各种维生素及矿物质，在制粉操作中会被分离出来。烘焙过的胚芽可以添加到面包配方中，或是做成健康食品等

麦粒的主要成分含量

（以每100g为标准）

	碳水化合物（g）	蛋白质（g）	灰分（g）	水分（g）
软质小麦	75.2	10.1	1.4	10.0
硬质小麦	69.4	13.0	1.6	13.0
普通小麦	72.1	10.8	1.6	12.5

[摘自《日本食品标准成分表（第八次修订）》]

稻米是以米粒的形态食用，但为何小麦会制成粉类食用呢？= 小麦制成粉食用的理由

因为无法像稻米那样干净地削除外壳，所以需要制成粉状。

稻米除去稻谷后就成为糙米。糙米覆盖着薄皮（果皮或种皮），用指甲很容易剥离。此外，因为胚乳坚硬，所以稻米可以用相互摩擦的方法来去除米糠层（果皮、种皮以及在其下方的糊粉层）并精制白米。

另外，去除外壳的麦粒上有一条很深的纵向沟槽，外皮会掉入沟槽里（⇒Q20）。因此，就算从外侧削去外壳，也很难清除干净。

因此，小麦并不采用像稻米般去除外壳（精制白米）直接食用的方法，而是采用制作成粉类的食用方法，并广为使用。

提升面包制作的可操作性的制粉法

过去的面粉制作方法，是用石臼碾磨麦粒制成粉类后，过筛至某个程度除去外壳。但是，一旦用石臼碾磨，外壳也会成为粉状而通过网筛的网眼，因此无论如何，面粉中总是会混入许多外壳。这样制作而成的面粉用于制作面包时，可操作性也会变差。

在制粉方法发达的现代，为避免外壳混入粉，会依下述方法制粉。

首先，将麦粒浸泡在少许水中稍加静置，如此麦粒的中间部分会变软，容易形成粉状，越靠近外壳的部分越硬而紧实。因此，在碾碎麦粒时，外壳和靠近外壳的部分会被粗略地碾成大块，不容易通过筛网，这称为调质。

用滚轮机碾磨麦粒后过节，以风力除去外壳，从多外壳的粉类到成为以中间部分为主的粉类，可以区分成几个过程。碾碎⇒过筛⇒用风力除去外壳，这样的工序重复几次，就能制作出各种从外壳多到外壳少且纯度高的粉类了。

一旦像这样将粉类区分成几十种之后，可以依用途进行制作调合。

收集接近中间部位制成的面粉，因含较少的灰分（矿物质），颜色较白；含靠近外壳部位较多的面粉，灰分也越多，颜色就会略呈茶色。

1. 调质	在小麦中加入少量的水稍加静置，会更容易碾碎
2. 碾碎	用滚轮机碾磨（大片碎裂）麦粒，再进行粉碎（细磨成粒状）
3. 过筛、除去外壳	将粉碎的小麦过筛（使用各种不同网目的网筛），再利用风力除去外壳
4. 粉碎、除去外壳	将过筛后的小麦再次放入滚轮机碾压后过筛，尽量去除外壳，重复操作数次

小麦分为春小麦和冬小麦，它们有何不同？
= 春小麦和冬小麦

播种时期、种植时期、收获量等不同。

春天播种、秋天收获的品种叫春小麦，也被称为春播小麦。而秋天播种后经过冬天，隔年夏天收获的品种叫冬小麦，也被称为秋播小麦。

世界各地所种植的小麦多为冬小麦。冬小麦的培育时间比春小麦的培育时间长，产量更多。春小麦的产量为冬小麦的2/3左右。

虽然相较于冬小麦，春小麦的产量较少，但是面包的可操作性优异，能制作出蓬松柔软的面包。这是因为春小麦里所含的蛋白质（尤其是醇溶蛋白gliadin），黏性与弹性较强，容易做出完美面包状态的面筋组织（⇒Q34）。但近年来品种改良及研究等技术的进步，优良的冬小麦也被用于面包制作。目前，两种小麦都能用于制作面包。

也有像日本这样，同时种植春小麦和冬小麦的国家，但加拿大、美国北部因为冬季寒冷，所以仅能栽种春小麦。世界其他比较寒冷的地方，如欧洲、中国北部、俄罗斯部分地区等，也都无法栽种冬小麦。

为什么麦粒的颜色不同？
= 依麦粒的颜色分类

品种不同，外皮的颜色也会不一样。

小麦也会依外皮的颜色做分类，外皮呈红色或褐色的是赤小麦，呈淡黄色或接近白色的是白小麦。外皮的颜色依品种而定，一般来说，硬质小麦中多为赤小麦，软质小麦多为白小麦。

但是即使同为赤小麦，也会因产地及栽种条件不同而培育出颜色不同（从深褐色到带有淡黄色的浅褐色等）的小麦。在美国，深色的小麦相比浅色的小麦，含有更多的蛋白质，因此较容易产生面筋。

进口小麦可用名称来了解其产地及特性

从国外进口的原料小麦名称中，有很多会放入其小麦的产地及特性。以特性组合成为名称的例子见下页。并非所有的小麦都如此命名，目前市售的许多面粉，也有几乎没有标示原料小麦名称的，但是在制作点心及面包的材料专门店里出售的面粉，有的会标示原料小麦的名称，成为选择商品的参考。

常被放入小麦名称的产地及特性

产地	美国、加拿大
颜色	红色（赤小麦）、白色（白小麦）、琥珀色（因白小麦当中也有蛋白质含量高，看似琥珀色的）
硬度	硬质小麦、软质小麦
种植时期	冬天（冬小麦）、春天（春小麦）

小麦的名称

Canada western Red Spring

加拿大西部产，赤小麦、春小麦。蛋白质含量多，是制作面包的优良小麦之一，在日本是高筋面粉的原料

Western white

美国西部产，白小麦。蛋白质含量少，在日本作为低筋面粉的原料

低筋面粉和高筋面粉的差异是什么？
= 依蛋白质含量来分类

在日本是依面粉的蛋白质含量来分类的。

低筋面粉和高筋面粉，其淀粉及蛋白质等成分的含量有所不同。市售面粉主要成分：以淀粉为主的碳水化合物（糖类及食物纤维合计）为70%～78%，水分为14%～15%，蛋白质为6.5%～13%，脂肪约为2%，灰分（矿物质）为0.3%～0.6%。

在日本，面粉主要是以蛋白质的含量来分类的。根据面粉所含有的蛋白质的多少，依序分为高筋面粉、准高筋面粉、中筋面粉和低筋面粉，每种面粉的蛋白质含量都会作为营养成分之一标示，写在包装上。

面粉的成分中，蛋白质的量并没有那么多，但面粉却用蛋白质的含量来分类，那是因为面粉与水混合或揉和时，面粉中的蛋白质会产生具有黏性和弹性的面筋，这个特性对面包、面条、点心等面粉制品会产生很大的影响（⇒**Q34**）。

面粉的种类与蛋白质含量的参考

面粉的种类	蛋白质含量
高筋面粉	11.5%~13.0%
准高筋面粉	10.5%~12.0%
中筋面粉	8.0%~10.5%
低筋面粉	6.5%~8.5%

为什么低筋面粉和高筋面粉的蛋白质含量不同？
= 软质小麦和硬质小麦的区别

因为作为原料的小麦，蛋白质含量不同。

我们根据小麦麦粒的硬度分为软质小麦、硬质小麦和中间质小麦。虽然每个国家分类的方法不同，但在日本大部分就是这三种。

低筋面粉是用软质小麦制成的，高筋面粉是用硬质小麦制成的。

软质小麦的蛋白质含量少，而且有不容易产生面筋的特性。因此，以软质小麦为原料的低筋面粉，就是具有这种特征的面粉。

硬质小麦的蛋白质较软质小麦的多，具有能产生黏性及弹性的强力面筋组织的性质，所以高筋面粉也呈现如此的特性。

另外，即使是软质小麦也有蛋白质含量多的，被称为中间质小麦，主要作为中筋面粉的原料。

若要做更细的分类，硬质小麦中也有蛋白质含量略少、面筋形成状况略差的品种，被分类为准硬质小麦，主要作为准高筋面粉的原料。

什么样的面粉适合制作面包？
= 适合制作面包的面粉种类

因为高筋面粉中的蛋白质含量较多，能形成黏性且弹性强的面筋组织，因此十分适合制作面包。

一提到面包，大家脑海中浮现的多是吐司般蓬松柔软且质地细腻的面包。

面包内侧的切面（可以看到有许多细小孔洞）柔软，是面团经由发酵及烘烤而膨胀，在成为面包的过程中所产生的气泡痕迹。

这些气泡主要是酵母（面包酵母）的酒精发酵产生二氧化碳所形成的。

在酵母的作用下，面团中产生许多二氧化碳的微小气泡，为了不让这些气泡结合而使其膨胀，就形成了质地细腻的小气泡。气泡的周围被由蛋白质生成的面筋组织包覆围绕就成了气泡的薄膜。因发酵使气泡膨胀时，薄膜平滑地延展，而且要承受得住因二氧化碳膨胀压力的强度（不易破损），气泡就能不破损地膨胀。

制作面包的第一步就是选择容易形成具有这种特性的面粉。因此，比起低筋面粉和中筋面粉，制作时更倾向使用蛋白质含量多、能产生较强黏性及弹性面筋的高筋面粉。

为什么海绵蛋糕面糊不使用高筋面粉而使用低筋面粉制作呢？
= 适合制作海绵蛋糕面糊的面粉

海绵蛋糕面糊是借由打发鸡蛋的气泡而膨胀，因此不需要强力的面筋组织。

海绵蛋糕面糊是以低筋面粉制作，若使用高筋面粉制作，会怎么样呢？

如下页照片所示，面糊不仅没有立体感，而且毫无蓬松感，成品质地很硬。

这是因为海绵蛋糕面糊的膨胀原理与面包不同。

海绵蛋糕面糊的膨胀是利用打发鸡蛋气泡中的空气，借由烘焙的热膨胀及材料中所含的部分水分，经烘焙而形成水蒸气，使面团由内侧向外推压延展。

海绵蛋糕面糊是由黏性及弹性较弱的面筋组织作为柔软的骨架，适度地支撑膨胀，避免糊化的淀粉主体坍塌，以烘焙出食用时呈现的柔软且具弹性的效果。

面包的特征是在发酵操作中，利用酵母（面包酵母）产生的二氧化碳使面团膨胀。在面团里延展开的面筋薄膜，伴随着二氧化碳的产生，以比海绵蛋糕面糊的膨胀更强的压力从内部按压延展。正因为面筋组织具有黏性和弹性，薄膜才能不破损地柔软延展，既能保持住气体，又维持膨胀的形状。

因此，面包需要强力的面筋组织。换言之，低筋面粉的面筋组织无法保持气体，也无法维持膨胀的形状。

高筋面粉比低筋面粉能生成更多的面筋组织，产生的面筋组织有强力的黏性与弹性，如果海绵蛋糕面糊使用了高筋面粉，会因为其强力的面筋组织在面团膨胀时推压鸡蛋气泡，使成品更难以膨胀。

比较使用低筋面粉与高筋面粉制作的海绵蛋糕

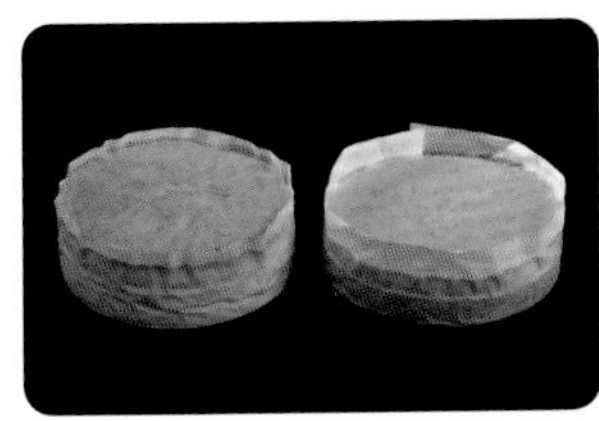

左边蛋糕使用了低筋面粉，右边蛋糕使用了高筋面粉

* 配方为面粉（低筋面粉或高筋面粉）90g、细砂糖 90g、鸡蛋 150g、黄油 30g。使用直径为 18cm 的圆形模具，以预热至 180℃的烤箱烘烤 30 分钟的成品来做比较

面粉的等级是如何来区分的？
= 依灰分含量来分类面粉

按照灰分含量由少到多，依次分类为一级面粉、二级面粉、三级面粉和末级面粉。

面粉除了依蛋白质含量分类为高筋面粉、低筋面粉等，还可以按照灰分（⇒**Q29**）含量进行分类。灰分在小麦靠近外皮的部分，比中心部位含量更多。

灰分越少，代表面粉中的原料越靠近中心部位，等级也就越高，顺序为一级面粉、二级面粉、三级面粉和末级面粉。

一般市面上所出售的面粉，多为一级面粉和二级面粉。依等级的分类流通，虽然称为高筋一级面粉（高筋面粉的一级面粉），但这个等级不会标示在包装上，一般看不到。

三级面粉大多是以小麦淀粉为原料，被用于提高鱼浆制品的黏度，以及工厂糕点或加工食品的原料。

食品不使用的末级面粉，无法提取出小麦淀粉，直接混入树脂等做成糨糊，用于制造胶合板，作为木板与木板之间的黏接剂。

面粉的等级与灰分含量

一级面粉	0.3%~0.4%
二级面粉	0.5%左右
三级面粉	1.0%左右
末级面粉	2.0%~3.0%

（摘自《小麦、面粉的科学与商品知识》）

面粉中含有的灰分是什么？= 面粉的灰分

灰分几乎就是矿物质。

烘焙材料商店中所售卖的面粉，在包装上除了标示蛋白质含量外，还加注灰分含量的商品越来越多了。

虽然灰分这个名词大家还不太熟悉，但就营养学来说，就是食品中所含的不可燃矿物质。当食品在高温下燃烧时，蛋白质、碳水化合物、脂肪等会燃烧消失，但某些部分会残留下来，这个残留下的灰就相当于灰分。

灰分里含有矿物质，如钙、镁、镝、钾、铁、磷等，可以将灰分的量视为矿物质的量即可。相较于灰分少的面粉，灰分多的面粉较能使人强烈感受到小麦的风味。并且含较多灰分的麦粒外皮酵素也较多，制作面包时会使面团出现容易坍垮的情况。Q31中有详细说明，灰分多的面粉，也会影响到完成烘焙时面包内部的颜色。

面粉颜色有略带白色和未漂白的原色，因颜色不同会对面粉产生什么影响吗？ = 面粉的不同颜色

影响面粉颜色的因素除了内含灰分的量之外，也有原料小麦外皮的颜色等。

即使看起来都是白色的面粉，但将几种制品摆在一起比较，就能看出它们实际上有微小的颜色差异。

产生颜色差异的主要原因之一就是面粉中所含的灰分量不同。灰分不仅会影响面包的颜色，还会影响其风味。

面粉是由碾磨小麦胚乳的部分制成，但胚乳在靠近外皮的部分灰分较多，越靠近中心部位灰分较少。因此，由靠近胚乳中心部分制作出来的面粉，灰分含量少，颜色呈白色，由靠近外皮部分制作出来的面粉，灰分含量多，会呈现带有一点茶色的暗沉的白色。

那么，若是以面粉的营养成分记载的灰分含量数值，来判断面粉的颜色，其实也不尽然，因为小麦的种类也与颜色有关。

小麦根据外皮的颜色分为赤小麦、白小麦（⇒Q23），因为外皮内侧的胚乳颜色，会使赤小麦的颜色比较深。

一般来说，硬质小麦多为赤小麦，软质小麦多为白小麦，若比较由硬质小麦制作的高筋面粉和由软质小麦制作的低筋面粉，相同灰分含量的面粉，低筋面粉的颜色会比高筋面粉的颜色白。即使是同为高筋面粉也会有所不同，以黑色材料为原料的粉类，颜色会比较深。

小麦胚乳的切面

胚乳的中心部位为白色，越往外灰分含量越多，因此颜色越深

麦粒的颜色比较

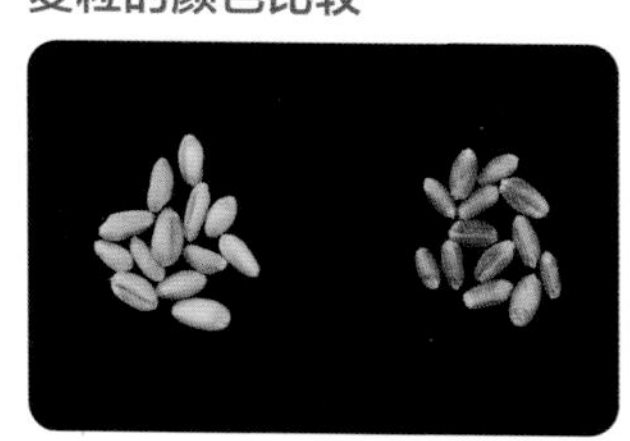

白小麦（左）
赤小麦（右）

以相同配方烘焙出的面包，柔软内侧的白色程度不同，是什么造成的呢？ = 面粉颜色对柔软内侧的影响

受面包材料、面粉颜色的影响。

虽然面粉的颜色会因面粉内所含的灰分、麦粒外皮的颜色而有所不同，但这也会影响到烘烤完成面包柔软内侧（面包内侧白色柔软部分）的颜色。

但是，面粉仅用肉眼很难判断颜色。因为面粉的颗粒越小，光的散射看起来就越像白色。因此，想要判断面粉本身的颜色时，要将面粉以水浸湿后再判断，这种方法称为目视测试。

目视测试时，面粉表面浸入了适度的水分后，光的散射会消失，就能清楚知道面粉本身的颜色。

面包烘焙完成时的最后颜色还会被面粉以外的其他材料的颜色所影响，所以目视测试只是选择面粉的参考标准之一。

利用目视测试比较两种面粉的颜色

面粉a（灰分含量 0.41%） 面粉b（灰分含量 0.60%） 以水浸湿，稍加放置后的面粉

面包内侧的颜色比较

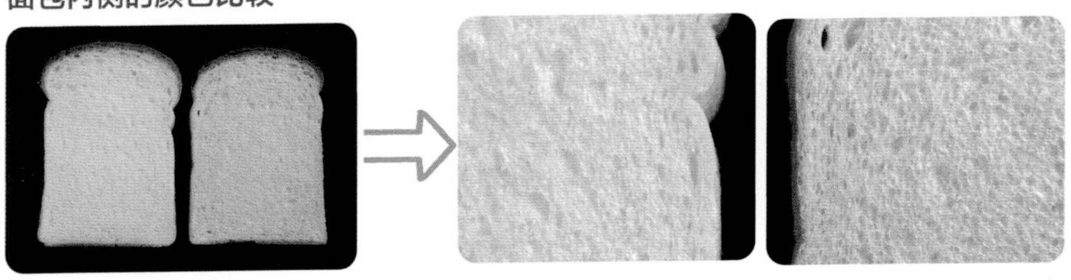

面粉a（左）、面粉b（右） 面粉a（灰分含量 0.41%） 面粉b（灰分含量 0.60%）

上述的实验是为了比较灰分含量不同的面粉的颜色差异，因此使用的是蛋白质含量相同、灰分含量不同的面粉。

从目视测试的结果看出，浸水之前几乎是无法分辨的两种面粉，浸水后稍加放置，灰分含量多的面粉的颜色就比较暗沉，呈现淡茶色。而且，还能看到有细小的黑色颗粒（靠近小麦外皮的部分）。

比较只更换面粉的种类，用相同配方烘烤出来的两个面包切面，它们的颜色虽然没有像使用目视测试那样有明显差异，但是使用灰分含量多的面粉制作的面包，柔软内侧的颜色呈略暗沉的茶色。

参考 ⇒ p.298 ~ p.299

目视测试（pecker test）是如何进行的?

所谓目视测试，是为了判断面粉的颜色，而将面粉浸入水分后做出比较的简易测试。如果想要让柔软内侧烘烤成白色，或是想要呈现特定的颜色时，可以用目视测试来确认面粉的颜色。

目视测试的步骤

①将适量面粉放在玻璃或塑料板上。旁边放上相同分量的面粉，以专用抹刀从上方用力按压面粉。

②连同板子一起轻轻浸入水中，浸泡10～20秒，再轻轻拉起板子。

③面粉刚浸水时，水尚未均匀扩散在粉中，因此稍等一下再确认比较粉类的颜色。

小麦质量的好坏会影响到面粉吗？= 小麦质量对面粉成品的影响

请将面粉调整为始终相同的质量。

制粉公司所制造的面粉，会配合其产品的特征混合多种小麦来制作，所以每一年该产品的蛋白质和灰分等成分、面筋及淀粉的性质、特征等不会有很大的变动。

但近年来，特别是日本产小麦，仅用单一品种制粉的面粉越来越多。

小麦是农作物，因此无法保证每年的品质都完全相同，因产地不同，也会有质量上的差别。但基本上，该品种所具有的特征不会有太大的改变，所以即使是使用不同年份的面粉，面包的膨胀度和味道也不会有太大的差异。

品种改良后的小麦可能会同原来的小麦略有不同，因此只能在实际制作面包时再做判断。

小麦制成面粉时需要熟成吗？

小麦制成面粉需要经过两个阶段的熟成。首先是制成粉状前在麦粒阶段的熟成。其次是将完成熟成的麦粒碾磨成粉，成为面粉状态后的熟成。

稻米是新米的时候好吃，但是小麦若是收获后马上制成面粉、做成面包，面团会粘黏，导致膨胀不良。

收获后的小麦，细胞组织还“活”着，会在细胞内活跃地呼吸，酵素的活性也高，小麦的脂肪、蛋白质、酵素等成分会产生变化，并富含许多使面团软化的物质（还原性物质）。随着时间的推移，酵素的活性会变得更稳定，还原性物质减少。酵素中有各种物质，但与制成面粉、做成面包有相关的酵素反应是熟成中作为面筋来源的蛋白质变化，使面包的制作性变好。另外，还有淀粉酶的酵素会分解淀粉，糊精和麦芽糖增加，能让酵母（面包酵母）的发酵顺利进行（⇒**Q65**）。

然而，并非所有酵素都会在面粉制品上起到令人欣喜的作用。因此，收获后放置一段时间，综合观察后，在考虑包含面包制作性的二次加工特性下进行熟成。

另外，日本用来制作粉类的小麦几乎都是进口的，因此从生产国运达日本，会经过好几个月的时间。这段时间会促进氧化使小麦呈现稳定的状态。至于日本国内产的小麦，会放入筒仓（保管麦粒的仓库）保管，在等待制粉的时间进行熟成。

即使在麦粒的状态进行了熟成，制成粉后若不进行几天的熟成，使面筋结构变化的物质作用，那么制成的面团会容易坍垮。

并且，在面粉的制作过程中，吸出去除网筛无法过滤的外皮（纯化），送入空气使面粉随着气流搬运（空气搬运）等，经由这些过程，面粉的粒子与空气接触产生氧化，成为状态稳定的面粉。

无论哪种熟成，都是在制粉公司的管理之下进行，市售的面粉并不需要进行熟成。一般来说，制粉公司制成的面粉保质期会设定在6～12个月。

面粉该如何保存呢？
= 面粉的保存方法

放入密封容器里，保存在低温、低湿的场所。

因为面粉是细微粉末状，具有容易吸收湿气、气味的特性。湿气多就容易生虫、发霉。

购入后为防止虫子的入侵，必须放入密封容器，或是连同面粉袋放入密封袋中，避免热气聚集，保存在低温、低湿度的场所。开封后，若短期间内可以用完，放在阴凉、湿度低的地方即可，尽可能放入冷藏室或冷冻保存。

总之，尽早用完也是制作好吃面包的关键。

在面粉中加水揉和，为什么会出现黏性呢？
= 产生面筋的原因

那是因为面粉中所含的蛋白质变化成了面筋。

面粉加水揉和，会产生有黏性的面团，再继续揉和时，会产生按压回弹般的弹力，面团变得柔软时，拉扯可以薄薄地延展，这是因为面粉中含有的蛋白质转化成面筋，变得有黏性和有弹力，其特性会大大影响面团的性质及状态。

那么，所谓的面筋到底是什么样的物质呢？

就是醇溶蛋白（gliadin）和麦谷蛋白（glutenins）两种蛋白质，把面粉与水充分揉和，这些蛋白质就变化成面筋。面筋是纤维缠绕成网状的结构，越揉和面团，网状结构就更紧密。如此一来，黏性和弹性变强，就变成了橡胶般具有延伸性质的物质。

面筋是小麦特有的，稻米、大豆等其他谷物，即使含有蛋白质也无法产生面筋。

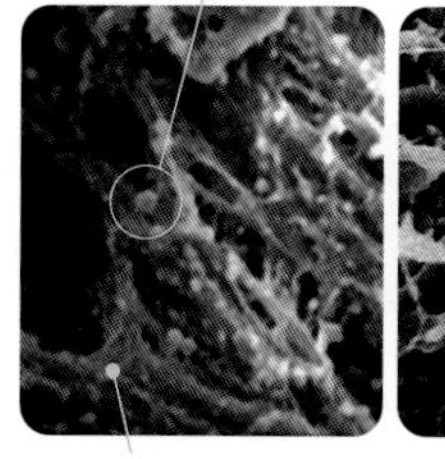

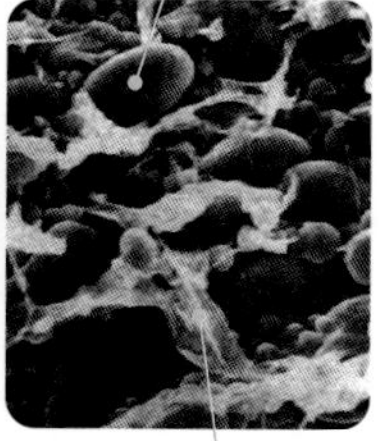

左：面团中呈纤维状的小麦面筋（使用扫描型电子显微镜，长尾 1989）。白色球状物是未被分离残留的淀粉
右：面粉面团中的面筋和淀粉（使用扫描型电子显微镜，长尾 1989）

更详尽！面筋组织的结构

与制作面筋相关的醇溶蛋白和麦谷蛋白是如何生成面筋组织的呢？经过深入研究发现，面筋组织是离子键、疏水键、氢键和双硫键各式各样的结合相互作用而产生的。其中，在搅拌时，形成的S-S结合，形成桥接状（架桥）结构，面筋组织的网状构造就会更紧密。面筋组织的一级结构是多种氨基酸有规则地以二次元（平面的）排列。二级结构是部分结合成螺旋状或片状的结构。三级结构与醇溶蛋白衍生的氨基酸之一半胱氨酸有关，是螺旋状或片状的构造，互相重叠、交缠。半胱氨酸是分子中具有SH基的部分。借由搅拌面团与空气中的氧气接触，SH大约会减少一半，但剩下的SH基仍会作用。SH基接触到面筋组织内的SS基会与SS基一边的S结合形成新的SS基，这就称为桥接（架桥）。借由面筋组织的部分与部分架桥连接，原本平面的面筋组织变得更加复杂扭曲（残留的S会成为SH基）。在搅拌中，面团被重复切断，重复连接。面团被切断时面筋组织的结构也会暂时崩坏，但是面团重新连接后，再被揉和时又会恢复，反复操作下，面筋组织被强化。

为什么制作面包时需要面粉的面筋组织呢？= 制作面包时面筋组织的作用

因为面筋组织是支撑膨胀面团的骨架。

在面包制作步骤中，面筋有以下两个作用。可以说，没有面筋，就无法制作蓬松的面包。

●面筋是面团膨胀的关键

面团充分揉和时，面筋组织会在面团中扩散，渐次形成层状薄膜，淀粉颗粒会被吸入薄膜内侧。这时产生的面筋薄膜不但有弹力，还具有延展性，宛如橡皮气球般能滑顺地膨胀起来，就能做出膨胀变大的面包。

在面包制作过程中，面包膨胀变大的时间点就是发酵和烘焙时。

发酵时，酵母（面包酵母）产生二氧化碳形成气泡，面团整体膨胀起来。面筋组织的薄膜会包覆因二氧化碳而生成的气泡，并同时交错延伸，避免二氧化碳外漏，使其保持在面团中。随着产生的二氧化碳量的增加，面筋薄膜由内侧推压扩展，平顺地延展出去。

参考 ⇒ p.218

烘焙的后期、发酵及烘焙前期所产生的气泡中的二氧化碳、酒精，以及揉和时混入的空气气泡和面团中的部分水分，会因烤箱加热而蒸发、膨胀，使面筋薄膜延展开。最后在温度达到75℃左右时，面筋中的蛋白质会凝固。

●成为面团的骨架

面筋组织因热凝固而成了支撑面包的骨架，即使释放出二氧化碳，面团也不会坍垮。

相对于面筋组织成为面包骨架，占面粉成分大部分的淀粉成为蓬松胀大后的面包主体，借由这些相互作用，面包的组织就成形了。

参考 ⇒ p.257

比较低筋面粉和高筋面粉的面筋含量

进行从低筋面粉面团（蛋白质含量7.7%）和高筋面粉面团（蛋白质含量11.8%）中取出面筋的简单实验。

①100g面粉加水55g，揉和制作面团。

②在装满水的盆中揉和面团，洗去淀粉。

③换几次水后，当水不再呈现白色混浊状时，残留下的物质就是面筋。

※ 因为面筋是由网状结构连接而成，所以在

水中搓洗面团时，淀粉流出至水中，不会溶解在水中，而会扩散，搓揉面团时，水会呈现白色混浊状

※ 麸就是以这个面筋为主要原料制作出来的

借由实验提取出的面筋量，高筋面粉的面筋量较多，拉开延展面筋组织时，可得知高筋面粉的面筋组织有弹力且不易断裂。

另外，用烤箱加热提取出的面筋，高筋面粉的面筋较会向上伸展膨胀。因此可得知，高筋面粉的面筋黏性及弹性较强，制作面包时对面团膨胀很有帮助。

高筋面粉的面团及面筋

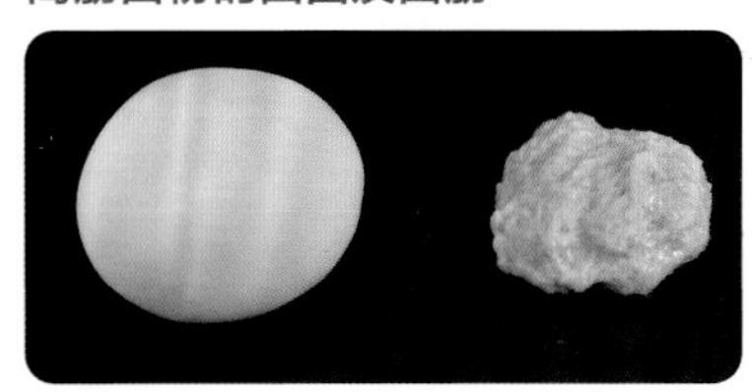

高筋面粉的面团（左）
从等量面团中提取出的面筋（右）

湿面筋量的比较

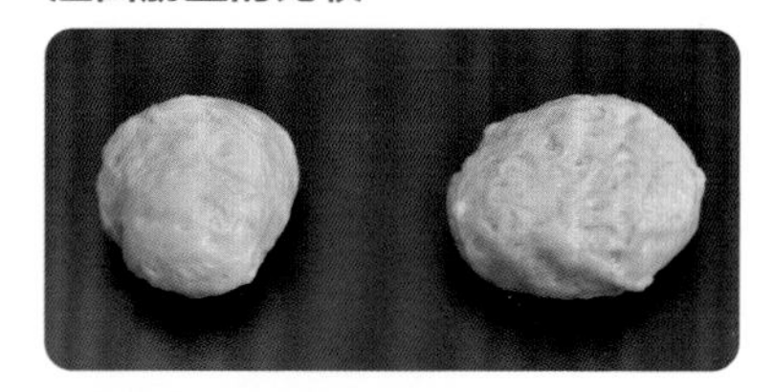

低筋面粉的湿面筋 29g（左）
高筋面粉的湿面筋 37g（右）

加热干燥后面筋量的比较

加热干燥后的低筋面粉面筋 9g（左）
加热干燥后的高筋面粉面筋 12g（右）

※ 上方照片中的湿面筋分别用烤箱（上火 220℃，下火 180℃）烘烤 30 分钟后进行比较

参考 ⇒ p.294

为什么面包会形成蓬松柔软的口感呢？= 淀粉的糊化

因面粉中所含的淀粉糊化，制造出蓬松柔软面包的架构。

面粉中70%～78%为淀粉。淀粉通过水与热发生“糊化”，使面包蓬松柔软。那么，所谓糊化的现象，到底是如何产生的呢？

小麦淀粉以“澄粉”的名称在市面上出售。使用这种澄粉做实验，借以观察面粉中所含淀粉的加热变化。让我们观察小麦粉中所含淀粉的受热变化，虽然这是小麦淀粉在水分较多的状态下发生的变化，但有助于想象淀粉在加热时吸收水分，产生糊化。

淀粉以颗粒的状态存在于面粉中，淀粉的颗粒内存在直链淀粉（amylose）和支链淀粉（amylopectin）两种分子，结合后分别成为束状。这样的架构具规则性，而且非常紧密，水分无法渗透。因此，即使在水里放入小麦淀粉混合，淀粉也不会在水中溶解，只是扩散而已（照片A、照片B和显微镜照片a）。

淀粉要在口味上成为适合食用的状态，必须在淀粉吸收水分后的状态下加热糊化。没有糊化的淀粉无法用淀粉酶（amylase）分解，人类无法消化。糊化时淀粉与水必须一起加热，超过60℃时，热能会部分切断紧密结构的连接，结构松弛后，水分就能进入。也就是在面粉的直链淀粉和支链淀粉的束状之间有水分子进入。然后，随着持续加热，那些束状会以展开状态分散在水中，水分子的流动性变小，渐渐就出现黏性（照片C和显微镜照片b）。温度一旦上升，淀粉粒子会不断吸收水分而膨胀，至温度达到85℃时，会变化成具透明感，像糨糊般具黏性的物质（实验照片D和显微镜照片

小麦淀粉糊化的样子

	加热前	超过60℃	达到85℃
在量杯内的实验 小麦淀粉10g加入90g水中混合	A B 在水中加入小麦淀粉充分混拌，淀粉在水中扩散（照片A）。因为淀粉不溶于水，因此经过一段时间后会沉淀（照片B）	C 加热超过60℃时，混合物开始出现黏性	D 达到85℃后，混合物就变得透明，变成糊状，这就是淀粉的糊化
在量杯内的实验 以面粉：水=100:70的比例混合，从面团分离出来的淀粉粒（用扫描型电子显微镜）	a 淀粉 生淀粉	b 淀粉 加热到75℃的面团中的淀粉	c 淀粉 加热到85℃的面团中的淀粉

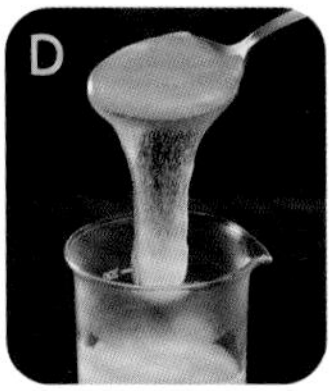

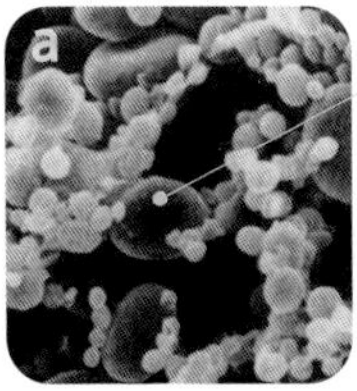

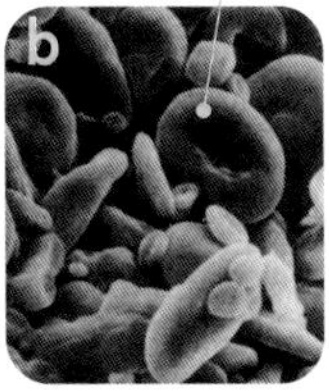

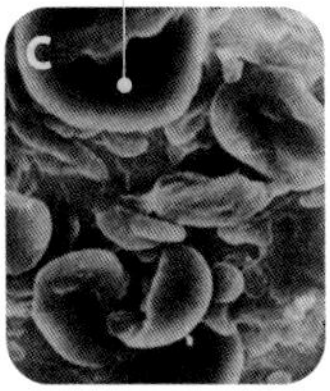

c）。这种现象就称为糊化。

如实验所示，在大量的水中加入小麦淀粉，加热后，糊化需要充足的水分，因此吸收水分的淀粉粒会膨胀，直链淀粉和支链淀粉会延伸至全部的液体中，产生黏性。

但在面团内因为面筋组织也需要水分，制作面团时的适当水量不足以使淀粉完全糊化。因此，会在水分不足的状态下直接进行糊化，此时淀粉粒不会膨胀湿润到崩坏，如同显微镜照片a～c所示，持续保持颗粒形状。然后，连同变性凝固的面筋组织，一起发挥支撑面包组织的作用。

受损淀粉是什么呢？
= 受损淀粉的特性

受损淀粉是制作面粉时产生结构崩坏的淀粉。受损淀粉吸水性强，因此受损淀粉过多时，面团容易塌陷。

受损淀粉是指使用滚轮机制作粉类时，因压力、摩擦热而伤及淀粉而成为结构不完整的淀粉。面粉的淀粉几乎是无损伤的淀粉，仅有约4%为受损淀粉。

这种受损淀粉的含量多少会影响面粉制作出来的面团的性质。正常的淀粉不会吸收水分，但受损淀粉因紧密的结构损坏，即使在常温下也会吸收水分。

加水搅拌后，受损淀粉立刻会被淀粉酶的酵素分解为麦芽糖。酵母（面包酵母）就利用这个麦芽糖从发酵初期顺利地进入酒精发酵（⇒**Q65**）期。

但若受损淀粉过多，面团的黏性及弹力会变差，造成面团塌陷，面包成品的柔软内侧会受到影响。

面包密封后，第二天为什么仍会变硬呢？
= 小麦淀粉的老化

因为淀粉排出水分子后老化了。

我们为了不让面包干燥而将其密封，但第二天还是变硬了。

刚完成烘焙的面包柔软内侧之所以会膨胀松软，是因为面粉中所含的淀粉和水一起加热后糊化（⇒Q36）了。

面粉中的淀粉和水一起加热超过60℃时，热能就会部分切断淀粉紧密的结构链，结构变得松散，水就容易渗入。因此，水分子就进入淀粉粒中的直链淀粉和支链淀粉束状间，之后继续加热，淀粉束状扩散。这期间其改变状态后糊化，在水充分的状态下产生黏性，面包通过糊化能制作出松软的口感。

松软的面包会随着时间推移而变硬，这是因为淀粉随着时间推移而老化。就如同刚煮好的米饭放到第二天会变硬的现象一样。

下面详细说明一下淀粉的老化。

●淀粉的老化

糊化后变软、出现黏性的淀粉，随着时间的增加而变硬，没有黏性。

这是因为糊化后淀粉的直链淀粉和支链淀粉想要回到生淀粉时的正确规则排列，而将渗入松散结构空隙的水分子排出。

但如同烤好的面包无法恢复成生面团，糊化的淀粉无法完全回到原来生淀粉的结构，如下图所示，仅一部分为紧密的状态。这就是淀粉的老化。

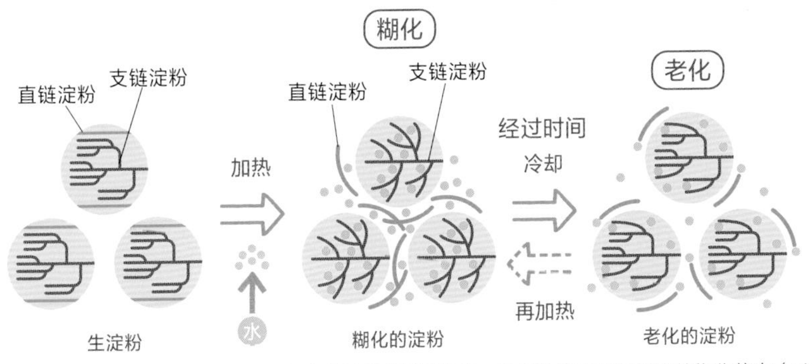

※ 再加热的箭头用虚线，是表示老化的淀粉就算再加热，也无法完全回到原来的糊化状态（⇒ Q39）

●推进淀粉老化的条件

在温度为0～5℃、水分含量为30%～60%的条件下，淀粉的老化特别容易发生。面包的水分用量，法式面包约30%，吐司约35%，所以面包本来就是容易老化的食物。如果放在0～5℃的冷藏室里保存，老化变硬的速度会更快。

变硬的面包一旦重新烘烤就能恢复柔软，为什么？= 老化淀粉加热后的变化

那是因为老化的淀粉通过加热，可以恢复糊化状态。

面包烘焙一段时间后，淀粉会老化变硬，放入烤面包机中重新烘烤后，虽不及刚完成烘烤的程度，但也会再次变得蓬松柔软。

如Q38的说明，面包完成烘焙时，淀粉呈现将水分子封锁在直链淀粉和支链淀粉束状间的糊化状态。之后随着时间推移，面包因为淀粉老化而变硬，将原先封锁在直链淀粉和支链淀粉松弛结构间的水分排出。

老化的淀粉一旦加热就能恢复糊化的状态。原因是直链淀粉和支链淀粉的束状间隙会因加热再次松弛，回到封锁水分子的状态。但再次加热的面包无法像老化前的糊化，水分子全部回到原位，因此也无法完全像老化前一般蓬松，但是基本能恢复原来的柔软度。

需要依据面包的种类来挑选面粉吗？选择面粉时的重点是什么？= 面粉的蛋白质含量

蛋白质含量多的面粉适合制作软质面包，蛋白质较少的面粉则适合制作硬质面包。

基本原则是通过想象烘焙后的面包成品来选择面粉。做什么味道、口感的面包，或是想做出膨胀到什么程度的面包，通过想象成品来选择面粉是非常重要的。

在日本依据面粉的蛋白质含量多少分为高筋面粉、准高筋面粉、中筋面粉和低筋面粉。一般蛋白质含量多的高筋面粉适合制作体积膨胀的吐司等软质面包；蛋白质含量少的准高筋面粉和中筋面粉，则适合制作不需要太膨胀的乡村面包或法棍等硬质面包。

另外，制作可颂、丹麦面包等需要使用折叠面团的面包时，主要使用准高筋面粉和中筋面粉，也可以使用法式面包专用粉（⇒Q42）。折叠面团若使用高筋面粉制作，面团过硬，无法做出期待中松软酥脆的口感。

因此，制作面团的时候，根据面粉的蛋白质含量和特性来选择是非常重要的。

例如，山形吐司使用高筋面粉制作，经过充分搅拌制作出具有良好延展性的面团，烘烤后的面包具有蓬松轻盈的口感。但是，若使用低筋面粉或中筋面粉制作，形成的面筋量较少，因此面团延展性变差，无法保留住经由发酵所生成的二氧化碳，也无法达到理想的体积，口感也会变差。

不仅是蛋白质含量，同时会因形成何种性质的面筋组织而影响完成的面包。实际制作时，可以选择各种面粉来烘烤，可视完成状态再决定要使用哪种面粉比较好。

比较使用高筋面粉、中筋面粉和低筋面粉制作的面包

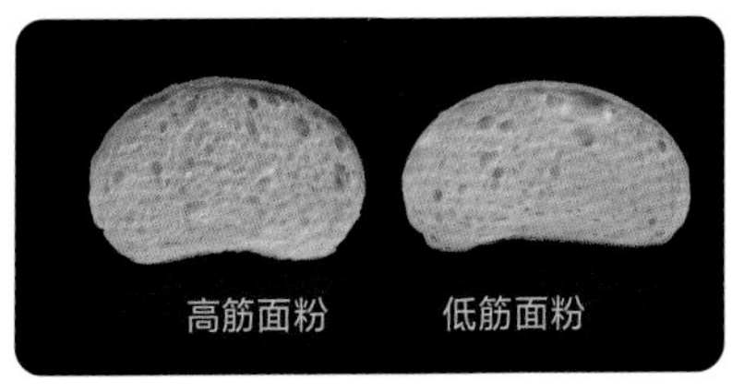

高筋面粉（左）：面包的体积大，具有一定高度。柔软内侧的孔洞整体大且向上延展
低筋面粉（右）：体积小，感觉有点塌陷。柔软内侧的孔洞有部分较大，但整体的体积较小

高筋面粉　中筋面粉

高筋面粉（左）：面包的体积大，具有一定高度。柔软内侧的孔洞整体大且向上延展
中筋面粉（右）：体积居中，组织略显粗糙。柔软内侧的孔洞整齐

※ 基本配方（⇒ p.293）

参考 ⇒ p.292 ~ p.293

想要制作 Q 弹或酥脆口感的面包，应使用何种面粉？
= 面粉的特性及口感

Q 弹面包适合用高筋面粉，酥脆的面包适合用准高筋面粉。

造成面包的口感产生差异的主要因素就是面粉当中所含的蛋白质（⇒Q26，Q40）。想做出Q弹口感的面包，适合使用富含蛋白质的高筋面粉。要制作具有酥脆口感的面包，比起高筋面粉，蛋白质含量略少的准高筋面粉更合适。

但是，实际制作面包时，面粉本身的性质、与其他材料的搭配组合、制作方法、搅拌等都会影响实际的口感，因此综合性考量是必要的。

例如，想做出Q弹口感的面包，用蛋白质含量多的高筋面粉配合液态油脂，采用直接法（⇒**Q147**）制作。想做出酥脆口感的面包，则使用准高筋面粉，搭配酥油（⇒**Q111**，**Q114**，**Q115**），采用直接法制作。

法式面包专用粉有什么样的特征呢？
= 法式面包专用粉的特征

比起高筋面粉，其蛋白质含量少，适合制作法式面包。

法式面包专用粉是日本的制粉公司为了制作口感好、味道佳的法式面包而研究开发的面粉。对于作为原料的小麦的种类、碾磨方式及混合等都很讲究。

制作法式面包，若使用蛋白质含量多的高筋面粉，柔软内侧会过度纵向延展，味道会变得寡淡，表层外皮的嚼感也会变差。

法式面包专用粉的蛋白质含量与准高筋面粉的类似，但有的接近高筋面粉，有的接近低筋面粉，各家制粉公司有各式各样的法式面包专用粉，因此根据面包种类选择面粉就变得非常重要。

另外，除了法式面包专用粉之外，制粉公司根据小麦的特征研发出适合某些面包的面粉，因此销售时，外包装会标注“××面包用”“适合××的面粉”的字样。

面团的手粉使用的都是高筋面粉，这是为什么呢？
= 面粉的粒子

因为高筋面粉不容易结块，能够均匀分散开。

所谓手粉，是为了避免面团粘在工作台上，预先撒在工作台上或面团上的面粉。

手粉会使用高筋面粉，并不是因为制作面包的材料是高筋面粉。制作糕点，要擀压低筋面粉的面团时，手粉也是使用高筋面粉。因为相较于低筋面粉，高筋面粉较不容易结块且可以平均分散开。这个差异是因面粉粒子的大小不同而造成的。高筋面粉的粒子比较大，低筋面粉的粒子比较小、附着性高，所以低筋面粉相互之间更容易结块。

高筋面粉比低筋面粉粒子大，是受了原料小麦的性质影响。高筋面粉的原料是硬质小麦，它的颗粒较硬；低筋面粉是由颗粒柔软的软质小麦制作而成（⇒Q25）。软质小麦柔软，因此用指尖施力就会破碎成粉状，但硬质小麦就算用相同的力量也不会被捏破。

因此，在制粉过程中通过滚轮机碾磨成粉末时，不易破碎的硬质小麦会被碾磨成粒子大又粗的粉末；易碎的软质小麦就被加工成细小的粉末，结果就是面粉容易粘黏、结块。

比较作工作台上作为手粉的高筋面粉和低筋面粉

高筋面粉会平均地散开，而低筋面粉则会出现结块现象

全麦面粉是指什么样的粉？= 全麦面粉的特征

是整颗谷物直接碾磨制成的粉。

整颗谷物粒直接碾磨的粉就是全麦面粉，连外壳、胚芽部分也都包含在内（⇒Q20）。除了小麦制成的全麦面粉外，还有裸麦制成的全麦面粉，但在面包制作时提到的全麦面粉，一般指的就是小麦的全麦面粉。

小麦制成的全麦面粉英文为graham flour，因其是由19世纪美国的希尔维斯特·格拉汉姆（Sylvester Graham）博士开始推广的，所以得此名称。当时的全麦面粉并非用整颗麦粒碾磨，据说是先将外壳和胚芽、胚乳分开，胚乳如普通面粉一样碾磨，另外将外壳及胚芽粗略碾磨后，再混合而成。

随着制粉技术提升，虽然可以制作出除去外壳及胚芽的白色面粉，但是现在仍有很多地方以传统的全麦粉制作面包，如法国的全谷物面包、埃及的阿伊施（Aish）等。但现在，喜欢全麦面粉独特风味的人也越来越多。

普通面粉在制粉过程中，会除去麦粒的外壳及胚芽的胚乳来制作，但全麦面粉则全部包含在内。小麦的外壳及胚芽富含食物纤维、维生素和矿物质，所以多食用全麦面粉更有利于身体健康。伴随人们健康意识逐步提升，选择全麦面粉面包的人也越来越多。

市售的全麦面粉有粗碾磨成粗颗粒的，也有细碾磨成粉末状的。人们可以依照想制作的面包风味和口感来选择合适的面粉。

整个麦粒（左）直接碾磨的小麦全麦面粉（右）

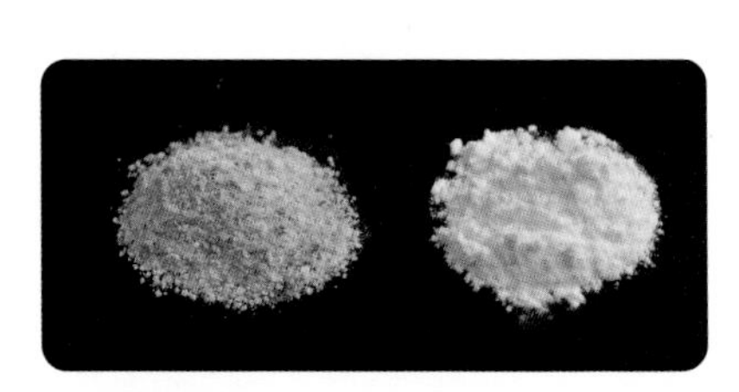

小麦全麦面粉（左）与一般面粉（右）。一般面粉仅用胚乳部分制成

粗细不同的小麦全麦面粉细碾磨（左）与粗碾磨（右）

小麦全麦面粉（左）与裸麦全麦面粉（右）。与小麦全麦面粉相比，裸麦全麦面粉呈浅灰色

在混拌全麦面粉或杂谷时，需要注意什么重点吗？
= 搭配全麦面粉或杂谷时的诀窍

搭配全麦面粉时会多选择蛋白质含量多的高筋面粉，搭配杂谷时会多选择与坚果类相同的辅料。

可以只用小麦全麦面粉制作面包。但是，全麦面粉的外壳部分会阻碍面筋组织的连接，而且难以呈现理想的成品体积，成品的口感也会变得粗糙。

配方会根据想呈现出多少全麦面粉的特征而进行调整。例如，想使用全麦面粉，也想让面包呈现理想体积时，应该选择蛋白质含量多的高筋面粉。另外，因为外壳会吸收许多水分，所以要适当增加配方中的用水量。

杂谷类的情况和小麦全麦面粉不同，不是替换其中一部分面粉进行搭配，而是需要考虑搭配果干、坚果类的辅料。一旦增加用量，面包的膨胀感就会变差，食用口感也会变差。根据想追求的口感，想呈现什么程度的杂谷风味，调整配方中的用量。

杜兰小麦是什么？可以用它制作面包吗？
= 杜兰小麦的特征

蛋白质含量非常多，主要用于制作意大利面，也可用来制作面包。

低筋面粉或高筋面粉的原料——小麦是普通小麦，但杜兰小麦是二粒小麦，其特征是麦粒大且非常硬。因此，使用与一般面粉不同的制粉方法，为了不破坏淀粉及蛋白质组织，将胚乳部位做成粗粒的粉，再去除外壳后制作。像这样取出的粉，称为粗粒麦粉，杜兰小麦制成的粗粒麦粉，就称为杜兰粗粒麦粉。

杜兰粗粒麦粉的外观特征为颗粒粗，与一般面粉的乳白色或白色不同，它呈现略带浅黄的奶油色。这个颜色是因胚乳中富含叶黄素的类胡萝卜素而形成的。其特征是蛋白质含量非常高，容易形成强力且具良好延展性的面筋组织。在意大利，人们根据此特征将其用于生产意大利面。在北非及中东又被称作北非小麦，是制作传统食物的食材。以杜兰粗粒麦粉制作的面包在世界范围内并不多见，但在一些国家，也会与面粉混合用来制作面包。

一粒小麦、二粒小麦和普通小麦如何分类？

小麦是禾本科小麦属的一年生植物。小麦的穗轴上约有20个节，每个节上带有小穗。根据小穗上结的谷粒数，分为一粒小麦（小穗上1粒）、二粒小麦（小穗上2粒）和普通小麦（小穗上3粒以上）。一粒小麦杂交育种生出二粒小麦，二粒小麦杂交育种就诞生了普通小麦。

杜兰小麦的麦粒

目前，最广泛栽种的是普通小麦中的面包小麦（普通小麦）。正如其名，是制作面包最常使用的小麦，我们日常用的面粉，就是这种面包小麦制成的粉。本书中指的小麦，就是这种面包小麦。

面包小麦的蛋白质含量多，制作面团时所产生的面筋组织富含黏弹性（黏性和弹性），二次加工性良好。收获量多，能适应各种环境，品种也比较丰富。

相对而言，一粒小麦除了小穗上结的麦粒少、收获量少外，种植也比较困难，世界上只有少数地区可以种植。它的蛋白质含量少，二次加工性不良，因此不适合用来制作面包。杜兰小麦是二粒小麦，蛋白质含量较多，可以形成具有延展性（易于延展的程度）的强力面筋，适合二次加工制作意大利面等。

斯佩耳特小麦（*Triticum spelta*）有什么特征？= 斯佩耳特小麦的特征

相当于面包小麦原生种的古代谷物。因为不易产生具弹力的面筋组织，所以面团容易塌陷。

斯佩耳特小麦是普通小麦的一种，相当于面包小麦（普通小麦）原生种的古代谷物。

它的产量较低，被硬壳包覆且外壳难以剥离，因而制粉率不佳，因此经品种改良，被产量高且制粉率高的现代小麦所取代。

不过，斯佩耳特小麦具有独特的风味且营养价值高，因为其外壳很硬，不怕病虫害，不需要使用农药就能种植，很符合现代人的健康理念，近年来又再次受到人们的关注。

其蛋白质含量虽然同高筋面粉差不多，但产生的面筋不具有弹性，因此面团容易塌陷。

斯佩耳特小麦的麦粒

石臼碾磨粉有什么样的特征？
= 石臼碾磨粉的特征

石臼碾磨粉指的就是用石臼碾磨的面粉。比起用机器碾磨的面粉，其所受的压力和摩擦热较小少，因此其特征是风味和成分的变化小。

正如其名，是石臼碾磨的粉。通常，在将收获的谷物制成粉时，要经过几次金属制滚筒间的快速旋转才能制成粉。此时，因压力及摩擦热会使淀粉受损（⇒**Q37**），小麦的风味及成分也会发生变化。

相较之下，用石臼慢慢碾磨的粉，因不容易受摩擦热的影响，风味和成分的变化较小。

日本产面粉的产地在哪里？日本产小麦有什么样的特征？
= 日本产小麦的产地和特征

主要在北海道及九州等地种植。

日本所使用的小麦大多依赖国外进口，但近年来，日本也培育了不输进口小麦的高质量小麦。

日本产小麦大多用来制作乌龙面、素面等面条，最近也开始少量使用在面包制作上。现在作为制作面包使用的小麦需求多，因此日本也正在开发蛋白质含量多、适合制作面包的优良品种。日本产小麦产量最多的地方就是北海道，接着是福冈县和佐贺县。

现在日本产的面包小麦中，受到好评的是名为春恋的北海道产春小麦。其蛋白质含量多且面包制作性佳，可以制作出好吃的面包。

另外，北海道开发的超高筋小麦品种也备受关注。它的蛋白质含量多，只用这种小麦制作的面包口感非常好，因混合性能优异，它和蛋白质含量少的其他面粉混合，也能制作出口感好的面包。

日本产小麦的高筋面粉中的蛋白质含量略少是为什么呢？
= 日本产小麦的蛋白质含量

因为适合日本土壤的小麦，大多是蛋白质含量少的软质小麦。

农作物适合该土地的气候、土壤的品种，就会被持续栽种。以前日本所种的小麦，大半部分是蛋白质含量少的软质小麦，或是蛋白质含量略多的中间质小麦。

中间质小麦，具有最适合制作面食的蛋白质含量和性质。日本各地拥有制作各式各样面类的饮食文化，这些都与可收获的面粉的性质息息相关。

综观世界各地，加拿大和美国北部是蛋白质多且面包制作性佳的小麦生产地。虽然小麦的蛋白质含量和性质与品种有关，但也会因气候、土壤等产地的环境，肥料的施作方式等产生差异。例如，在加拿大种的高蛋白质含量的小麦，即使移植到气候同样寒冷的北海道栽种，收获的小麦的蛋白质含量也会变少，无法栽种出同样的小麦。

日本也进行了适合面包的小麦品种改良，已经能生产出蛋白质含量多且面包制作性佳的面粉。

一般来说，日本产小麦的蛋白质含量少于加拿大、美国产小麦的蛋白质含量，因此，会有面包体积难以呈现理想状态的问题。但是，因为其具有独特的风味和Q弹的口感等特征，一些品种也十分受大众欢迎。

小麦胚芽面包配方中的小麦胚芽是什么？
= 小麦胚芽及其营养价值

富含小麦发芽时必需的营养成分。

麦粒中胚乳约占83%，外壳约占15%，胚芽约占2%（⇒Q20）。小麦的制粉过程中，胚芽会与外壳一起去除，仅由胚乳制作成粉。

但胚芽是小麦在发芽时根、叶成长的生命泉源，富含营养，除了有膳食纤维、脂质等外，还有钙、维生素E、B族维生素、矿物质等。因此，在碾磨麦粒的过程中会使用网筛，取出胚芽的部分来制作产品。

因小麦胚芽营养价值高，风味独特，有时会被添加在面包中。制作小麦胚芽面包时，和全麦面粉一样，面团中添加越多的小麦胚芽，就越不容易膨胀，所以应适当调整配方。

市售小麦胚芽为何大多烘烤过？
= 小麦胚芽的氧化

为了防止小麦胚芽所含的脂质氧化，都会烘焙后制成产品。

相当于小麦发芽部分的小麦胚芽中含有许多酵素，如分解蛋白质、阻碍面筋形成的蛋白酶或是分解淀粉的淀粉酶等。胚芽里含有很多脂质，容易被氧化，内含的氧化酵素会进一步促进氧化，因此生的胚芽会很快变质。

小麦胚芽一经烘焙，可以借由加热阻止酵素发挥作用，还能添加香气风味，因此市售的多半是烘焙过的小麦胚芽。

裸麦粉可以在面粉中放入多少呢？配方比例是什么呢？= 裸麦粉与面粉的混合比例

混合比例约 20% 是最合适的。

因为裸麦没有如小麦般形成面筋的性质，所以无法通过保持酵母（面包酵母）产生的二氧化碳来使面团膨胀。若只用裸麦来制作面包，成品的体积小，柔软内侧孔洞口感扎实。食用时柔软内侧的咀嚼感差，口感湿黏，但是会有裸麦特有的味道。

使用裸麦粉制作面包时，大部分会与面粉混合。这时，裸麦粉用量很少会超过面粉用量，几乎都是利用小麦面筋组织的力道使面包膨胀，再利用裸麦添加独特的风味。巧妙地运用这两种麦子的特性进行面包制作。

裸麦粉若占配方比例的20%左右，使用酵母（面包酵母）时，直接混拌至面粉即可。混拌时，面团多少会有些粘黏，但操作过程可以和仅用面粉制作面包的过程相同。

在世界各地使用裸麦制成的面包很多，制作时利用酸种（⇒Q159）使其膨胀，制作成具有独特风味的面包。

100% 的裸麦面包如何膨胀呢？= 利用酸种发酵

使用酸种。

说到裸麦面包，人们首先就会想到使用德国酸种制作的酸种裸麦面包。即使是日本，提到裸麦面包时，大部分的人印象中也是这种类型的面包。其特征是柔软、内侧扎实的面包，因添加了酸种而带来了温和的酸味。

这种酸味是因为附着在裸麦上的乳酸菌进行乳酸发酵后，面团的pH下降而产生的。pH若下降到4.5～5.0时，裸麦蛋白质的醇溶蛋白黏性会被抑制，二氧化碳的量增加。因此，无论是否只用不产生面筋的裸麦来制作，都能形成具有弹性且口感好的成品，也能改善面包的体积（⇒Q161）。

使用米粉取代面粉时，会做出什么样的面包呢？
= 米粉面包的配方比例

会做出比面粉制的面包口感更好、咬起来有嚼劲儿的面包。

米粉面包分为两种，一种是只使用米粉制作，另一种是使用面粉和米粉制作。仅使用米粉制作时，烘焙完成的面包没有小麦独特的风味、香气，味道近似麻糖或团子，同小麦面包相比，更有嚼劲儿。但是，若只单纯地把面粉换成米粉，面包无法顺利膨胀。这是因为小麦中含有形成面筋组织的蛋白质，但米中并没有，因此米粉无法制作出作为面包骨架的面筋组织。

所以，使用米粉制作蓬松柔软的面包时，为了能保持住酵母（面包酵母）产生的二氧化碳，必须添加面筋组织。这里添加的就是粉末状的面筋（活性面筋，vital gluten）。粉末状的面筋是在原料的面粉中加入水揉和后取出的新鲜面筋，不加热地干燥制成。借由加入水分，使其恢复黏性和弹性。

若是想要增加小麦所没有的Q软感和润泽感，并增添米香风味时，就不需全部改用米粉，而是将面粉的20%～30%替换成米粉即可。

想添加可可粉制作吐司面包，面粉中可可粉的比例是多少呢？
= 可可粉的影响

最多添加 10% 的可可粉。

可以根据想呈现的可可风味确定添加的量，但无论如何，可可粉的量应该以面粉量的10%为基准。

为了增加面包风味而放入食材时，面团的连接会发生变化。可可粉因为含较多脂质，加入面粉搅拌后，会延迟面团的面筋形成，使面团容易塌陷。

虽说添加其他成分并不一定会对成品造成很大影响，但还是应该多留意添加材料的成分中是否含有影响面包制作性的物质。

此外，添加可可粉时，先用等量的水使其溶解成糊状。在搅拌的过程中，与油脂一起加入，这样就能避免面筋延迟形成。

酵母

（面包酵母）

古代的面包也像现代面包一般膨胀柔软吗？
= 发酵面包的起源

最早的面包是又薄又平、没有发酵的面包。

古代面包的制作，是将小麦等谷物制成粉后加水揉和，烘焙成薄且扁平的无发酵面包。这样制成的面团稍加放置后，附着在谷物上的酵母或浮游在空气中的酵母在面团中产生反应，膨胀变大。烘焙后做出了膨胀柔软又美味的面包，因此诞生了发酵面包。

现在，也有以果实或谷物等为原料，附着在原料上的酵母经自行培养后用于面包制作，虽然也有利用自制面种（⇒Q155）的方法，但大部分会使用市售的面包酵母来制作。

市售的面包酵母，是从存在于自然界多数的酵母中，主要是从酿酒酵母中选取出的面包可操作性优良的酵母种类，以工业单纯培养而成的。并且，新鲜面包酵母1g约含有100亿以上的酵母细胞。

市售面包酵母除了新鲜的之外，种类繁多，也都是从酿酒酵母中选出符合各种特性的酵母所制成的。

所谓酵母，是什么样的东西呢？
= 何谓酵母

菌类的一种，是单细胞微生物。

酵母（面包酵母）是制作面包时不可或缺的重要材料，但它到底是什么样的物质呢？

酵母属于菌类的单细胞微生物，是肉眼几乎无法确认的微小生物，只能使用显微镜才看得到。和动物、植物一样，细胞内的核（细胞核）带有基因，虽是微生物，却没有运动性。虽是像植物那样具有细胞壁及细胞膜，却没有光合作用能力，必须从外部取得营养分解吸收才能生存。

众所周知，酵母也是制造日本酒、葡萄酒、味噌和酱油等食品的材料。

酵母存在于自然界的所有地方，如花蜜、果实、树液、空气、土壤、淡水、海水等物质中。而且，具有各种性质、特征的酵母无所不在，不仅有对人类有益的，也有对人类有害的。

从这些酵母中，人们可以选择适合制作不同酒类、调味料等食品的酵母来使用。

制造日本酒、葡萄酒时不可或缺的酵母，与制作面包时使用的酵母是相同种类的啤酒酵母，日本酒、葡萄酒、面包等都是借由这种酵母，利用酒精发酵来制作的。

其他也有各式各样被使用在食品上的酵母，如味噌或酱油等主要使用的就是能在多盐环境中发挥作用的酵母。

市售酵母是以什么为原料制作的呢？
= 酵母的制造方法

在工厂里培养适合面包制作的酵母，再制成商品。

原本酵母这样的生物无法人工制作，但经由培养促进酵母发挥本身的增殖作用，进而有效增加酵母的方法，可以在工厂里应用。

面包制作时所使用的酵母，是从自然界的酵母中选出适合制作面包的酵母，以工业性培养的单一种类。

虽然都被统称为酵母，但配合各种用途的酵母，经由各酵母生产公司研究开发并销售。

培养好的酵母去除水分后呈黏土状的就是新鲜酵母，培养好的酵母干燥后就是干酵母。

为什么面包会膨胀呢？= 酵母的作用

酵母经由酒精发酵使面包的面团膨胀。

面包膨胀是因为酵母（面包酵母）的作用。当然，仅有酵母的存在无法制作出松软的面包。只有在合适的面团和适当的环境下，酵母才能发挥作用。

酵母在面包面团中发生反应，面粉及作为辅料添加的砂糖等所含的糖会被分解吸收，并产生碳酸气体（二氧化碳）和酒精。酵母的这种作用被称为酒精发酵。

利用酒精发酵，酵母产生的二氧化碳推压扩展周围的面团，使面团整体膨胀。此外，因为酒精发酵所产生的酒精及因氨基酸的代谢生成的有机酸，可以提高面团的延展性，并赋予面包独特的香气及风味。食用完成烘焙的面包时，酒精会借由烘焙而蒸发，所以几乎不会感觉到酒精的气味。

除此之外，为了使面团保持住酵母产生的气体，不但需要能包覆气体的延展性，还需要足以支撑膨胀面团的强度，最后生成的就是面粉中所含的面筋组织和淀粉。

那么，为何面包会膨胀呢？就让我们一起来仔细看看酒精发酵的原理吧。

参考 ⇒ Q35，Q36

使面包膨胀起来的酒精发酵，是如何形成的呢？
= 酒精发酵的原理

所谓酒精发酵，是酵母将糖分解为酒精和碳酸气体（二氧化碳）得到能量的反应。

酵母（面包酵母）是单细胞的微生物，借由外部吸收糖类进行分解，获取生存和增殖必要的能量存活下去。在氧气充分的地方，将糖分解为碳酸气体（二氧化碳）和水，使其能进行获取能量的呼吸。

在氧气少的条件下，酵母虽无法呼吸，但可以利用别的机能，从糖类中获得能量。产物就是酒精和二氧化碳。因此，我们将此称为酒精发酵。

无论呼吸还是酒精发酵，都是为了能取得作为能量的ATP（三磷酸腺苷）这种物质的反应，呼吸可以得到38个分子的ATP，酒精发酵却只能得到2个分子，由此可知，呼吸能获得较大的能量。呼吸活跃时，酵母会利用能量增殖。

面包面团中几乎没有氧气。因此，酵母不靠呼吸，而是以酒精发酵为主，就会因产生的二氧化碳而使面团膨胀。

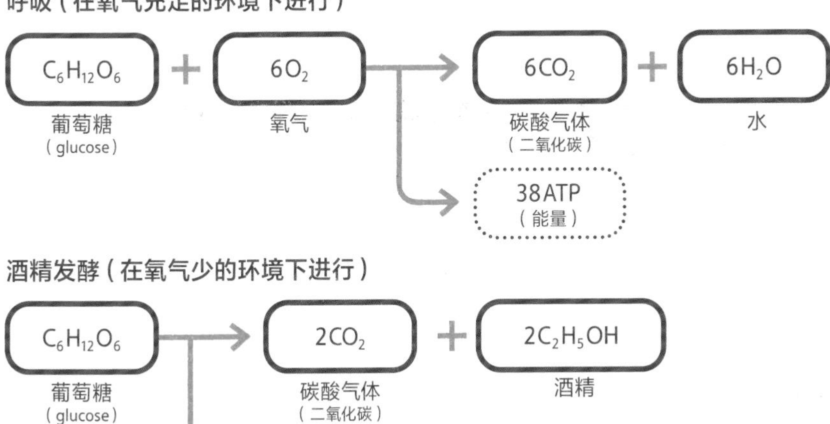

面包和酒都经过酒精发酵，为什么会变成完全不同的两种食品呢?
= 酒精发酵的副产物的用途不同

酒是利用酒精发酵时的酒精，面包则是利用酒精发酵时的二氧化碳。

从古代开始，人类就会利用酒精发酵来制作食品。葡萄酒等酒类和面包就是最具代表性的食品。酒是在液体中，面包则是在面团中人为地制造出氧气稀少的状态，借由酵母作用产生酒精发酵，使用在食品制作上。

酒精发酵所产生的酒精和二氧化碳，以使用酒精为主的是酒类的酿造，葡萄酒酵母、清酒酵母等，配合不同的酒类使用酵母。

二氧化碳若融入液体，就成为碳酸气泡。气泡酒就是活用这个特性。但是，即使饮用葡萄酒或日本酒，也感觉不到碳酸气泡。

因为葡萄酒在长时间酿造下，二氧化碳会从木桶中汽化，日本酒则是在最后步骤因受热（加热），使二氧化碳汽化，因此实际在酿造时，也同样产生了二氧化碳。

另外，以酒精发酵所产生的二氧化碳为主，加以运用的是面包制作。酵母（面包酵母）所产生的二氧化碳会使面团整体膨胀。而酒精能充分使面团延展，并能增加面包独特的香气和风味。

制作面包时，酒精虽然因烘焙而汽化，但仍隐约留下香气。

要想使酵母的酒精发酵更加活跃，该怎么做才好呢?
= 适合酒精发酵的环境

给予水分和营养，并保持适当的温度和 pH 是非常重要的。

为使酵母在面团中活跃地进行酒精发酵，必须具备以下几个条件。

●给予水分

面包酵母是工业产品，被消费者使用前，必须保持质量、抑制发酵，因此会借由脱水的步骤使其产品化。

●给予营养（糖）

糖能给酵母提供充足的营养。在面包制作时，它主要来自面粉中的淀粉。淀粉是由数百到数万个葡萄糖结合而成，因此酵母将淀粉分解为最小单位的葡萄糖后进行发酵。

另外，添加砂糖时，酵母会将砂糖所含的蔗糖分解为葡萄糖和果糖，两者都会被用到。

●保持适当温度

面包酵母在约40℃时产生的二氧化碳最多，越低于这个温度，它的活力就越低。高温若达到55℃以上时，它就会在短时间内死亡，当温度低于4℃时，它就会停止活动。

除此之外，在低温的情况下，酵母只是处于休眠状态，并不是死亡，因此只要温度上升就会再次活化。

温度对面团膨胀力的影响

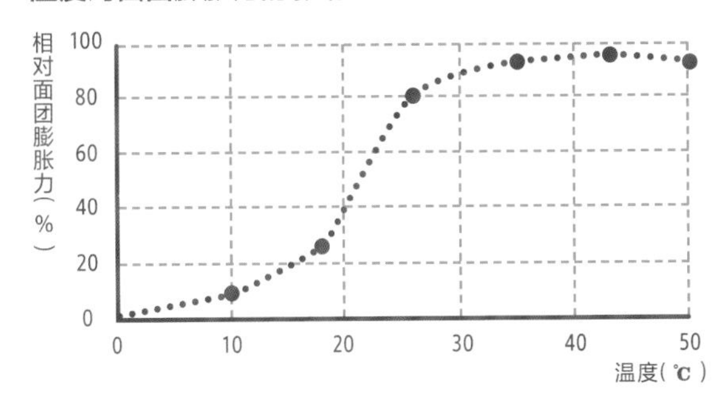

（资料提供：东方酵母工业株式会社）

●适当的 pH

酵母活性处于最好的状态时，pH为4.5～5.5。这个数值会因酸性让面团的面筋组织适度软化并容易延展，也是面团容易膨胀的pH。面团的二氧化碳保持力在pH为5.0～5.5时最大，若低于此数值，则保持力就会急剧降低（⇒Q91）。

面包面团从搅拌至完成烘焙为止，pH保持在5.0～6.5范围内。完成搅拌的面团，虽然pH在6.0左右，但开始发酵时pH就会下降（⇒Q197）。

面团中的乳酸菌会因乳酸发酵，使面团的pH下降。虽然醋酸菌也会产生作用，但这个pH下的醋酸生成量较少，因此不会像乳酸般成为pH下降的主要原因。

pH对面团膨胀力的影响

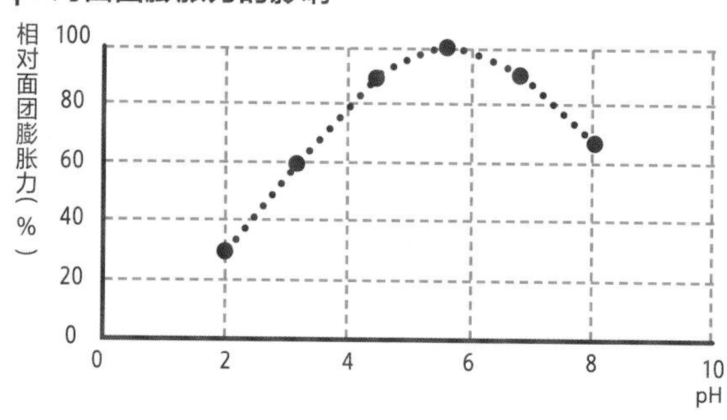

（资料提供：东方酵母工业株式会社）

在酵母最大活性化的 40℃时发酵，成品面包的膨胀状况却不好，这是为什么？ = 适合发酵的温度范围

适合面包发酵的温度，比面包酵母最大活性化的温度要略低一点儿。

在Q63提及酵母（面包酵母）的最合适温度，但在实际的面包发酵中，会使发酵器的温度保持在比酵母最大活性化的40℃略低一点儿，为25～38℃。

若提高发酵温度，酵母会迅速产生大量二氧化碳，使面团因急剧拉扯延展而受损，因此，烘焙完成后面包的膨胀会变差。

在25～38℃，产生的二氧化碳的量虽不是最大，但因缓慢地产生气体，能使面团没有负担地延展。

换言之，在面包发酵时，除了稳定地产生大量二氧化碳外，使面团呈现保持气体的最佳状态也是非常重要的，25～38℃是最佳温度范围（⇒**Q196，Q213**）。

如此一来，在达到一定程度的膨胀前，虽然发酵时间会拉长，但在此期间乳酸菌和醋酸菌等制造出的有机酸会累积在面团中，增加面包的香气和风味，这也是其优点。

参考 ⇒ **p.218**

酒精发酵时，糖是如何被分解的呢？
= 酒精发酵时的酵素作用

材料中所含的各种酵素会分解糖类。

在说明酵素如何在酒精发酵中的作用之前，先将酵素稍加说明。酵母和酵素虽然看似词语相近，但酵母是生物，而酵素主要是由蛋白质形成的物质，两者有着很大的不同。

酵母或面粉当中存在各种各样的酵素，这种称为酵素的物质与酒精发酵有很大的关联。面包的酒精发酵主要就是酵母（面包酵母）中的酵素作用于糖类所发生的反应，酵素能促进发酵作用。

这里所说的糖类，主要是指面粉中所含的淀粉或辅料砂糖。淀粉是由数百、数千个甚至数万个葡萄糖结合而形成的。为使淀粉能被用于酒精发酵，酵母必须利用酵素将淀粉分解成最小单位的葡萄糖。这是因为酵母在发酵中可能利用的糖类分子是单一分子的葡萄糖或果糖。

在这个时候活跃的酵素不仅有酵母中的酵素。面粉所含的淀粉酶酵素，首先将自身的淀粉分解为糊精，再分解为麦芽糖（葡萄糖是二者的结合物）。

这种分解在面粉以粉状保存状态下不会发生，通过加水制作成面团，部分淀粉（受损淀粉⇒**Q37**）吸收水分、分解后得到的麦芽糖，与原本就存在于面粉中的麦芽糖一起，借由酵母本身具有的麦芽糖通过酵素吸收到酵母的菌体内，以酵母本身具有的酵素麦芽糖酶分解为葡萄糖。

砂糖几乎是由蔗糖组成的。蔗糖会借由酵母中称为转化酶的酵素，在酵母菌体外被分解为葡萄糖和果糖，为发酵提供能源。最后，与分解麦芽糖所取得的葡萄糖一起，被使用在酒精发酵上。酵母中的发酵酶（多数酵素的复合体）的作用会分解这些糖并产生二氧化碳和酒精。

如此，酒精发酵通过酵素的作用就能顺利地进行。

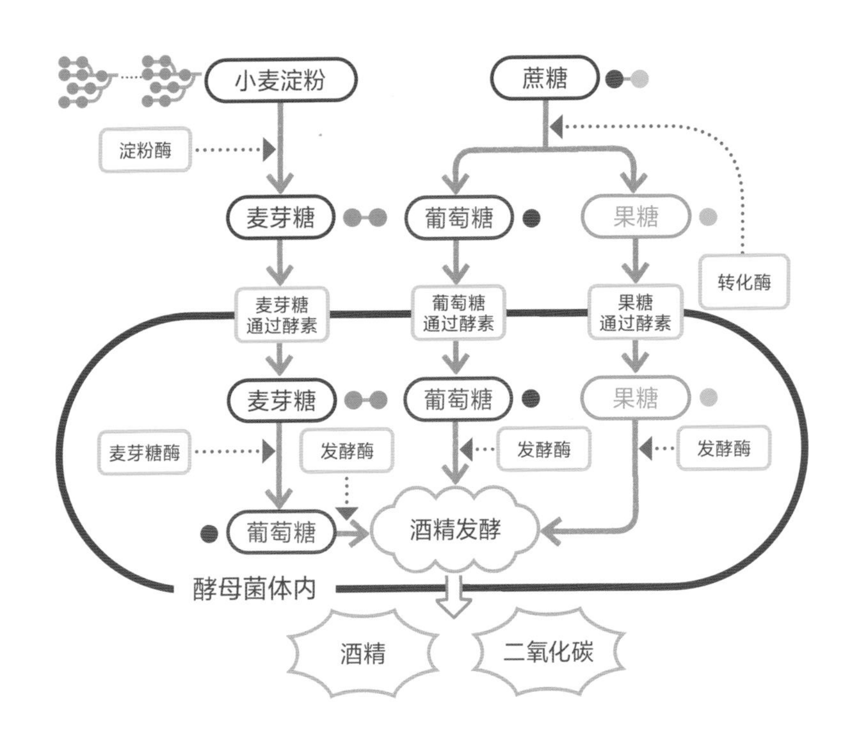

面包面团中酵母会增殖吗？它会影响面包的膨胀吗？
= 面包面团内的酵母增殖

它会少量逐次地增殖，但对面包制作几乎没有影响。

酵母（面包酵母）的增殖，是从母细胞中如发芽般分裂出子细胞，当子细胞变至与母细胞相同大小时就会分离，分裂成两个细胞。大约两个小时会重复一次，数量会逐渐增加。

市售的酵母在工厂制造时，为了使单一酵母更活跃地分裂，会整合氧气、营养、温度、pH等，在完备的环境中进行培养。

但因为面包面团中氧气量少，酵母会进行酒精发酵（⇒**Q61**）。因此，增殖不会完全停止，会在极少量的氧气下少量逐次地持续增殖。

此时，不是所有的酵母会同时增殖，若考虑到酵母的增殖周期，以直接法两个小时制作发酵的面团，在发酵期间或许可能只有一次分裂，所以，这也是人们一般认为其对面包的膨胀几乎不会有影响的原因。

从母细胞中分裂出子细胞

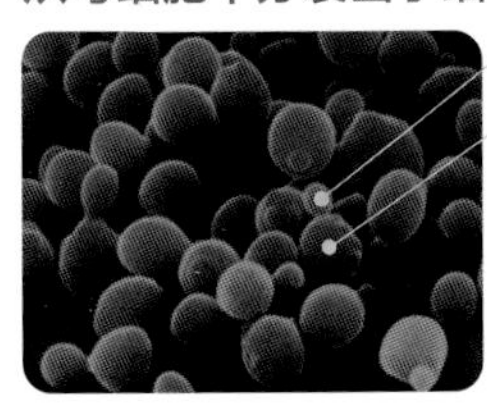

子细胞

母细胞

母细胞的部分萌芽呈拳头状，变成子细胞，最后分离

（照片提供：东方酵母工业株式会社）

面包酵母有哪些种类呢？
= 酵母的种类

有新鲜酵母和干酵母。

最近，使用附着在果实或谷物上的酵母，自己培养制作的自制面种（⇒Q155）来做面包的情况越来越多，但多数的面包还是使用市售的商业酵母（面包酵母）。

在日本，一般使用的酵母根据其是否干燥，可以分为新鲜酵母和干酵母。

干酵母又分为干燥、即溶干燥和半干燥3种。

此外，还有适合甜面包、欧包、冷冻面团等不同类型的酵母。

特征及使用方法会在后面详述。根据想制作的面包区分使用即可。

3种干酵母

自左起，分别为干燥、即溶干燥、半干燥 3 种干酵母

为什么制作面包的店家大多使用新鲜酵母呢？
= 新鲜酵母的特征

因为在日本用的是高糖分的软质面包和无糖分的硬质面包都能使用且用途广泛的酵母。

日本面包店使用的酵母（面包酵母）有90%以上是新鲜酵母。在日本高糖分的软质面包较受欢迎，新鲜酵母对渗透压具承受性，适用于砂糖配方比例较高的面团，同时也可用于无糖分的硬质面包，使用更广泛。

新鲜酵母是将培养的酵母脱水、压缩成黏土状的制品，它的水分含量为65%～70%。易溶于水，一般会先溶于水再使用（⇒**Q176**）。酵母在10℃以下活性会降低，温度至4℃以下就会休眠，因此需要冷藏运输，购买后放入夹链袋或密封容器内冷藏保存。保质期短，未开封状态为1个月左右。

新鲜酵母主要有下列两种类型。

●常规型

糖的配方比例相对于面粉是0%～25%，吐司类的软质面包都可以使用。

●冷冻型

常规型的新鲜酵母，很多在面包面团冷冻时会死亡，导致解冻后的发酵无法顺利进行，但是冷冻型的新鲜酵母具有冷冻（冻结）耐性，可以使用在需要冷冻的面团上（⇒**Q166**）。

近年来，除了这两种类型以外，还有多种特制的产品（即使是糖分30%以上的高糖分面团，发酵力也不会减弱。在某个温度范围内可以稳定地进行发酵，面包的香气变好等）由各个酵母生产公司进行研究、开发、商品化。

新鲜酵母水分多，因而柔软

常规型（左）和冷冻型（右）

干酵母是什么呢？
= 干酵母的特征

是为了提高保存性而开发的干燥类型的酵母，也是最早被商业化的酵母。

干酵母是将酵母（面包酵母）的培养液低温干燥，将水分减至7%～8%以提高保存性，呈圆形颗粒状的酵母。

酵母在干燥状态下呈休眠状态，因此必须有唤醒酵母的预备发酵。所谓预备发酵，就是给予干酵母水分和适当的温度（约40℃的温水）和营养（砂糖），让正在休眠的酵母吸收水分、活性化，使其成为能用于面团制作的状态（⇒**Q177**）。

干酵母虽然制作复杂，但比新鲜酵母保存性佳。原本干酵母就是因为流通上的限制，为了提高保存性而开发出来的。

现在，一般市售的低糖用干酵母大多是进口商品。在常温下流通运送，开封后就和新鲜酵母一样需要密封冷藏保存。保质期限在未开封状态下大约是2年。

干酵母是干燥类型酵母中最早被开发、商品化的。以此为基础，也开发了其他类型的干酵母或即溶干燥酵母。因此，只说干酵母时基本上就是指这个。

另外，干酵母因为在制造过程的干燥步骤时经过加热，所以活性会降低，或部分酵母细胞死亡。从这些死亡的酵母中会溶解出名为谷胱甘肽的物质，让面筋软化（⇒**p.142**）。这个特性提升了干酵母面包面团的延展性。

干酵母呈圆形颗粒状，是干燥类型酵母中颗粒最大的

即溶干燥酵母是什么样的东西呢？
= 即溶干燥酵母的特征

可以直接混在粉类中使用，是不需要预备发酵的干酵母。

即溶干燥酵母与其他干酵母不同，不需要经过预备发酵，可以直接和粉类混合使用，非常方便。

即溶干燥酵母是将酵母（面包酵母）的培养液冻结干燥至含水量为4%～7%的酵母，比其他干酵母还要少，呈颗粒状。以常温流通，开封后要密封冷藏保存。在未开封状态下保质期约2年。现在日本市售的干酵母包含即溶干燥酵母，主要是进口产品。日本主要生产的是适合高糖分软质面包适用的新鲜酵母，而制作低糖分硬质面包时，大多使用国外生产的低糖用酵母。

日本市售品会标示干酵母（不需预备发酵）的产品就是即溶干燥酵母。

即溶干燥酵母有高糖用和低糖用之分，要如何区分使用呢？
= 即溶干燥酵母的区分使用①

以面团中的砂糖配方比来区分使用。

即溶干燥酵母要根据制作面包的种类来选择。

选择重点就是砂糖的配方比例。制作果子（糕点）面包等砂糖配方比例非常大的面包时，必须使用高糖用即溶干燥酵母；若制作砂糖配方比例在10%左右的软质面包，则使用低糖用即溶干燥酵母。

这两种即溶干燥酵母的区别如下。

●高糖用

酵母（面包酵母）原本就无法承受砂糖多的环境。面团加入大量砂糖时，面团中的渗透压会变大，酵母细胞内的水分会被夺走而收缩。

但是，高糖用的酵母在砂糖配方比例大的面团中可以不受渗透压影响，维持发酵力，因此会选择下列的酵母来制作。

转化酶活性差的酵母

酵母会将糖类用在酒精发酵上。面包材料中的糖类主要来自面粉中所含的淀粉（受损淀粉⇒**Q37**）或构成砂糖的蔗糖，如果使用在酒精发酵上，必须先分解成糖类的最小单位——葡萄糖和果糖（⇒**Q65**）。

若借由酵母中的转化酶酵素将蔗糖不断分解为葡萄糖和果糖，对酵母而言并不友好。因为葡萄糖和果糖会产生大约是蔗糖两倍的渗透压，即使面团中砂糖的量较多，蔗糖量多也会呈现高渗透压状态，随着蔗糖被分解，渗透压就会更高。这个结果会导致酵母因细胞内的水分被剥夺而收缩，削弱酒精发酵作用。

因此，高糖用的酵母为了能抑制蔗糖的分解，会选择转化酶活性低的酵母类型。

对渗透压的耐性高的酵母

酵母有自我保护机制，那就是一旦渗透压提高产生压力时，正在分解吸收的糖类用于酒精发酵，其中部分会以甘油的糖醇形式储存，提高细胞内的糖浓度，与细胞外的糖浓度差异变小，细胞就会回到原来的大小。

高糖用酵母是对渗透压反应迅速的产品，对渗透压的耐受性会比低糖用酵母对渗透压的耐授性好。

●低糖用

以使用在无糖或砂糖少的面团为前提制作产品。因此，这种类型的酵母若使用于多砂糖的面团中，酵母会因细胞内的水分被夺走而收缩，使其发酵力降低。

低糖面团中的酵母必须不以砂糖为材料进行酒精发酵。因此，低糖用的酵母要能有效地分解面粉中的淀粉（受损淀粉）。

适合面粉淀粉分解，活性强的酵母

没有砂糖或砂糖配方用量少的面包中的酵母主要是分解面粉所含的淀粉（受损淀粉），取得酒精发酵时所需的糖类。

面粉中添加了水，首先面粉中所含的名为淀粉酶的酵素会将面粉中的受损淀粉分解为麦芽糖。即使如此，作为酒精发酵时使用的糖类，分子还是太大，所以在酵母的细胞膜上借由麦芽糖酶，把麦芽糖吸进菌体内，在其体内利用麦芽糖酶的酵素分解为葡萄糖（⇒Q65）。

低糖用的即溶干燥酵母，为了使分解能顺利进行，麦芽糖酶的活性会比高糖用酵母好。

转化酶活性佳的酵母

同面粉的淀粉（受损淀粉）相比，砂糖会比较早被分解成为葡萄糖和果糖，使用在酒精发酵时，受损淀粉在成为葡萄糖之前需要时间。

因此，低糖用酵母适合长时间发酵。话虽如此，为了保证发酵前期顺利进行，相较于高糖用酵母，会使用低糖用、转化酶活性佳的酵母。这样一来，面团中的低聚果糖等也可以分解使用于发酵上。

即溶干燥酵母比其他干酵母粒子小，呈颗粒状

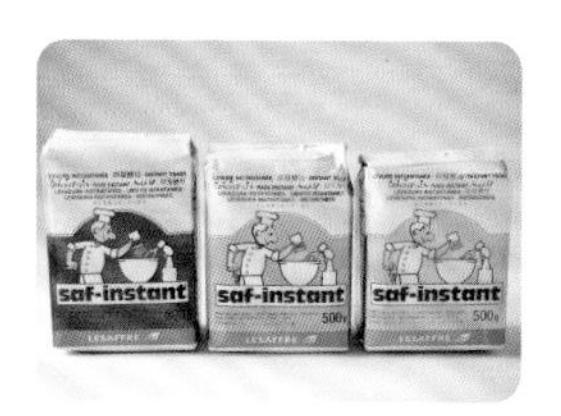

以上都是即溶干燥酵母。由左起别分为低糖用（添加维生素C）、低糖用（未添加维生素C）、高糖用（添加维生素C）酵母

更详尽！渗透压与细胞收缩

酵母（面包酵母）的细胞被细胞膜包围，体内被细胞液充满。水或极微小的物质可以通过细胞膜，除此以外的物质几乎无法通过。因此细胞膜具有调整内侧细胞液和外侧溶液至相同浓度的性质。若是内外浓度有差异时（细胞膜的内外有渗透压的差异），浓度低的溶液会透过细胞膜朝浓度高的溶液移动水分，使内外浓度变相同。

面包面团中砂糖会溶于水，若面团的砂糖较多，就酵母的细胞而言，因为细胞膜的外侧液体浓度高，就会从细胞内向外流出水分。也就是说，细胞被剥夺水分而收缩了。

什么是新型的干酵母？
= 半干燥酵母的特征

名为半干燥酵母的制品综合了新鲜酵母和干酵母的特征。

半干燥酵母是具有新鲜酵母和干酵母中间水量（约25%）的颗粒状干酵母。使用时可以像即溶干燥酵母那样直接混入面粉中使用，和新鲜酵母一样未添加维生素C，所以面团不会太紧缩（⇒Q78）。

水量比干酵母多，需要冷冻保存。使用耐冻性强的酵母，和干酵母、即溶干燥酵母比起来，其可以保持良好状态。不需要预备发酵或解冻，因为耐冻性高，所以也适合冷冻面包面团。另外，和即溶干燥酵母不同，其对冷水（15℃以下）的耐性也很好。

保质期在冷冻保存且未开封的状态下约2年，开封后需要密封冷冻保存。半干燥酵母也分为低糖用和高糖用两种。

半干燥酵母，它与即溶干燥酵母都是颗粒状

低糖用（左）与高糖用（右）的半干燥酵母

为什么天然酵母面包的发酵时间较长？
= 自制面种的特征

因为面包面团中的酵母数量较少，发酵会需要较长时间。

天然酵母这个词经常被使用，但酵母本来就是存在于自然界中的，所以当然都是天然的。市售的酵母（面包酵母）虽然是工业培养的，但原本就存在于自然界中。

话虽如此，面包范围内所指的天然酵母，并非工业制的商业酵母，而是指自制的面种（本书中会以“自制面种”表示）。

所谓自制面种，就是培养附着于谷物或果实上的酵母而制作成的种（⇒Q155）。市售的酵母，多选择面包制作性佳的酵母，通过大规模生产而获得。因此，使用自制面种的面包制作方法，也可以说是比较接近古代的面包制作方法。

起种的时候会从小麦或裸麦等谷物、葡萄或苹果的新鲜果实或葡萄干等干燥水果中选择，加入水和糖（如果需要），进行7天左右的培养。其间酵母会增殖，然后加上新的面粉或裸麦粉揉和（续种），让其发酵作为自制面种。

这种自制面种所含的酵母，不仅是单一种类。材料上有可能附着好几种野生的酵母，例如混入浮游在空气中的酵母，或制作面种时使用的粉类上附着的酵母。

此外，酵母以外的乳酸菌、醋酸菌等菌群也会混入，和酵母一起增殖。这些菌群会产生有机酸（乳酸、醋酸等），添加面种独特的香气或酸味。

用这样自制面种制作的面包，会呈现出复杂又具个性的风味。而且，根据使用何种材料起种，制作出的味道和香气也会随之不同。

但是因为是自己培养酵母，所以相较于市售的酵母，酵母数量少且活性低，因而需要更长的发酵时间。

此外，即使以相同分量制作，也会因当时酵母数量和活性的情况而有不同，所以其发酵的状态并不稳定，也可能会有腐败菌或病原菌混入的情况。

自制面种制作面包时，必须充分考量各种因素，才能顺利照料好酵母。

参考 ⇒ Q157

提高自制面种发酵能力的方法是什么？
= 自制面种的发酵力

与市售的酵母一起使用，既可增加发酵力，又可缩短发酵时间。

相较于使用市售的酵母（面包酵母），自制面种的发酵力都比较弱。这是因为面种中的酵母数量较少。市售的新鲜酵母1g中含有超过100亿的活酵母，而自制面种里最多也只有数千万个。因此相较于使用市售酵母，自制面种发酵上需要较长时间。

为增加自制面种的发酵力，可以与市售酵母并用。适量使用，可以充分发挥自制面种和市售酵母的优点。

两种酵母一起使用，主要目的是增加发酵力，因此只有在使用自制面种膨胀力太弱，或是想让成品口感更轻盈，无论如何都想缩短发酵时间时，才会考虑将两者结合使用。

为什么黏糊糊的面团可以变成蓬松柔软的面包？
= 烘烤出松软面包的原理

借由酒精发酵膨胀，烘焙时更加膨大，最后烘焙定型。

制作面包时，面团在发酵和烘烤阶段才会大幅膨胀。但是，这两次膨胀的原理不同。

●发酵的膨胀

发酵时，面团中的酵母（面包酵母）会活跃地进行酒精发酵，借由产生的二氧化碳，使面团整体膨胀。

在酒精发酵时，为使面团得以膨胀，使发酵变得活跃非常重要，在之前的搅拌操作时，必须充分揉和面团，做出完整的面筋组织（⇒Q34）。面筋组织在面团中会呈网状延展，吸收淀粉并结合，形成有弹力且易于延展的薄膜。

发酵操作中若产生二氧化碳，面筋的膜会因包裹二氧化碳而生成的气泡，起到保护的作用。随着发酵气泡变大时，面筋的膜会从内侧向外伸展，像气球般膨胀平顺地延展，使面团整体膨胀。

●烘焙时的膨胀

在烘焙操作中，放入预热至200℃以上的烤箱，面团内部的温度会从32～35℃开始慢慢上升。温度一旦上升，面团就会松弛，到50℃左右开始出现流动性，面团会更加伸展，变得容易膨胀。大约40℃达到巅峰，酵母产生的二氧化碳量最大，然后再慢慢变少，大约到50℃为止，都会活跃地产生二氧化碳（⇒**Q63**）。

刚好在这个温度区间，面团变得容易伸展，因此面团会大幅膨胀。酵母若超过50℃，二氧化碳的生成量会显著下降，到了55℃以上就会死亡。在这之前，都是因酵母而膨胀。

之后的烘焙，酵母所产生的二氧化碳、酒精以及搅拌操作时混入空气形成的气泡，会因高温产生热膨胀而使体积增加，使面团向外推压延展。之后，至75℃左右蛋白质形成的面筋组织会结块，淀粉在85℃左右会糊化（α化）成块（⇒**Q36**），此时膨胀几乎就停止了。

最后面团内部的温度达到将近100℃时，面筋组织和淀粉会相互作用地支撑面团组织。面团中以网状结构延展的面筋组织，成为面包的骨架，淀粉则形成膨胀组织。

面包烘烤成形时，从烤箱取出后即使温度下降导致气泡的体积变小，面包的体积也不会随之变小。

参考 ⇒ **p.217，p.257**

区分使用低糖用即溶干燥酵母和高糖用即溶干燥酵母，砂糖用量的标准是什么？ = 即溶干燥酵母的区分使用②

相对于面粉，配方中砂糖比例为 0% ~ 10% 时使用低糖用即溶干燥酵母，超过 10% 则使用高糖用即溶干燥酵母。

虽然制造厂商或产品不同，但低糖用的即溶干燥酵母，配方中砂糖比例为0%～10%。砂糖的配方比例量更大时，则必须使用高糖用的即溶干燥酵母才会使其充分膨胀。

配方中砂糖比例为5%以上时，就可以使用高糖用即溶干燥酵母，但是若用在配方比例更低的面包时，会有无法顺利发酵的情况，最好不要使用。

相对于面粉，和果子（糕点）面包等配方中砂糖比例在20%以上的面团，使用高糖用即溶干燥酵母。但虽说是高糖用，若砂糖量过多，或相对砂糖量的酵母（面包酵母）使用量太少时，也会有发酵力无法发挥作用的情况，分辨使用的酵母具有什么特性也很重要。

那么，分别以低糖用即溶干燥酵母和高糖用即溶干燥酵母为例，来看看改变配方中砂糖比例时，发酵力的不同（参照图表）。

使用低糖用即溶干燥酵母，砂糖配方比例分别替换为0%、5%、10%、15%，进行比较，砂糖5%的b最膨胀，其次是砂糖为0的a，几乎膨胀程度相同。10%的c和15%的d虽有很大的差异，但膨胀量同a、b相比，可知有相当程度的减少。

根据这次使用的低糖用即溶干燥酵母的发酵力，可得知砂糖配方比例在5%以内，可以发挥良好的发酵力。砂糖比例更高时，可以确认因砂糖量增加而使发酵力降低。

接着来看看使用高糖用即溶干燥酵母，替换砂糖的配方比例进行比较的结果参照后面图表。

比较的结果与低糖用即溶干燥酵母一样，砂糖5%的b最膨胀，之后依序是c和d。a也有膨胀，但是与添加了砂糖的b、c比较起来，呈现很明显的膨胀量不佳的情况。

另外，根据这次使用的高糖用即溶干燥酵母的发酵力，可以确认砂糖配方比例在5%左右是巅峰，超过后，发酵力就会随配方比例增加而减弱。

最后来比较一下两者的结果吧。只有没有砂糖的a，低糖用干酵母的发酵力超过高糖用干酵母，但是随着砂糖配方比例的增加，高糖用干酵母的发酵力比较好。因此可以确认，即使使用高糖用即溶干燥酵母，砂糖量过多的话，发酵力也还是会下降。

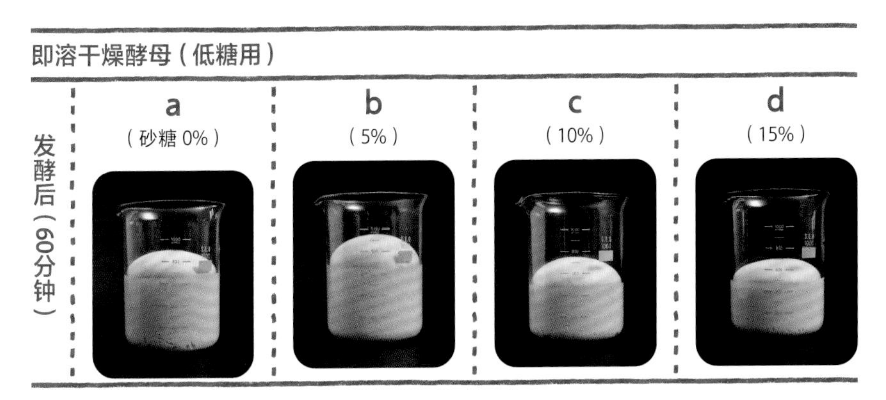

※ 基本配方的比例（⇒ p.293），将新鲜酵母（基本类型）更换为即溶干燥酵母（低糖用），将配方比例调整为 1%，砂糖（细砂糖）的配方比例分别为 0%、5%、10%、15%，然后比较制作出来的面团。

即溶干燥酵母（高糖用）

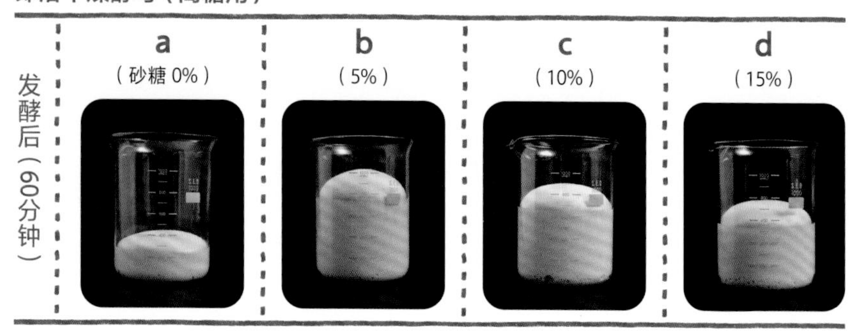

※ 基本配方的比例（⇒ p.293），将新鲜酵母（基本类型）更换为即溶干燥酵母（高糖用），将配方比例调为 1%，砂糖（细砂糖）的配方比例分别为 0%、5%、10%、15%，然后比较制作出来的面团。

参考 ⇒ p.304

新鲜酵母替换成干酵母或即溶干燥酵母时，需要改变用量吗？
= 不同种类干酵母的配方用量

同新鲜酵母相比，使用 50% 的干燥酵母、40% 的即溶干燥酵母及 40% 的半干燥酵母，大致与新鲜酵母具相同发酵力。

使用与食谱中不同种类的酵母（面包酵母）来制作面包时，虽然不同品牌的酵母有所差异，但若用下列表中的比例（重量）替换制作，几乎可以得到相同的发酵力。依产品不同，对面团的各种影响也不完全相同，例如有的面团收缩力很强、有的面团容易松弛、有的面团容易干燥、有的面团湿润等。

用下列表格的比例替换制作面包时，因糖的配方比例不同，适合的酵母种类也各异。

适合砂糖配方比例少的酵母，有新鲜酵母、低糖用的干燥酵母、低糖用即溶干燥酵母和低糖用半干燥酵母。而配方中砂糖比例多的面包，则适合使用新鲜酵母、高糖用即溶干燥酵母、高糖用半干燥酵母。

参考 ⇒ p.300，p.302

新鲜酵母的配方比例设为10，其他酵母的比例

新鲜酵母	干燥酵母	即溶干燥酵母	半干燥酵母
10	5	4	4

新鲜酵母和低糖用即溶干燥酵母的发酵力比较

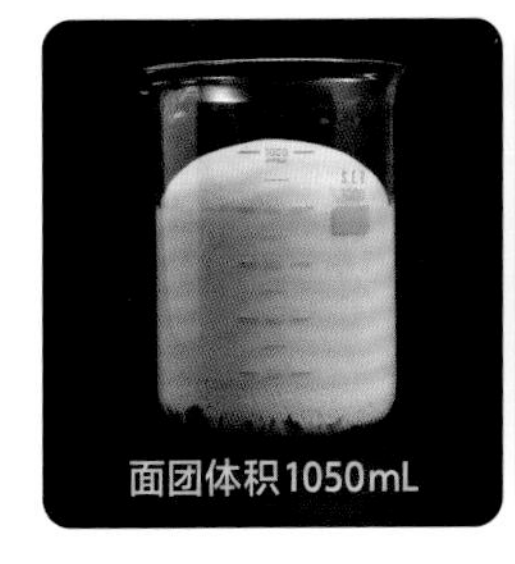

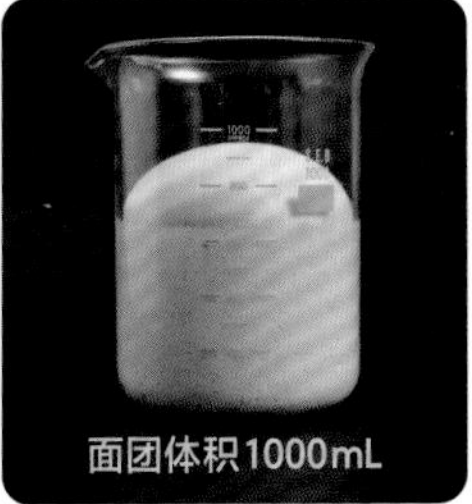

配合上述比例，新鲜酵母 5% 配方比例的面团（左），和使用低糖用即溶干燥酵母 2% 配方比例的面团（右），几乎具有相同的发酵力

※ 基本配方比例（⇒ p.293），以新鲜酵母 5%、低糖用即溶干燥酵母 2% 所制作出来的面团比较

即溶干燥酵母中添加的维生素 C 有什么作用？
= 维生素 C 可以起到强化面筋的作用

强化面筋组织的网状结构，使面团充分膨胀。

即溶干燥酵母为强化面筋组织添加了维生素C（抗坏血酸）。面筋组织是如何形成的？在此抗坏血酸又有什么作用呢？

面筋在搅拌面团时，蛋白质的氨基酸之间产生了各种结合，因此形成了复杂的网状结构。其中S–S结合（二硫化物结合）增加，面筋的网状结构会变得更紧密，所以在强化面筋组织上是很重要的。

S–S结合关系到源自蛋白质的醇溶蛋白，也与名为L–半胱氨酸的氨基酸有关。L–半胱氨酸分子中具有SH基（硫醇）的部分。SH基若与面筋内不同的SS基接触，会与SH基一边的S形成新的SS基并与之结合，这就是桥接状（架桥）。面筋结构的部分通过桥接状连接，最初是平面的连接构造，之后是螺旋状，甚至部分形成桥接状，成为三级复杂的结构（⇒p.36）。其中，若加入抗坏血酸，抗坏血酸会经由面粉中的抗坏血酸氧化酶变化为脱氢抗坏血酸，发挥氧化剂的作用（⇒p.144），会促进S–S结合的发生。像这样强化面筋组织，不仅面团会产生弹力充分膨胀，还能做出柔软内侧状态及外观都很完美的面包。

但面筋的连接过强也会造成面团过度紧实，应注意。

此外，维生素C（抗坏血酸）也会作为酵母食品添加剂的氧化剂来使用。

参考 ⇒ p.302

盐

为什么甜面包中也要加盐呢？
= 盐在面包中的作用

添加少量的盐，可以让整体更加均衡。

面包中添加咸味是为了调和面包整体的味道。即使是配方加了砂糖和油脂的软质面包，咸味也可以烘托出砂糖的甜味和油脂的浓郁，调和面包整体的味道。

咸味是面包的基本味道，虽然平常不太会注意，但是大多的餐食面包，都以适当的咸味作为基底。

而且，盐对面团的性质有很大的影响，因此是不可或缺的材料。

不放盐制作面包会如何呢？
= 盐在面包体积上的作用

一方面酵母会产生许多二氧化碳，但另一方面面团容易松弛，烘焙完成时成品无法膨胀至理想体积。

面包的基本材料为面粉、酵母（面包酵母）、盐、水，添加盐是最基本的操作。

但是，有些人有控制盐分摄取的需求，希望能制作完全不放盐的面包，这是否有可能呢？

为确认盐和面团的相关性，使用盐配方比例为0%的面团，和以基本配方比例为2%制作的面团，分别放入量杯中，比较发酵60分钟的膨胀程度，以及发酵成圆形后完成烘焙的面包膨胀程度。

不含盐制作的面团，非常柔软且容易粘黏在搅拌机的搅拌桨上，无法长时间搅拌，面团会呈现坍塌状态。但若直接在量杯里发酵，则会产生许多二氧化碳，充分膨胀。

滚圆整形后，面团会坍塌并向横向扩散，烘烤后无法呈现理想的膨胀体积。并且形状容易改变，表层外皮凹凸不平，烘焙色泽浅淡，柔软内侧质地呈现扎实状态。

由此可知，发酵时面团没有放盐，酒精发酵虽然能产生很多二氧化碳，面团还是会坍垮，烘焙成品的体积比较小。

通过添加盐，面团会产生不同的反应。一是抑制酒精发酵，使二氧化碳的产生量变少（⇒Q81）。二是因为盐使面筋生成量增加，并增强生成面筋组织的黏性和弹力（⇒Q82）。

未添加盐的面团，面筋组织少且弹性弱，因此无法抑制因大量产生二氧化碳所造成的膨胀，量杯内能充分膨胀。通过量杯实验可知面团膨胀状态下，因其粘黏在量杯上，因此不会萎缩，目视只能看出盐对酒精发酵的影响。然而，成型后不紧实又坍塌，无法保持住二氧化碳的延展性，无法维持膨胀的体积和形状，因此完成烘焙后的体积就会变小。

参考 ⇒ p.310

盐的配方比例不同比较

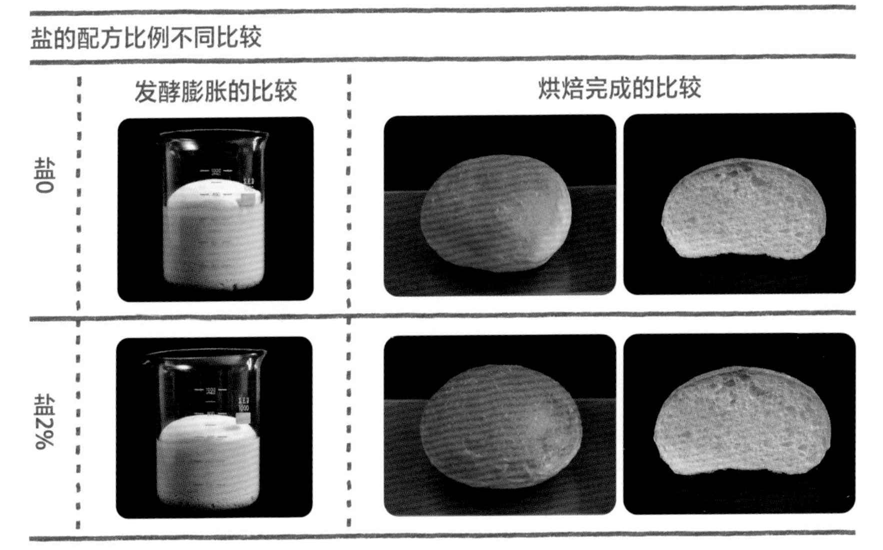

※ 基本配方的比例（⇒ p.293），盐的配方比例为 0%、2% 制作出来的成品比较

面包配方中的盐对酵母会有什么影响？
= 盐对酵母的影响

会抑制酵母的酒精发酵，进而起到控制发酵速度的作用。

面包配方比例中盐量越大，就越能抑制酵母（面包酵母）的酒精发酵，减少二氧化碳的产生量。乍听之下，大多数人可能会认为添加盐会使面包的膨胀变差，但实际上，添加适量的盐，才能使完成烘焙的面包膨胀、体积更大（⇒p.310）。

发酵时二氧化碳短时间内大量产生，面团会被迫拉扯延展。反之，发酵时间拉长，慢慢产生二氧化碳时，面筋组织会软化使面团更能充分延展。因此，成为可以承受二氧化碳的良好状态。

相比使酵母保持在能产生最多二氧化碳的最佳温度（⇒Q64），不如将发酵温度设定在略低的温度，慢慢进行酒精发酵，使面团能缓缓地膨胀，如此一来，面团会膨胀得更大，添加适量盐分的面团，也会产生相同的结果。

发酵的目的不仅仅是使面团膨胀，在产生二氧化碳的同时，还有其他酵素产生各种物质，例如酵母产生酒精、乳酸菌产生乳酸、醋酸菌产生醋酸等。随着时间的推移，这些成分会蓄积在面团中，使面包增添独特的香气和风味，呈现更具回味的味道（⇒p.218）。

如果想要延长面包发酵时间，可以借由面团里添加的盐来抑制酵母的酒精发酵，适当控制发酵的速度，对面包产生助益的作用。

面团中添加盐后揉和就会产生弹性，盐对面筋组织有什么样的影响？ = 盐对面筋组织的影响

盐会紧密面筋组织的结构，因而强化面团的黏性和弹性。

面筋是由面粉的醇溶蛋白和麦谷蛋白两种蛋白质所组成，面粉中添加水充分揉和，就会变化成面筋。面筋是纤维缠绕成网状的结构，面团越是揉和，网状结构会越紧密，也会越强化黏性和弹性（黏弹性）（⇒Q34）。

当面粉加水揉和时，若加入盐，则会因盐中的氯化钠而使面筋组织的网状结构更加紧密，面团就会变得紧实。像这样的面团，在拉扯延展时就需要很强的力道。

通常来说，拉扯延展时需要很强力道（延展抵抗较大）的物质，在拉扯延展时会有容易断掉、难以延展（延展度变低）的情况。

在面团中加盐，能提高面筋组织的延展度，增加延展抵抗性。经由添加盐分，可同时使面团的延展更好，得到即使施以强力也不容易断的弹力和硬度。在保持酵母（面包酵母）所产生的二氧化碳时，也是面团膨胀所必需的。

面团中的盐还有其他的作用吗？
= 利用盐抑制杂菌的繁殖

可抑制杂菌的繁殖。

特别是进行长时间发酵，若有对面包发酵无用的菌种繁殖，则面包的味道和香气就会改变，盐可以起到抑制杂菌繁殖的作用。

就是因为有如此重要的作用，即使考虑减盐时，也必须充分了解盐的作用后再做调整。

盐会影响面包的烘烤色泽吗？
= 盐对酒精发酵抑制的影响

盐可抑制酒精发酵，因面团中残留糖分，烘烤色泽也会变深。

面包材料中，使用盐的配方比例为0%、2%、4%的面团，以相同条件进行发酵、烘焙，结果随着盐的分量增加，成品的烘烤色泽逐渐变深（参照下页的照片）。

面包产生烘烤色泽的主要原因是面粉、砂糖、鸡蛋、乳制品中所含的蛋白质或氨基酸与还原醋（葡萄糖或果糖等），在160℃以上的高温同时加热，引起美拉德反应（⇒Q98），形成烘烤色泽。

那么，盐又会如何促进这种反应呢？

酵母（面包酵母）会借由葡萄糖或果糖使酒精发酵，生成二氧化碳和酒精。

盐的配方比例增加时会抑制酒精发酵，因此葡萄糖或果糖就会残留在烘焙时的面团中，借由残留的葡萄糖或果糖等的还原糖，促进美拉德反应，使烘烤色泽变深。

参考 ⇒ p.310

比较配方中不同比例盐量的面包的烘烤色泽

※ 基本配方的比例（⇒ p.293），盐的配方比例为 0%、2%、4% 的面包

配方中盐的含量大约是多少才合适？
= 适当的盐量

一般来说盐的配方比例为 1% ~ 2%。

为了让面包膨胀，首先必须借由酵母（面包酵母）产生二氧化碳。其次，很重要的是面团要维持二氧化碳并慢慢地伸展，产生可以支撑膨胀后面团的强度和硬度。

Q80的实验中，盐的配方比例为0%时，产生了许多的二氧化碳。但是，实际上在面团滚圆整形时，因坍塌而无法成形，烘焙出来的成品体积也会变小。在量杯内进行不含盐的面团发酵，面团会粘在量杯的内侧而不会萎缩，因此可以保持二氧化碳形成的膨胀度。

由此可知，仅大量产生二氧化碳，面包也不会膨胀。盐的配方比例为1%～2%时，虽然二氧化碳的量会减少，但因强化了承接二氧化碳面团的抗张力（拉扯张力的强度）与延展性（易于延展的程度），因此能烘焙出体积理想的成品。

这样的配方比例，是大家认为最美味面包的比例。

想要制作出具咸味的面包，盐的配方比例用量大约要增加到多少呢？ = 制作面包时盐量的最大值

最大值约为 2.5%，也可以采用在表面撒盐的方法。

若是普通的面包，盐的用量相对于面粉量的1%～2%。虽然每个配方会因配料不同而有差异，但相对于面粉用量，盐的用量在2.5%以下都没问题。当然，咸味的感受也会因人而异，使用的盐中氯化钠的含量也会有所不同，无法一概而论（⇒Q88）。

盐除了可以增添面包的味道外，还能适度抑制酵母（面包酵母）的酒精发酵，避免发酵短时间内完成，赋予面团弹力及良好的延展性，使二氧化碳能保存在面团内，同时起到膨胀的作用。盐的用量为面粉用量的1%～2%最佳，能借由盐分获得最好的均衡效果。

若超过3%的配方比例，即使可以食用，也会出现面团过于紧实而阻碍发酵，在烤箱内的膨胀效果不佳而无法呈现理想体积等影响。

另外，想制作出能强烈感受到咸味的面包时，可以在面包的表面直接撒上盐进行烘烤，或是在烘烤好的面包上撒盐也可以。

参考 ⇒ p.310

制作面包时最适度的盐量是多少？ = 盐的种类

比起含有大量盐卤等矿物质的种类，更适合用氯化钠含量高的食盐。

前面提及盐在面包制作时的作用，是通过主要成分氯化钠进行，因此通常在面包制作时，会使用氯化纳含量在95%以上的盐。

比起湿润的盐，颗粒小、干爽没湿气的盐更容易称量，搅拌时更容易搅拌均匀，因此更容易使用。若是溶于水中使用，则使用颗粒大的盐也没有问题。

即使用盐卤成分较高的盐制作面包，也不会对成品有影响吗？
= 制作面包时盐的纯度

盐卤多时面筋组织的黏性和弹力会变弱，烘焙后的面包成品体积会变小。

不同品牌的盐风味各不相同，每个人的喜好也因人而异。盐卤多的盐，咸味较为突出，大多用于料理，但制作面包时并非只选择味道。必须考虑盐对面团膨胀程度的影响。

在此，使用一般的市售盐（氯化钠含量99.0%）和盐卤成分多的盐（氯化钠含量71.6%）制作面团，放入量杯比较两者发酵60分钟后的膨胀程度，以及滚圆整形后烘焙完成的面包膨胀程度（参照下页照片）。

搅拌后的面团，使用盐卤较多的盐，会变得比较柔软。在Q82提到，盐的氯化钠具有强化面筋的黏弹性（黏性和弹性）、提高面团抗张力（拉扯张力的强度）和延展性（易于延展的程度）的作用，因此氯化钠比例低、盐卤多的盐，会让面团变得柔软。

在量杯内进行发酵时，使用盐卤成分多的面团，虽然比使用普通盐的面团更膨胀，但在滚圆整形烘焙完成时，体积就变小了。

这是在Q80的实验下，无盐面团中发生过的，使用盐分中盐卤多的面包也会发生相同的情况。换言之，使用相同分量盐卤多的盐和一般的盐时，氯化纳少的面团，面筋的抗张力和延展性会变弱，因为支撑膨胀面团的力量变弱，所以完成烘烤的面包体积会变小。

因此使用盐时，要掌握氯化钠的含量，避免使用氯化钠含量非常少（盐卤多）的盐，或是在使用盐卤多的盐时增加用量，调整至能确保面团的形状呈现最佳状态。

参考 ⇒ p.312

氯化钠含量不同，面团的膨胀程度不同

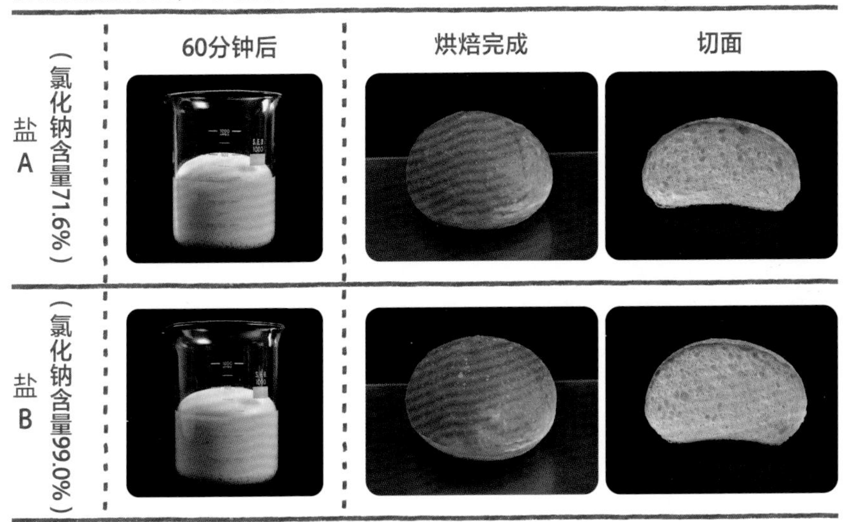

※ 基本配方的比例（⇒ p.293），比较由氯化钠含量 71.6% 和 99.0% 的盐制作的成品

盐卤是什么？

盐分为岩盐和海盐，日本因四面环海，因此自古以来就以海水为原料制作海盐。虽然制作方法很多，但直至今日，日本食用的几乎都是从海水结晶化的氯化钠中提取的，其中氯化钠就呈现出了所谓的咸味。

从海水取出氯化钠后，残留的就是盐卤。

盐卤的主要成分是镁，另外还含有钾和钙。对盐而言，盐卤相当于不纯的物质，氯化钠含量越多的盐，精制程度就越高。

盐卤顾名思义，是有苦味的。虽然它是苦的，但是制作出的含盐卤成分的盐，相比于氯化钠，舔起来感觉味道会好些。

这是因为盐卤的成分和水分一起附着在盐结晶的周围，舌头上感觉味道的味蕾，先感觉到含有苦味的盐卤，接着感觉到氯化钠的咸味，因此咸味被掩盖了。

水

面包中的水有什么作用？
= 制作面包时水的作用

除溶解材料做成面团之外，还能活化酵母，改变面粉中的蛋白质和淀粉。

制作面包的材料中，除面粉外，配方比例最多的就是水，添加量为面粉的60%～80%。制作面包时，水除了具有调节面团硬度的重要作用外，在看不见的地方也起到了很大的作用。

●溶解材料

水最初的作用是溶解盐、砂糖、脱脂奶粉、面粉等水溶性成分，使其容易均匀地分散在面团中。

有结晶的砂糖或面粉的水溶性成分，经由溶于水中成为酵母（面包酵母）发酵的营养来源。

●活化酵母

酵母在制作过程中会利用脱水来抑制活性，但是添加水分后就会活化。

●制作出面筋

搅拌时，在面粉中加入水分充分揉和，由面粉中所含的两种蛋白质产生具有黏性和弹性的面筋组织，在面团中形成网状结构（⇒Q34）。

面筋组织在面团内充分形成后，可以起到使面团膨胀、包裹住酵母产生的二氧化碳、使面团平滑地延展的作用。

同时，在烘焙完成后，面筋组织因热而凝固，为了避免膨胀的面团萎缩，发挥骨架支撑的作用。

●使淀粉糊化

面粉的主要成分是淀粉，它无法像蛋白质般在搅拌时吸收水分。在烘焙过程中，面团温度超过60℃，才开始吸收面团中的水分并开始膨胀，达到85℃时，会出现像糨糊般的黏性，我们称之为糊化（α化）（⇒**Q36**）。

再持续进行烘焙后，从糊化的淀粉中蒸发水分，最后成为能保持蓬松柔软且能支撑膨胀后面团整体的组织。

●调节面团的硬度

搅拌时通过水将各种材料整合成面团的作用，也能调节面团的硬度。面团的硬度会影响延展状况和薄薄延展的程度。

●调节面团揉和完成的温度

为了使酵母的酒精发酵顺利进行，在完成搅拌时，面团必须达到适合酵母活动的温度（⇒**Q192，Q193**）。

面团揉和完成的温度，几乎取决于配方中水的温度。因此，为了能接近目标地揉和完成，需要调节配方中水的温度（⇒**Q172**）。

制作面包使用的水需要什么硬度？
= 适合面包制作的水的硬度

硬度较高的软水比较适合。

水依据硬度，分为软水和硬水。所谓硬度，是1L水中矿物质的含量，以钙和镁的量为表示的指标（mg/L），含量少的为软水，含量多的为硬水。

水的硬度

	硬度
极硬水	180mg / L以上
硬水	120～180mg / L
中等硬水	60～120mg / L
软水	60mg / L以下

源自世界卫生组织（2011 年）饮用水硬度

一般而言，制作面包时使用的水，硬度为50～100mg/L，市售矿泉水硬度各有不同，是否适合用于面包制作，要视具体情况而定。

下方的照片，是比较了使用硬度50mg/L和硬度150mg/L的水所制作的面包。硬度50mg/L的面团膨胀度略被抑制。硬度150mg/L的面团，则是在面团阶段略显紧实且硬，但完成烘焙的面包能呈现膨胀体积。

若水的硬度极低，在搅拌时面筋组织软化、面团坍塌、二氧化碳的保持力降低，因此烘焙出的面包膨胀不佳、成品口感不佳、感觉厚重。

反之，若水的硬度太高，搅拌时面筋组织紧实、延展差，会成为硬且容易断裂的面团，完成烘焙的面包较粗糙和干燥。

若使用市售矿泉水，最好事先确认一下硬度。

参考 ⇒ p.308

因水的硬度不同，面包体积也有所差异

硬度50mg/L

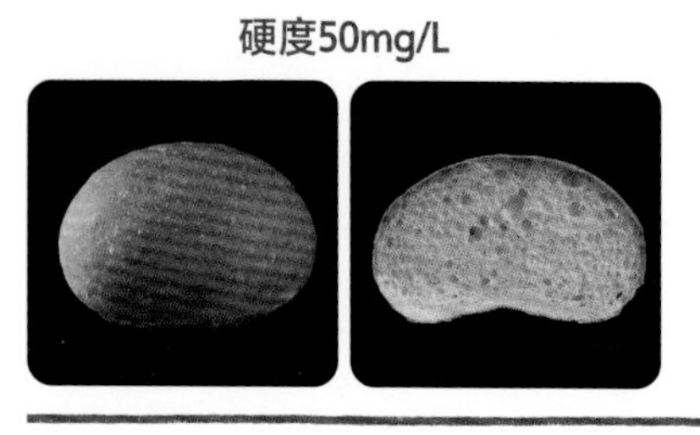

硬度150mg/L

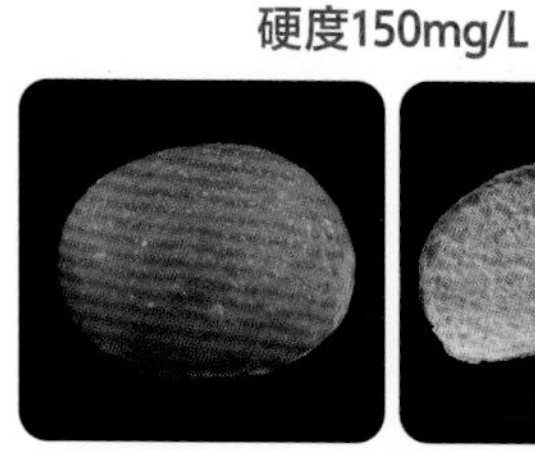

※ 基本配方的比例（⇒ p.293），比较水的硬度为 50mg/L 和 150mg/L 所制作出的成品

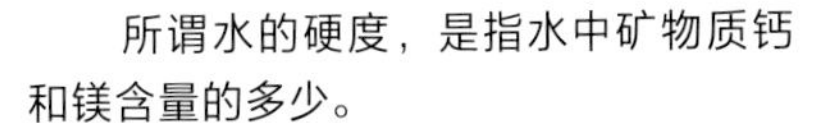

什么是水的硬度?

所谓水的硬度，是指水中矿物质钙和镁含量的多少。

在很多国家，是指将1L水中的钙和镁的量换算为碳酸钙的量，以mg/L的单位来标示的方法，一般可以用下列公式算出。

因国家不同，硬度的换算单位也各不相同，也有的国家将钙和镁换算为碳酸钙以外的物质，世界各地水的硬度的标示方法也各有不同。

水虽然根据硬度区分为软水和硬水，但究竟以哪个数值作基准来区分，各国及各机构都不同，根据世界卫生组织（WHO）的分类，硬度未达到120mg/L的为软水，120mg/L以上的为硬水（⇒p.86）。

计算硬度的公式

硬度（mg/L）=钙（mg/L）×2.5+镁（mg/L）×4.1

因地层不同，硬度也有差异

相较于日本，法国或德国的水硬度非常高，据说法国巴黎为250mg/L以上，德国柏林为300mg/L以上。在日本东京是70mg/L，京都是40mg/L，和法国、德国相比数值非常低。

对日本人来说，日本的软水饮用时没有特殊味道，而欧洲的硬水，饮用时可能会感觉有特别的味道。

那么，为什么法国、德国和日本水的硬度会有如此大的差异呢？那是因为地层等因素的影响。

欧洲常见的地层是石灰质（碳酸钙为主要成分），钙成分多，密度高。在那样的地层条件下，雨水或雪融水经过长时间渗入地下，滞留在地层，使得矿物质成分溶入，形成地下水。当水涌出后成为横跨几个国家的长河，在平缓地形上经长时间的流动，流经地表时又蓄积了矿物质，成为高硬度的硬水。

另外，日本是密度低的地层，雨水容易渗入，滞留在地层的时间短，因而与欧洲不同。再加上河川长度短、狭窄且多倾斜的地形，河川水流湍急，因此地表的矿物质溶入水中不久，就被作为自来水使用。因此，日本有硬度低的软水。比较日本国内，东京比京都的水硬度略高，河川流经火山灰积累的壤土层，因而矿物质变多。

使用碱性离子水烘焙完成的面包，为什么膨胀状态会变差？= 适合做面包的水的 pH

若碱性过强，则会阻碍发酵，使面包的膨胀变差。

制作面包时，也必须注意面团的pH。从搅拌到完成烘焙为止，若面团pH能保持在5.0～6.5的弱酸性，则酵母（面包酵母）就会活跃地发生反应，并且酸性会使面筋组织适度地软化，面团的延展性变好，发酵也能更顺利地进行（⇒**Q63**）。

水在配方中的占比很高，对面包面团pH有很大影响，应使用pH合适的水来制作面包面团。

面团若酸性过大，会使面筋组织软化并坍塌，无法留住酵母产生的二氧化碳。

相反地，面团若碱性过大，会阻碍酵母、乳酸菌、酵素的活动，使发酵无法顺利进行，面筋组织过度强化，面团延展性变差，面包也难以膨胀。

还有一点需要考虑，就是面团的pH会随着发酵的进行而慢慢变成酸性的趋势。这是因为，混入面团的乳酸菌进行乳酸发酵，由葡萄糖生成乳酸，使面团的pH降低。同样地，也有醋酸菌的作用，在这个pH下，醋酸的生成量少，因此不像乳酸般成为面团pH下降的原因。

开始搅拌面团时，pH6.5左右可说是最理想的。虽然日本自来水的pH会各地有所差异，但pH都在7.0左右，所以直接使用也没有问题。

参考 ⇒ **p.306**

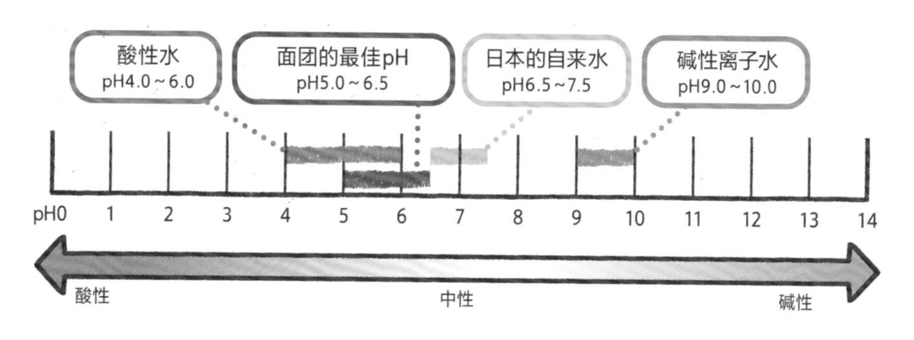

pH是什么？

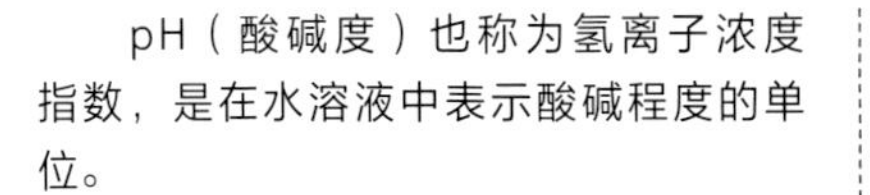

pH（酸碱度）也称为氢离子浓度指数，是在水溶液中表示酸碱程度的单位。

pH从0～14，pH7为中性，低于7的为酸性，高于7的为碱性。数值与pH7的差距越大，酸性或碱性的程度越大。酸性中接近pH7的为弱酸性，接近pH0的为强酸性。碱性也一样，接近pH7的为弱碱性，接近pH14的是强碱性。

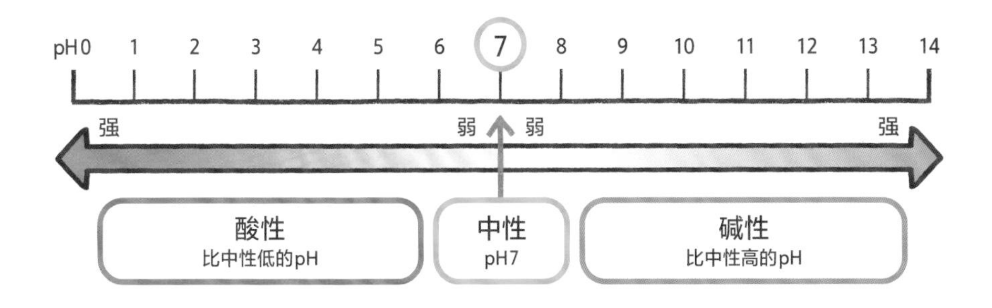

第4章 制作面包的辅料

砂糖

砂糖是什么时候传入日本的？
= 砂糖传入日本的时间

发源于印度的砂糖，据说是在 8 世纪时由中国传入日本的。

砂糖的英文sugar，据说来自古印度梵语（Sanskrit），是甘蔗的意思。

公元前400年左右，相传在印度，人们最早用甘蔗开始制作砂糖，印度被认为是砂糖的发源地。砂糖从印度向东传入中国，向西传入欧洲等国和埃及。至15世纪时，哥伦布将其传入美洲大陆，至16世纪时经由欧洲各国，在南美及非洲进行大规模种植。

据说是在8世纪时，砂糖作为药品由中国传入日本。

砂糖是由什么制成的？
= 砂糖依其原料分类

主要原料为甘蔗、甜菜、糖枫、棕榈树等。

砂糖的主要成分是一种叫作蔗糖的糖，各由1个葡萄糖分子和果糖分子结合而成。因砂糖的种类不同，精制程度不同，蔗糖含量也不同。细砂糖中蔗糖含量为99.9%，上白糖中蔗糖含量为97.7%。

另外，砂糖当中除了蔗糖成分之外，也含有少量灰分和水分。

砂糖有各式各样的种类，也有不同的分类方法。首先，来看看以原料进行的分类。

一般使用的砂糖，依照原料来分类时，可以分为甘蔗砂糖和甜菜砂糖。

使用热带和亚热带地区的甘蔗制作的砂糖为甘蔗砂糖，使用温带寒冷地区的甜菜制作而成的砂糖为甜菜砂糖。无论哪种，一旦被精制后，制作出的砂糖没有区别。细砂糖也分为以甘蔗为原料制成的和以甜菜为原料制成的两种。

世界上生产的砂糖，约80%为甘蔗砂糖，约20%为甜菜砂糖。此外，还有产量较少的使用糖枫制作的枫糖和砂糖椰子制作的棕榈糖等。

甘蔗通常会在产地被制作成粗糖。这是因为甘蔗产于热带或亚热带，距离砂糖运输的目的地较远，运输过程中容易质变，也不方便运输。粗糖是糖度为96～98度的黄褐色结晶的砂糖，含有较多不纯物质，因此运输至目的地后还需要进行精制，制成上白糖或细砂糖等精制糖。

甜菜因生产地与目的地相近，通常不会被制成粗糖，而是直接制作成高纯度的砂糖，也被称为耕地白糖。

砂糖是如何制成的？各种砂糖的特征有何不同？
= 依砂糖制作方法分类

分蜜糖是分离糖蜜后取出的结晶。含蜜糖是不分离糖蜜直接熬煮制成的。

砂糖可以分成分蜜糖和含蜜糖两大类。精制糖或耕地白糖是在工厂分离糖蜜后取出的结晶，因此被称为分蜜糖。相对于此，糖蜜未被分离，直接与结晶一起熬煮制作的砂糖就是含蜜糖。

制作过程中，糖蜜与结晶未分离的含蜜糖，一般因富含矿物质，因此颜色并不是白色。

分蜜糖因除去糖蜜后精制，因此纯度越高，制作出的成品颜色也越白。市面上也有不完全精制、残留着矿物质的成品。

日本砂糖制品的种类

●分蜜糖

市面上普遍使用的砂糖，主要是分蜜糖，也称为精制糖。根据结晶状态，可以分为粗粒糖和细粒糖两大类。

●粗粒糖

结晶大、纯度高的砂糖，干燥，含水分少。白双糖、中双糖、细砂糖都属于粗粒糖。

白双糖	也称为上双糖。结晶大且具光泽，白色，纯度较高的砂糖。没有特别的风味，会被撒在面包上使用，也会用于制作高价位的糕点、饮品、水果酒等
中双糖	结晶大小与白双糖几乎相同，但是呈黄褐色。纯度略低于白双糖，但价格高且比白双糖更具风味
细砂糖	结晶较白双糖小，较上白糖略大一些，是松散不易结块的砂糖。和白双糖具有同样的纯度，没有特殊风味，被广泛运用在糕点、面包、饮品上。在日本大量生产，产量仅次于白双糖

●细粒糖

结晶细致，具容易结块的特性。为防止结块会添加2%～3%的转化糖液，成品呈现润泽质地。上白糖和三温糖等就是这类糖的代表。

上白糖	结晶细，润泽柔软和浓郁的甜味，在日本一般称为白砂糖。占日本砂糖用量的一半，被运用在各式各样的料理、糕点、面包和饮品中
三温糖	相较于上白糖，它的纯度略低，颜色呈现深浓的黄褐色。甜味强烈，具有特别的风味

●含蜜糖

不同于分蜜糖，含蜜糖的生产量较少。最具代表性的就是黑砂糖（黑糖）、椰子糖（棕榈糖）或枫糖。

黑砂糖（黑糖）	直接熬煮甘蔗榨出的原汁，直接冷却制作而成。就砂糖而言，它的纯度较低，但含较多的矿物质，具有独特的浓郁风味。在日本产量较少，大部分还要依靠从中国、泰国、巴西等地进口
加工黑糖	粗糖、黑砂糖（黑糖）混合溶化后，再次熬煮、冷却制成，也有调合了糖蜜的制品，具有特殊风味，富含矿物质

●加工糖

所谓的加工糖，是指加工制作成细砂糖或白双糖等的精制糖。

角砂糖	主要是由细砂糖制成。细砂糖中混入糖液（细砂糖做成液状），用整形机压成骰子状，干燥而成。多用于咖啡或红茶中
粉砂糖	以白双糖或细砂糖制作而成。将高纯度的砂糖粉碎后，做成的微粉状产品。容易结块，因此在有的产品中会添加少量玉米粉。经常使用在糕点制作或面包成品装饰上
颗粒状糖	主要是以细砂糖制成。制作成多孔质地的颗粒、不易结块、易溶于水的成品，与细砂糖用法相同
冰砂糖	主要是用细砂糖制成。高纯度的大块结晶会缓慢地溶于水，几乎不会以原本的形状来制作糕点或面包。多用于制作水果酒等

正常颗粒的细砂糖（右）、颗粒更细的细砂糖（左）

砂糖的味道为什么各不相同呢？
= 砂糖中影响风味的成分

因精制程度不同，蔗糖的含量不同，因此呈现的甜味也不同。

砂糖的风味会因其中所含成分不同，而呈现不同的特点。

●砂糖的不同成分呈现不同的风味特征

砂糖的成分几乎都是蔗糖。砂糖精制度越高，蔗糖比例越高，砂糖的纯度也越高，细砂糖的蔗糖含量为99.97%，上白糖的蔗糖含量为97.69%。除了蔗糖之外，还含有极少的转化糖和灰分。

蔗糖、转化糖有着下述的风味特征。灰分是矿物质，因此没有特别的味道，但含量过多，也会影响到砂糖的甜味。

砂糖中的成分所呈现的特征

蔗糖	是砂糖的主要成分。蔗糖越多，砂糖的纯度越高。有着爽口清淡的甜味
转化糖	是蔗糖被分解后生成的葡萄糖和果糖的混合物。相较于蔗糖，更能感受到强烈的甜味，后调有着浓厚的甜味
灰分	是指铜、钾、钙、镁、铁、铜、锌等无机成分。灰分本身并没有味道，一旦分量较多时，人会因刺激而感受到浓郁的甜味

※ 砂糖的灰分值：灰分是在一定的条件下，因高温加热食品后，灰化后残留的成分。灰分值可以视为借由灰化除去有机物和水分，所反映出的矿物质总量。因此，灰分值可视为其矿物质含量。糖类因含有大量钾等阳离子元素，故灰化的灰分以碳酸盐形式残留，使其数值较实际更高。为防止这种状况的发生，会添加硫酸，主要用来测量硫酸化灰分而不是碳酸盐

●砂糖中含糖的种类和成分比例对风味的影响

各种砂糖风味不同，这与蔗糖、转化糖、灰分的比例有很大关系。

细砂糖几乎都是由蔗糖构成，因此蔗糖的味道直接就是细砂糖的风味，呈现爽口清淡的甜味。

上白糖也几乎是蔗糖的成分，但相较细砂糖，其特征是转化糖的比例略高。上白糖是在蔗糖结晶中加入转化糖液制作而成的。上白糖的转化糖成分比细砂糖多1%，转化糖的味道会在第一时间呈现出来，形成浓厚的甜味。

黑砂糖因为含有较多的转化糖，所以甜味强烈，再加上灰分也较多，因而味道浓郁。

各种砂糖的构成成分

（单位 %）

	蔗糖	转化糖	灰分	水分
细砂糖	99.97	0.01	0	0.01
上白糖	97.69	1.20	0.01	0.68
黑砂糖	85.60～76.90	3.00～6.30	1.40～1.70	5.00～7.90

（参考公益社团法人糖业协会、精糖工业协会的《砂糖百科》）

制作面包时为什么常用上白糖和细砂糖？
= 适合面包制作的砂糖

因为没有多余的味道和香味。

制作面包时，会使用风味不是太强烈的白砂糖。在日本，提到白砂糖最先想到的就是上白糖，但在欧洲等国，最常见的则是细砂糖。因此，在制作面包或西式糕点时，基本上使用的都是细砂糖，但在日本，很多时候会使用比较常见的上白糖。

或许很多人会觉得日本细砂糖和上白糖是相同的味道，但其实因成分的不同，严格来说，它们的味道是不同的。因此，在制作面包或糕点时，会因使用的砂糖不同，完成时的成品风味和口感也会呈现差异。

此外，有时也会像黑糖面包般，使用具有独特风味的黑砂糖（黑糖）等，以赋予面包独特的风味特征。

各种砂糖的成分与特征

细砂糖	蔗糖含量最多，转化糖和灰分非常少。大小为0.2～0.7mm，较上白糖更不溶于水。特征是清淡爽口的甜味。虽具有砂糖性质中的吸湿性、保水性，但相较于上白糖，这个性质较不明显
上白糖	蔗糖的结晶中加入转化糖液，具有独特润泽感的砂糖。特征是有浓厚的甜味，吸湿性、保水性强。大小为0.1～0.2mm，易溶于水
黑砂糖	熬煮甘蔗榨出的汁液制作成砂糖的过程中，没有经过分离结晶与糖蜜的最后步骤，直接冷却成块的成品。因而灰分较多，具有独特浓郁风味和甜味

为什么面包的配方中含有砂糖呢？
= 砂糖的作用

除了增添甜味之外，对面包的发酵、烘焙都有相当大的帮助。

在日本制作的面包，大多数都使用了砂糖。除了强调甜度的果子（糕点）面包之外，即使没有特别甜的吐司、奶油卷、调理面包等也经常使用砂糖。

这是因为对面包来说，砂糖的作用并不仅是单纯地增添甜味。砂糖在面团中还具有以下的作用：

① 是酵母（面包酵母）进行酒精发酵的营养来源（⇒Q61，Q63）

② 使表层外皮的烘烤色泽更深（⇒Q98）。

③ 使成品有焦香味（⇒Q98）。

④ 烘焙出柔软润泽的面包内侧（⇒Q100）。

⑤ 防止完成烘焙后柔软内侧变硬（⇒Q101）。

砂糖也并非没有缺点。若过量使用，会阻碍酵母的发酵和阻碍面筋组织的结合，进而影响面包的膨胀。

为什么一旦添加砂糖，表层外皮的烘烤色泽会变深，味道会更香？
= 因糖产生的美拉德反应和焦糖化反应

砂糖中的蔗糖引发化学反应，能产生褐色物质。

面包上呈现出的烘烤色泽，主要是氨基酸和还原糖因高温加热而发生美拉德反应，产生褐色物质造成的。此外，也和只会引发糖类呈色的焦糖化反应有关。

这些反应无论哪一种，结果都是呈现茶色的烘烤色泽，其中最大的不同为美拉德反应是由糖类和蛋白质、氨基酸一起发生的化学反应，但焦糖化反应仅由糖类引起。

与美拉德反应有关的蛋白质、氨基酸、还原糖都是由面包材料而来。有些成分直接用于反应中，有些是借由面粉、酵母（面包酵母）等所含的酵素分解后再参与其中。

蛋白质和氨基酸主要存在于面粉、鸡蛋、乳制品等食材中，蛋白质是数种氨基酸组成的链状结构，一旦被分解就会变成氨基酸。氨基酸不仅是蛋白质的构成物，也可以单独存在于食品中。

还原糖是拥有高反应性还原基的糖类，例如葡萄糖、果糖、麦芽糖、乳糖等。砂糖中的蔗糖并非还原糖，但是借由酵素一旦被分解成葡萄糖和果糖后，就与美拉德反应相关了。

烘焙的前半段，面团中的水分会变成水蒸气，从面团表面汽化，使得表面湿润、温度降低，抑制烘烤色泽的呈现。当面团的水分蒸发变少，面团表面开始干燥、温度升高后，就开始发生美拉德反应，至160℃左右开始充分呈色。再持续加热，表面温度上升至180℃左右时，面团中残留的单糖（主要是葡萄糖、果糖）或寡糖（主要是蔗糖），会因聚合而生成焦糖，引起焦糖化反应。

砂糖焦糖化就像在制作布丁的焦糖酱时会有焦糖化反应一样。面包的表面也一样会发生这样的反应。

因为这两种反应同时产生大量挥发性芳香物质，混合后形成独特的面包焦香气。

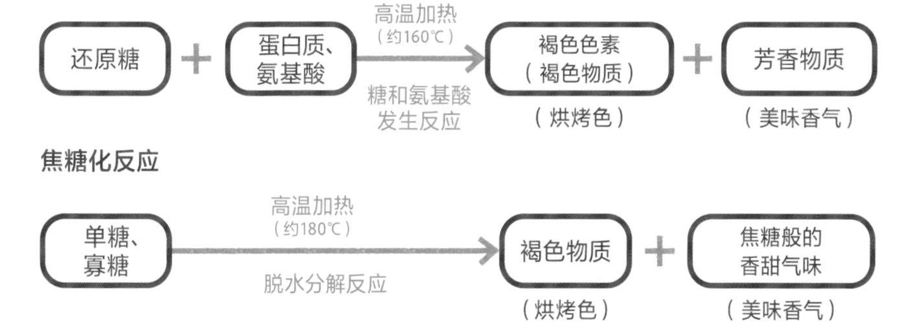

不同砂糖量烘烤后成品比较

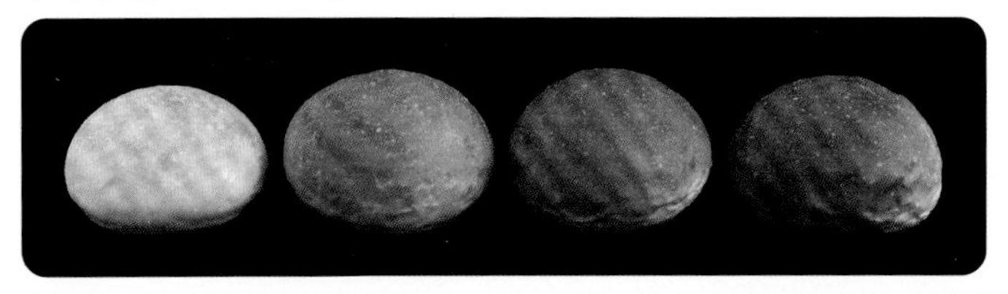

由左起，细砂糖配方用量分别为 0%、5%、10%、20%，砂糖用量越多，外皮的烘烤色越深
※ 基本配方（⇒ p.293），细砂糖配方用量为 0%、5%、10%、20% 制作的面团比较

参考 ⇒ p.314

用上白糖取代细砂糖，为什么表层外皮的烘烤色也会变深？= 细砂糖和上白糖的不同

同细砂糖相比，因转化糖含量较多，所以也更容易引起美拉德反应。

同细砂糖相比，上白糖含有较多的转化糖。转化糖是葡萄糖和果糖的混合物，葡萄糖和果糖都被归类在还原糖类。因此，使用含有较多转化糖的上白糖时，会更容易引起美拉德反应，也会比使用细砂糖时更容易呈现深浓烤色。

此外，配方中使用上白糖的面团，一经搅拌后容易粘黏，造成面团横向坍塌，容易烘烤成扁平状。这是因为相较于蔗糖，转化糖的吸湿性、保水性佳，因此一旦使用含有较多转化糖的上白糖时，可以烘焙成润泽口感的成品，但面团也更容易坍塌，烘焙出体积较小的成品。

另外，因上白糖中含有较多的转化糖，会释放出较强的甜味。

以不同种类的砂糖完成的成品的比较

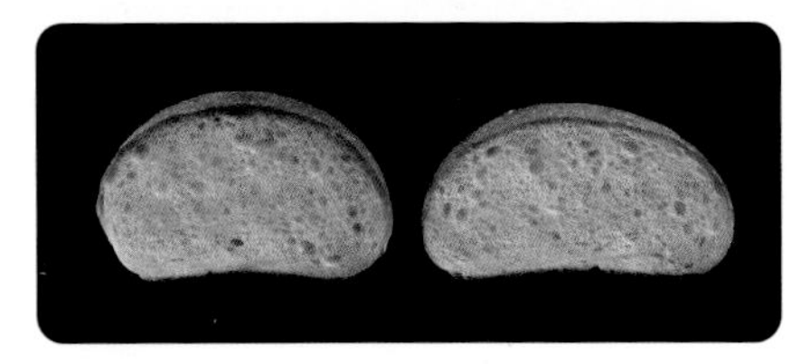

※ 基本配方（⇒ p.293），砂糖配方含量为 10%，分别以细砂糖、上白糖制作完成的成品的比较

细砂糖（左）、上白糖（右）

参考 ⇒ p.316

想要制作柔软湿润的面包，添加砂糖后效果更好吗？
= 砂糖的保水效果

一旦添加砂糖，可以烘焙成柔软、润泽的成品。

砂糖具有亲水性，可以吸收水分（吸湿性）、保持水分（保水性）。根据这些特性，含砂糖配方的面包可以烘焙出内侧柔软且湿润的成品。

●使面包内侧柔软

在搅拌、烘焙时，面团中的砂糖会和面粉、盐等干燥材料一起抢夺水分并与水分结合，特别是需要水分的面粉。面粉的面筋组织是蛋白质吸收水分之后经充分揉和形成的。搅拌时，在盆中放入面粉、酵母（面包酵母）、盐、水等材料后开始混拌。此时，一旦添加了砂糖，本来面粉应该吸收的水分，会更快被砂糖吸收。因此，面粉的面筋组织不易形成，面团的延展性会更好，也会更为柔软。

●烘焙出内侧湿润的成品

在发酵初期，面团中添加的部分砂糖（蔗糖）会经由称作酵母的转化酶的酵素，分解成葡萄糖和果糖。砂糖虽然具有保持吸附水分的保水性，但若被分解成葡萄糖和果糖，更能提高保水性。

在烘焙完成阶段，烤箱中面团的水分蒸发，面团在高温之下变得干燥，但砂糖具有保水性，可以将吸附的水分保持其中。因此，在面团中添加的砂糖越多，烘焙出的成品越湿润。

为什么含砂糖较多的面包第二天不容易变硬？
= 能延迟淀粉老化的砂糖保水性

借由未被用于发酵而残留的砂糖的保水性，可以使淀粉不容易变硬。

面包蓬松柔软的组织是面粉中含量70%～78%的淀粉借由水分和热进行

糊化（α化）形成的（⇒**Q36**）。淀粉糊化时，淀粉粒子中的直链淀粉和支链淀粉失去了构造的规律性，水分子趁势进入。刚完成烘焙的面包，经过一段时间会变硬，是因为淀粉由糊化状态恢复到原来的规则状态，将直链淀粉和支链淀粉间的水分排出，引发淀粉老化（β化）的现象。伴随冷却的是更进一步的老化，面包也会变硬（⇒**Q38**）。

借由配方中的砂糖可以防止面包的内侧变硬，使其不易老化。

在发酵的初期阶段，面团中的砂糖（蔗糖）会在酵母（面包酵母）中称为转化酶的酵素的作用下分解成葡萄糖和果糖并用于发酵。残留在蔗糖中或未被运用在发酵上的葡萄糖或果糖，会以溶于水中的状态存在。面包烘焙过程中，淀粉糊化时，这些糖会连同水分一起进入淀粉粒子中的直链淀粉和支链淀粉的内部。

果糖因保水性能高度保持吸附的水分，所以在烘焙完成后，即使经过一段时间，当淀粉开始老化时，淀粉中的水分子也难以被排出。因此，相较于配方中没有糖分的面包，面包内侧的柔软度得以保持。

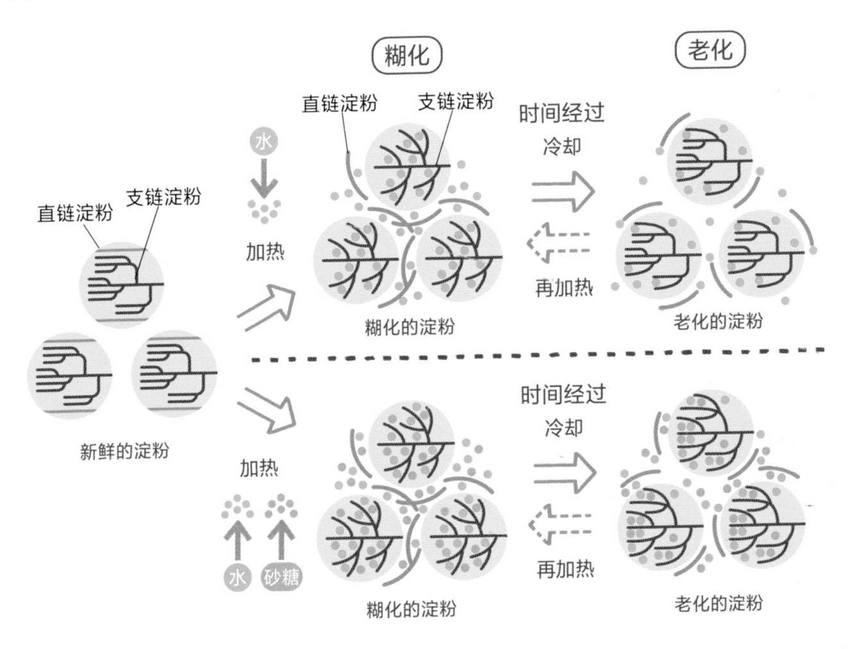

※ 再加热的箭头是虚线时，表示老化的淀粉即使再加热，也无法完全恢复到糊化的状态（⇒ Q39）

如何将砂糖均匀地混拌至面团中呢？
= 砂糖加入面团时的注意事项

不易溶化的砂糖，可以先溶化在配方用水中，再进行搅拌。

细砂糖或上白糖等颗粒细小的砂糖，与面粉等粉类混合后开始搅拌，但使用白双糖般颗粒较大，或黑砂糖般容易结块的糖类时，如果直接加入粉类当中，较不容易均匀分布，或者因无法完全溶解而残留在面团中。

这个时候，可以取部分配方用水，溶入砂糖后再添加，就能均匀分布在面团中，也不会有残留的状况。

面团中含砂糖较多的配方，使用的水量会有变化吗？
= 砂糖对配方用水的影响

配方用水一旦溶入砂糖，会使液体量增加，配方用水量应减少。

砂糖的主要成分蔗糖，具有易溶于水的特性（溶解性），溶于水之后，会使水量增加。

因此，以无糖配方的面包为基础，增加砂糖用量时，配方用水会因砂糖溶解而增多，若直接以原有的配方用水量来制作，面团会变得过于柔软。因而，配方用水必须减量。

相对于面粉用量，砂糖配方增加5%以上时，每增加5%，配方用水的水量请减少1%。

砂糖可以用蜂蜜或枫糖浆取代吗？使用时需要注意什么？
= 蜂蜜或枫糖浆对面团的影响

蜂蜜或枫糖浆的成分与砂糖不同，甜味也不同，必须进行用量调整。

使用蜂蜜或枫糖浆取代砂糖时，可以制作出具独特风味和香气的面包。在采用这样的配方时，会先将其溶解在配方用水中再加入。

例如使用蜂蜜时，标准配方约是面粉的15%以上；枫糖浆则约是面粉的10%以上，这样能充分突出其风味。

此外，要使用多少用量的蜂蜜或枫糖浆，要如何灵活运用其中的特殊风味，虽然会依成品而有所不同，但也可由此看出制作者的喜好，可以多方尝试。

以面包配方中砂糖的分量为基础，将这些甜味剂全部替换成砂糖时，有以下几点必须注意。

●使用蜂蜜时的注意事项

减少水分用量

将面团配方中的砂糖直接替换成蜂蜜，若没有减少配方用水进行制作，就会像照片所示，添加蜂蜜的面团会坍塌，体积变小，口感也会变差。

细砂糖是松散且几乎不含水分的状态，蜂蜜是浓稠的状态，含有约20%的水分。若等量地与砂糖进行替换，配方的水分用量增加，会使面团变软且容易粘黏，因此配方用水要减掉蜂蜜重量的20%。

比较使用细砂糖和蜂蜜制作的面包

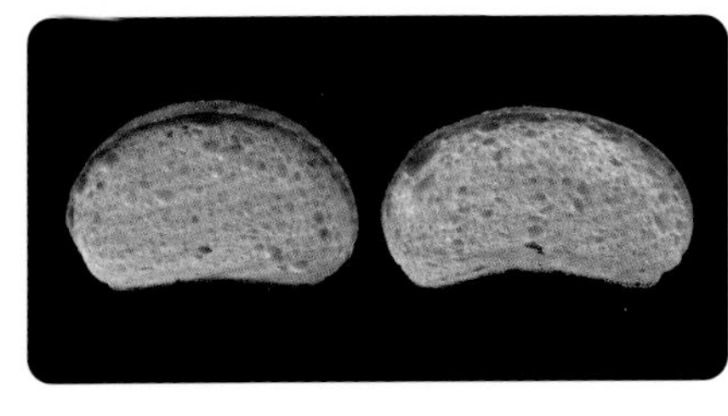

细砂糖（左）
蜂蜜（右）

※ 基本配方（⇒ p.293），砂糖的配方用量以10%为基准，比较使用细砂糖和蜂蜜制作的面包

强烈感受到甜味

细砂糖几乎不含水分，蔗糖含量约是99.97%。姑且不论蜂蜜的水分含量，以等量替换时，会强烈感受到甜味。

蜂蜜虽然含约80%的糖，但成分与细砂糖不同，果糖和葡萄糖占70%以上，蔗糖仅占糖类全部的2%左右。

蜂蜜依其种类不同，有含果糖较多的，也有含葡萄糖较多的，这些不同比例的含量会造成其中的差异。例如，莲花或三叶草蜂蜜含果糖比例较多，若蔗糖甜度为100时，果糖的甜度是115～173，葡萄糖的甜度则是64～74。使用的蜂蜜也会因其中果糖和葡萄糖的不同比例，而有不同的甜度，但一般而言，相较于砂糖，会比较强烈地感觉到蜂蜜的甜味。

此外，蜂蜜的灰分也较细砂糖多，因此比较能感受到浓郁的甜味。

加深烘烤色泽

蜂蜜中含有较多还原糖的果糖和葡萄糖，容易产生美拉德反应，所以配方中添加了蜂蜜的面包，表层外皮的颜色比较深。

口感湿润

果糖的保水性高于蔗糖，因此使用蜂蜜时，可以做出口感湿润的面包。

●使用枫糖浆时的注意事项

枫糖浆中水分约含30%，因此配方用水要减少枫糖浆约30%的重量。

糖类中含有蔗糖约64.18%、果糖约0.14%、葡萄糖约0.11%。蔗糖的比例较高，因此并不像以果糖、葡萄糖为主的蜂蜜般，不会有强烈的甜味、烘烤颜色深、成品口感湿润。但是，与蜂蜜相同的是灰分含量较细砂糖多，所以可以品尝出浓郁的甜味。这样独特的味道，就是枫糖浆的特征。

参考 ⇒ p.316

面包中不添加砂糖，也能制作出 Q 弹润泽的面包吗？= 海藻糖的特征

可以使用具保水性的甜味剂海藻糖。

日本人非常喜欢黏稠性的食物，也喜好Q弹的谷物。这样的喜好同样也反映在面包文化上。

特别是柔软的面包，更是追求Q弹、润泽的口感。在此所说的面包Q弹，指的是与易咀嚼相反，不易咬断、弹牙，所以伴随着柔软、润泽且具Q弹的口感。

借由增加砂糖和水的配方用量，可以呈现近似这样的口感和质地，但也可以借由添加海藻糖来呈现这些特征。

所谓海藻糖，在日本认为是一种功能性糖类的食品添加物。

海藻糖具有高保水性，因此可以呈现出Q弹、柔软、湿润的口感和质地。此外，也可以防止完成烘焙后的面包，随着时间的推移而变硬。面包变硬是因吸收水分糊化的淀粉结构中排出水分，造成老化所引起，海藻糖可以保持水分，因此可以延缓淀粉老化。

海藻糖是糖的一种，但面包中使用海藻糖，虽然也会因用量而不同，但基本上不是将部分砂糖替换成海藻糖，而是追加放入海藻糖。酵母（面包酵母）无法使用海藻糖进行酒精发酵，因此若将部分砂糖替换成海藻糖，会造成发酵力下降的情况。

或许大家会担心，若是添加砂糖后再加入海藻糖，面包会不会变得太甜，例如吐司的配方，即使添加也仅有面粉的百分之几。相对砂糖的甜度100，海藻糖的甜度只有38，所以并不会出现变得太甜的情况。

此外，即使本来没有添加砂糖的面包，只要使用少量海藻糖也很难感受到甜味，因此可以为了更接近自己喜好的口感而添加。

可以根据面团配方的砂糖量，判断面包的膨胀程度吗？= 合适的砂糖配方用量

即使没有砂糖，面包也会膨胀。砂糖过多时，也会出现膨胀不佳的情况。

面包是酵母（面包酵母）借由酒精发酵产生的二氧化碳而膨胀。酒精发酵时，虽然糖类是必要的，但即使不添加砂糖（配方用量为0%），也可以制作面包。

从法式面包开始，硬质类配方的餐食面包中，也有很多配方没有砂糖，这是酵母中的酵素分解面粉中的淀粉（受损淀粉⇒**Q37**），转换成可用于发酵的最小单位的糖分，让发酵得以完成。

那么，若是面包配方中有砂糖，又会如何呢？酵母除了可以从面粉的淀粉中得到糖类之外，砂糖也会因本身的酵素分解，转换成最小单位的糖类，以用于发酵（⇒**Q65**）。

砂糖配方用量不同时，面团膨胀的比较

细砂糖 0%（左）、5%（右）

※ 基本配方（⇒ p.293），比较砂糖（细砂糖）配方用量为 0%、5% 时制作的面团

砂糖配方用量为0%～5%的面团，发酵60分钟后，体积的比较（如下页照片）。砂糖配方用量为5%的面团，膨胀较佳，可以得知酵母利用砂糖进行的酒精发酵较为活化。

但酵母本来就不耐多糖环境。当面团内的砂糖不断地被分解时，面团中渗透压变高，酵母也会因此被夺去细胞内水分而收缩（⇒**Q71**）。

接着，将砂糖量由原来的0%和5%，增加到10%和20%，再试着比较完成烘焙后面包的膨胀状况。

从下页的照片可以看出，砂糖配方用量为5%～10%的面包膨胀较大，但是一旦砂糖增量到20%，就无法呈现面包的体积了。

因此，砂糖配方用量较多的面团不容易受渗透压影响，需要选择能在高糖分面团中维持高发酵力的酵母，也就是高糖用酵母。这些酵母产品，即使面对占粉类30%以上的砂糖用量，也能毫无问题地使面包膨胀，它们主要被用在果子（糕点）面包上。

依砂糖配方用量不同，完成烘焙时的面团比较

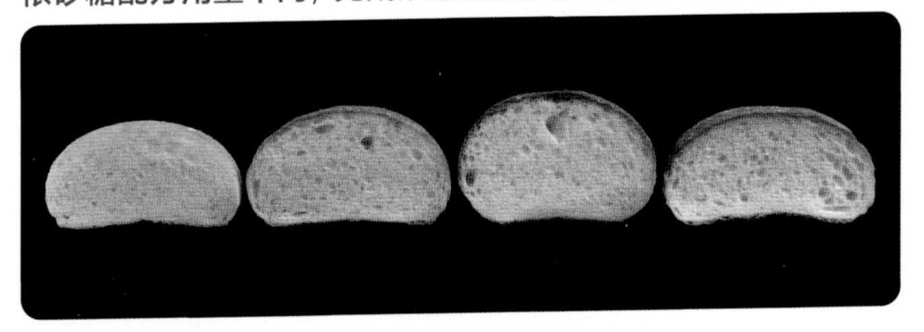

由左起，细砂糖 0%、5%、10%、20%

※ 基本配方（⇒ p.293），比较砂糖（细砂糖）配方用量 0%、5%、10%、20% 制作的面团

参考 ⇒ p.314

撒在甜甜圈上的砂糖总是会化掉。有不易溶解的砂糖吗？= 甜甜圈糖的特性

细砂糖加工制成的甜甜圈专用砂糖，不容易吸附水分。

甜甜圈完成时撒上的糖粉很快就会化掉，这是因为砂糖中的水分容易吸附的性质，所以用于制作甜甜圈的砂糖，为不容易溶解的砂糖。

甜甜圈糖是将砂糖的外层包覆添加乳化剂等特殊用料，使水分不容易吸附。

另外，即便使用的是甜甜圈糖，甜甜圈热气腾腾时，表面的油和蒸发的水分也会溶化甜甜圈糖，因此，最好稍待放凉后再撒糖。

左半边使用的是甜甜圈糖，右半边使用的是一般糖粉

油脂

不添加植物黄油或动物黄油等油脂，也可以制作出面包吗？
= 油脂的作用

虽然硬质面包配方不需要油脂，但添加了油脂可以提升面包的制作性。

发酵面包的基本材料是面粉、酵母（面包酵母）、盐、水，即使没有油脂也能制作。法式面包等硬质面包中，基本材料不使用油脂。相反，软质面包几乎都是添加油脂的面包。其作用如下：

① 使面包内侧变软变细致。
② 使表层外皮变薄变软。
③ 使成品更好地膨胀，完成烘焙时体积变大。
④ 使面包的风味、香气和色泽（因油脂产生）更好。
⑤ 防止面包在保存过程中变硬。

面包中一旦添加油脂，烘焙后的成品就会蓬松柔软，这是为什么呢？

作为油脂使用时，主要是黄油等固态油脂。经过搅拌，黄油会沿着面筋组织的薄膜或淀粉粒子间的薄膜而推展。

之后，因发酵作用使酵母产生二氧化碳，气泡周围的面团被推展延伸、被拉扯展开。伴随着这个状况，面筋的薄膜被推展时，黄油也随着被施加的压力而薄薄地延展，形状得以保持。此时借由黄油的帮助，面筋组织不易粘黏、变得滑顺，面筋薄膜也更容易延展。因此，在发酵、烘焙的时候，面团容易膨胀，烘焙完成后的成品体积变大。

面包组织中因油脂的推展作用，也能保持在成品完成烘焙时全体组织的柔软度。因为膨胀度增加，面包的口感也变得柔软。

此外，油脂的添加可以防止面包随着时间流逝而变硬。油脂可以阻绝水分，所以添加了油脂的配方，可以使面包中的水分不容易蒸发，如此就能延缓淀粉的老化（⇒Q38）。

在面团中混入黄油搅拌的时间点和适当的硬度。= 搅拌时固态油脂的使用方法

在面筋组织形成时，加入恢复常温状态的油脂。

面团配方中的固态油脂，基本上是在面粉、酵母（面包酵母）、盐、水等材料搅拌后，面筋组织形成、产生弹力后才会添加。若在最初就混入油脂，不易形成面筋组织，因此会在面筋组织形成至某个程度后才添加。如此一来，就能非常有效率地进行搅拌了。

使用黄油时，最重要的是必须使黄油恢复常温、软硬适中后再使用。标准为用手指按压块状黄油，如果指尖施力按压时，手指可陷入的状态即可。黄油如果硬度适中，借由搅拌对面团施加压力延展面筋薄膜时，黄油会与面筋薄膜以相同方向延展。

此时形成薄膜状态，沿着面筋薄膜延展分散在淀粉粒子之间。之后即使发酵、面团膨胀，面筋薄膜因此被拉扯延展，也是以相同方向薄薄延展开，除了可以避免面筋组织相互粘黏，还具有润滑作用。

像这样黄油能够延展成薄膜状态，是因为其具备可塑性才能完成。

所谓油脂的可塑性，对固体施以外力使其变形后，即使除去外力也无法恢复的性质。以黄油而言，在冷藏室中变硬冷却后，在常温中稍加放置，以手指按压，就会变软凹陷，或可以用手捏成任意的形状。可塑性指的就是材料在常温时的这种特性。

黄油可以在13～18℃之间具有这种特性。温度一旦过高，黄油就会变得过度柔软或熔化，进而丧失其可塑性，因此必须要注意温度的控制。

黄油以外的固态油脂，大多也是在低温时变硬，如此一来，它们在面团中会难以混拌。制作时，基本会使用在常温中放至柔软的油脂。但与黄油相同，若温度过高，也会变得过于柔软并熔化，丧失可塑性。

即使用力也无法将手指压入的状态，过硬难以与面团混拌（左）；
适中的硬度（中）；手指可以轻松按压入的状态，就表示过于柔软（右）

熔化的黄油再次冷却后，可以恢复原本的状态吗？
= 熔化黄油的质变

丧失黄油可塑性的特性，无法恢复原本的状态。

一旦温度上升，黄油就会熔化，这是因为黄油中呈现平衡的固态油脂和液态油脂产生了变化而引起的。黄油一旦冷却成块后，几乎都是固态油脂，称为β型，分子呈现稳定状态。

温度一旦上升后，固态油脂减少，液态油脂比例增加，熔化的黄油几乎都是液态油脂。

即使是熔化后的黄油，一旦放入冷藏室再次冷却成块，看上去似乎可以直接使用，但熔化后再次结块的黄油，已失去了可塑性，放至常温时会立刻变软并且粘黏。此外，含入口中后，舌尖上的触感也会有明显的颗粒感，失去顺滑感。

一旦熔化后再凝结成块的黄油，被称为α型，分子呈现松散的结晶型，是不稳定的状态。不稳定的α型，无法再恢复到稳定的β型。也就是说，黄油一旦失去可塑性，就无法恢复。因此，在调整黄油柔软度时，必须注意避免其熔化。

使用失去可塑性的黄油，有可能会导致面包膨胀不佳。

制作面包时，可以使用什么样的油脂？它们的风味和口感都具有什么特点？ = 面包中使用的油脂种类

可以使用动物黄油、植物黄油、酥油等固态油脂，也可以使用色拉油、橄榄油等液态油脂。

油脂可以分为固态油脂和液态油脂。

黄油为固态油脂，可以赋予面包独特的风味，使其更柔软。

植物黄油和动物黄油风味相近。相较于动物黄油，植物黄油保持可塑性的温度范围较广，方便保存且价格便宜，同样可以保持面包良好的口感和柔软程度。酥油是无臭无味的，无法带给面包更多的味道，它方便保存处理，也是保持可塑性温度范围较广的油脂。可以使面包的口感更好，并呈现轻盈的口感，也能赋予面包柔软度。

液态油脂不具有可塑性，相较于固态油脂，面团膨胀程度略差，因而柔软内侧较扎实，会呈现Q弹的口感。除了色拉油般没有特殊风味的油脂之外，橄榄油可以赋予面包原材料的香味。

制作面包时主要使用的油脂成分比较

（每 100g 材料，单位 g）

		水分	蛋白质	脂肪	碳水化合物	灰分
固态油脂	植物黄油（无盐）	15.8	0.5	83.0	0.2	0.5
	动物黄油（含盐）	16.2	0.6	81.0	0.2	2.0
	植物黄油（无盐、商用）	14.8	0.3	84.3	0.1	0.5
	酥油（商用、糕点制作）	微量	0	99.9	0	0
液态油脂	大豆油、玉米油、菜籽油	0	0	100.0	0	0
	调和油（混合的各种色拉油）	0	0	100.0	0	0
	橄榄油（顶级初榨橄榄油）	0	0	100.0	0	0

［摘自《日本食品标准成分表（第八次修订）》］

植物黄油与酥油的出现

植物黄油于1869年诞生于法国。当时，因为黄油在战争中稀缺，拿破仑三世悬赏募集替代品，法国化学家研发出植物黄油。在优质牛脂肪中添加牛奶等冷却凝固而成，据说就是现在植物黄油的前身。

今天的植物黄油，是以植物油（大豆油、菜籽油、棉籽油、棕榈油、椰子油等）为主要原料（部分会使用鱼油、猪油、牛油等动物性油脂），为能使其更接近动物黄油，添加了奶粉、香料、食用色素等，再加入水分进行混拌，使其乳化制作而成。

酥油在19世纪末的美国是作为猪油的代用品而开发。现在的酥油主要是以植物油脂为主要原料（也有使用动物油脂的种类），借由在液态油脂中添加氢赋予其硬度。它几乎都是油脂成分，无臭无味的白色油脂，为防止氧化混入氮气，以这样的固态油脂状态上市出售。

以植物黄油取代动物黄油，烘焙完成后的成品有何不同？
= 植物黄油的特点

相较于动物黄油，虽然植物黄油的风味稍差，但它能让面包体积膨胀，也能在保持柔软度的同时，使制作成本更低。

动物黄油是由新鲜牛奶制成高乳脂肪成分，经过激烈的搅拌后使脂肪球融合，水分被分离，萃取出脂肪球结集的成品，乳脂肪成分中，约有16%的水分乳化混于其中。

植物黄油一开始是作为动物黄油的替代品而被研发的。植物黄油与动物黄油一样具有相似的风味，但较动物黄油便宜，供应量稳定，因此经常被面包房运用于面包制作中。

虽说是动物黄油的替代品，但植物黄油在操作特性上比动物黄油更具优势。在面团中揉和油脂时，为了使油脂得以均匀分散在面团的薄膜组织中，油脂的可塑性很重要（⇒Q109）。动物黄油的可塑性在13～18℃时才能发挥特性，但植物黄油的可塑性温度范围更广，在10～30℃。因此相较于动物黄油，可操作性更强。此外，它也比动物黄油更能呈现面包的膨胀体积，使之长时间保持柔软度。

复合植物黄油是什么？什么时候使用？= 复合植物黄油的特征

是在植物性油脂中添加动物性质油脂，制成的植物黄油。使用方法与动物黄油和植物黄油相同。

通常情况下，植物黄油是以植物性油脂为主制作而成，但复合植物黄油是在植物性油脂中加入动物性油脂的黄油，制作成兼具黄油风味和植物黄油的黄油。它在制作过程中，并没有规定加入动物黄油的配方比例，因此成品各有不同，但与植物黄油一样，具有优异的面包制作性。

在动物黄油的配方比例上，少则为10%，多则为60%以上，可以视想要呈现多少黄油的风味来选择产品。

酥油会做出什么风味的面包？相较于黄油，风味与口感有何不同？ = 酥油的特性与使用方法

口感更佳，并且不会影响其他材料的香气。

动物黄油或植物黄油等具有香气或风味的材料并不是面包中唯一使用的油脂。在制作中，有时也会使用酥油等无臭无味的材料。酥油会赋予饼干或脆饼酥松爽脆的质地，运用在想要呈现轻盈口感时。油脂的这种特性被称为酥脆性。

在制作面包时，酥油能赋予面包内侧与表层外皮极佳口感，优化面团的膨胀，产生柔软的效果。酥油具有可塑性，与植物黄油同样能在10～30℃中发挥可塑性。近年的研究显示，在面团中揉入酥油，与用动物黄油或植物黄油延展的薄膜不同，它可以呈现油滴状。油滴状的酥油一旦被吸收并分散至面筋薄膜的表面或薄膜中，面筋组织延展性变好，面团能更加延展，借由发酵、烘焙，面团更容易呈现极佳的膨胀状态。

此外，烘焙时分散在面筋薄膜中的油滴状油脂熔化，在部分渗入面筋组织的状态下进行烘烤，因此与动物黄油和植物黄油不同，完成烘焙后的面筋组织会产生松脆感，使得柔软内侧和表层外皮的口感更好。除此之外，使用酥油的面包相较于使用动物黄油的面包，烘烤后的色泽更淡，面包中没有油脂的味道和香气。

酥油几乎100%由无臭无味的脂质构成，可是动物黄油除了脂质和水分之外，还含有约0.2%的碳水化合物、0.5%的蛋白质。其中的碳水化合物（糖类）和蛋白质（氨基酸）被加热会引起美拉德反应（⇒Q98），生成褐色物质与芳香物质，形成动物黄油特有的烘焙香气。虽然酥油没有香气，但是烘焙出的面包比使用动物黄油完成的面包更柔软，口感更佳。

以上的特征是单纯使用酥油的状况，主要用于想要活用小麦的香气，而不需要多余风味时，或是希望能有更好的嚼感及膨胀效果时。实际上在面包制作时，酥油会与黄油合并使用，能增添黄油的香气和风味，同时还能呈现出良好的口感与膨胀的效果。考虑想要制作面包的风味及口感等，再来决定是否单独使用。

参考 ⇒ p.318

面包配方中用液态油脂取代黄油时，烘焙完成有何不同？
= 液态油脂的特征与使用方法

不易膨胀，也难以呈现烘烤色泽。

将面包配方中的黄油，替换成与黄油相同，具可塑性（⇒Q109）的人造黄油或酥油等固态油脂，烘焙完成后可以得到相同或是更胜一筹的膨胀程度。

这是因为具可塑性的油脂揉和至面团中，在面筋组织被拉扯延展时，略具硬度的油脂会和面团同时被延展，以延展状态保持住油脂的形状，接着在发酵时也会容易维持住面团膨胀的状态。

另外，将黄油替换成色拉油、橄榄油时，这些液态油脂不具可塑性，也没有固态油脂的硬度。因此借由添加油脂虽然能让面团容易被延展，但相较于具有可塑性的油脂，面团因不具张力而容易坍塌，无法保持膨胀状态地横向坍垮下来，就导致完成烘焙的面包体积不易膨胀。

另外，与酥油相同，相较于黄油，烘烤色泽也较浅淡。液态油脂的脂质是100%，几乎没有会引发美拉德反应（⇒**Q98**）的成分。

比较以不同油脂种类烘焙完成的面包

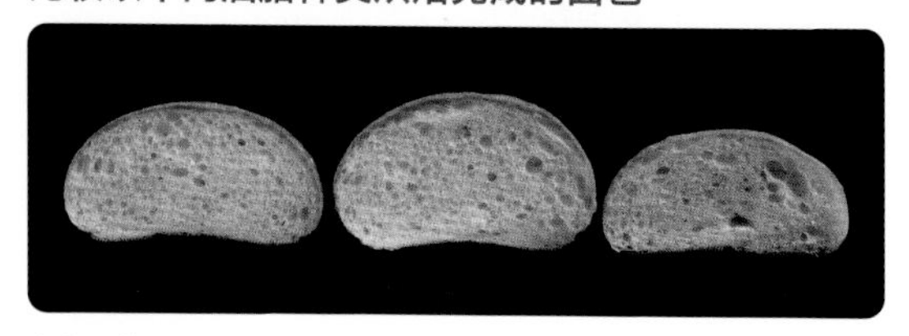

左起：黄油、酥油、色拉油

※ 基本配方（⇒ p.293），比较以油脂配方用量 10%，分别使用黄油、酥油、色拉油制作的成品

参考 ⇒ **p.318**

制作糕点时多使用无盐黄油，制作面包时可以使用有盐黄油吗？= 适合面包制作的黄油种类

使用无盐黄油比较适合。

制作面包和制作糕点一样，通常会使用无盐黄油。

一般含盐（有盐）的黄油，含盐量为1% ~ 2%。例如，1kg面粉的面团，使用含有1.5%盐分的有盐黄油200g。此时，黄油的盐分含量约是3g。若以烘焙比例来看，约是0.3%。

一般盐的用量相对于面粉是2%，盐一旦增加0.3%，就会影响到面包的清爽味道。也就是使用无盐黄油，是为了避免黄油用量较大时，盐分影响到面包的风味。

但是，并不是使用有盐黄油后，计算其中的盐分，再减掉混入面团中食盐的用量就可以。盐是具有可以紧实面筋组织构造、强化面团黏性与弹性的效果（⇒**Q82**）。但黄油是在搅拌后才加入，因此无法期待含在黄油中的盐分能发挥效果，反而会使面筋组织变得难以形成。

固态油脂和液态油脂，添加至面团的时间一样吗？
= 添加油脂的时间

固态油脂在搅拌中期加入，液态油脂则在搅拌初期加入。

在面包制作时，搅拌初期不添加油脂，这样可以使面筋组织形成。接着，当形成面筋组织的面团在产生弹力的搅拌中期时，加入油脂。若是在一开始就加入油脂，油脂会阻碍面粉中蛋白质之间的结合，导致面筋组织难以形成，因此黄油或酥油等固态油脂并不是在开始搅拌时，而是在达到某个程度后再添加（⇒p.201）。

若液态油脂的色拉油或橄榄油等，与固态油脂同样在搅拌中期加入，则会难以渗入，油会在面团上滑动而无法顺利混拌。若为了想要进行搅拌而长时间混拌，会对面团造成混拌过度。

因此，液态油脂添加至面团时，基本上是在搅拌开始就要立即添加。并且，油脂在搅拌初期添加，虽然会阻碍面筋组织的形成，但制作使用液状油脂的面包时，大多是不需要强烈面筋组织连接的面包。

面包的配方中使用固态油脂的百分比为多少较适合呢？
= 固态油脂的配方用量

想要做出柔软成品时使用 3% 以上，想要呈现黄油特色时使用 10% ~ 15%。

在面包中添加固态油脂时，若是想要呈现膨胀松软的口感，添加量为相对于面粉量的3%以上。例如，吐司一般是添加3% ~ 6%。

但若同时有膨胀体积的目的，添加超过6%的油脂，就会阻碍面团的膨胀。

若是想要呈现黄油芳香醇郁的风味和香气，就必须要添加至10%的程度。以黄油风味为主的黄油卷，相对于面粉用量是10% ~ 15%，若是揉入大量黄油的布里欧，也会有添加到30% ~ 60%的情况。

参考 ⇒ p.320

虽然黄油和酥油的水分含量不同，但以酥油替换黄油时，需要考虑水分的配方用量吗？ = 油脂的水分影响

不需要替换配方，以水量进行微调。

黄油当中含有约16%的水分，虽然人造黄油和黄油有相同程度的水分含量，但是酥油是100%油脂，几乎不含水分。

虽然水分含量不同，但以酥油替换黄油时，并不需要特别考虑水分差异。严格来说，虽然有调整的必要，但通常影响不大。若配方黄油在20%以上的RICH类面团，一旦用酥油替换黄油，单纯计算就已经出现3%以上的差异，就必须增加配方用水的分量。

可颂折叠用黄油，要如何使其延展呢？ = 利用黄油的可塑性，进行可颂的整形

以擀面杖敲打黄油后使用，使其如黏土般方便整形。

可颂是用面团和黄油多次交错层叠的折叠面团制成。制作折叠面团时，首先，擀压发酵的面团，摆放上擀压成方形的片状黄油，以面团包覆。其次，用压面机薄薄地擀压，使面团和黄油保持层叠状态，同时进行三折叠擀压的“折叠”操作。

黄油擀压成片状时，就是利用黄油的可塑性（⇒Q109）。黄油以块状冷却备用，用擀面杖敲打成薄片。像这样边施力边将温度提升至可发挥其可塑性的13℃，就可以像黏土般自由制作形状，面团也同样以擀面杖擀压成相同的硬度。

面包房或糕点屋的甜甜圈，为什么不黏腻呢？
= 油炸专用酥油的特征

因为使用了油炸专用酥油。酥油一旦在常温中会变成固体，不容易出油。

在家里制作甜甜圈时，虽然刚油炸出锅时表面酥脆美味，但是随着时间的推移，反油后就会感觉到油腻。

面包房或糕点屋，即使是摆放在托盘上的甜甜圈或咖喱面包等油炸面包，好像也不太会有渗出油脂的状况。这是因为与在家制作不同，他们使用的不是液态油脂，而是使用油炸专用的酥油。

油炸专用酥油与普通的酥油一样，在常温下是白色的固态油脂，一旦放入油炸锅加热时，就会变成液态，成为像家庭中使用的液态油脂般。油炸专用酥油与液态油脂不同，一旦冷却恢复常温时，熔化的油脂会再次恢复成固态。

换言之，被甜甜圈吸收的油脂，冷却陈列时，会恢复成固体形状，即使是放置在托盘上的甜甜圈，也不太容易渗出油脂。食用时也因油脂凝结成块，更容易产生酥脆感。

另外，以色拉油等液态油脂油炸时，即使冷却渗入甜甜圈或炸面包的油也还是液态。油脂渗入面包内，进而反油，表面也容易黏腻。

鸡蛋

用鸡蛋个数标示的食谱配方，该选择哪种规格的鸡蛋呢？
= 适合面包制作的鸡蛋规格

以个数标示时，用中号 M 大小的鸡蛋即可。

关于鸡蛋大小和重量的规格

大小	1个鸡蛋的重量(带壳)
SS	40~46g
S	46~52g
MS	52~58g
M	58~64g
L	64~70g
LL	70~76g

由左起是 SS、S、M、L、LL（只有 MS 不在照片中）

将所有规格的鸡蛋都敲开来比较时，可以发现蛋黄的大小并没有太大的差距，由此可知鸡蛋规格较大的，就是蛋白含量较多。

不同规格鸡蛋的体积比较

由左起是 S、M、L 规格的鸡蛋

家用鸡蛋大多是M或L，若除去蛋壳和蛋壳膜（重量约10%）的全蛋，M约是50g，L约是60g。蛋黄无论哪种规格都约为20g，但SS则是未到20g，LL则是大于20g。

越是大规格的鸡蛋，蛋白量越多，但更详细来说，即使是身边唾手可得的M和L鸡蛋，每1个也会约有10g的差距，M的蛋白量约是30g，L的蛋白质约是40g。

因此，食谱中使用全蛋或蛋白时，若标示的用量是个数，会因使用规格而导致个数越多差异越大。因此若没有特别指定，一般使用的就是M。

此外，当全蛋的分量以g数来标示，与个数标示相同，请以M的鸡蛋（蛋黄20g、蛋白30g）为基准，请调整成蛋黄：蛋白=2：3。

若是蛋黄、蛋白分别计量的食谱配方，则无论哪种规格都没问题。若担心剩余而想要尽可能减少浪费时，可视食谱配方的需求，需要较多蛋白时可以选用LL的鸡蛋，可以使用最少量的个数。只使用蛋黄的食谱时，则选用较小的鸡蛋，就可以减少蛋白的浪费了。

为什么褐色蛋壳与白色蛋壳的鸡蛋不同且蛋黄颜色更深？它们的营养价值不同吗？ = 鸡蛋的壳和蛋黄的颜色

壳的颜色，一般是由鸡的种类来决定。蛋黄的颜色则受到饲料色素的影响。

褐色蛋壳的蛋称为“赤玉”，白色蛋壳的蛋称为“白玉”，赤玉的价格较高。

蛋壳的颜色是因为鸡的种类而不同，但营养上并没有差异。羽毛颜色是白色的鸡，产下的就是白色的鸡蛋，羽毛颜色是褐色或黑色系的鸡生出的多是红褐色的蛋。但也有白色鸡产下红褐蛋，褐色鸡产下白色蛋的情况。蛋壳的颜色虽然不会因为颜色而影响风味及面包制作性，但是蛋黄颜色会影响到完成时面包柔软内侧的颜色。例如，使用了蛋黄颜色近似橘色制作出的面包，柔软内侧的颜色也会近乎橘色；使用蛋黄颜色偏淡的鸡蛋所制作的面包，柔软内侧的颜色也会偏白。

使用全蛋或仅使用蛋黄，烘焙完成的面包会有何不同呢？
= 蛋黄和蛋白成分的不同

仅使用蛋黄时，可以烘焙出润泽柔软的成品；使用全蛋时，柔软内侧虽然会略变硬，但可以有更好的咀嚼感。

面团中添加鸡蛋，一般加的是全蛋或蛋黄。

鸡蛋一旦加热就会凝固，原因是鸡蛋中所含的蛋白质的特性。蛋白质由氨基酸的立体构造形成，这个立体构造一旦因受热而变形时，会使蛋白质之间黏结凝聚，这就是所谓热凝固（因受热而凝结）的现象。这个热凝固也可以在含较多蛋白质的食品（鱼或肉类等）中看到，只是鸡蛋是液态，蛋白和蛋黄的凝结方式不同。

蛋黄中除了水分和蛋白质外，也含有脂质，而蛋白大部分是水分，并以蛋白质所构成，几乎不含脂质。面包若仅使用含脂质较多的蛋黄时，可以烘焙成润泽柔软的成品。若使用全蛋时，因添加了蛋白，可以使面团的组织更稳固，烘焙而成的面包口感更佳，但会比只使用蛋黄的面包多几分硬度。

完成烘焙的体积，用试烤成品比较时，可以得知仅使用蛋黄的面包，体积大，而仅使用蛋白的面包，体积会受到影响。使用全蛋的成品，虽然不及仅使用蛋黄的成品，但体积也得以全部呈现（详情参照次页的照片）。

在充分理解这些特征后，再考虑希望面包是什么样的口感及膨胀状态，来区别使用全蛋或蛋黄吧。

鸡蛋的成分比较　（100g 可食用部分，单位 g）

	水分	蛋白质	脂质	碳水化合物	灰分
全蛋（新鲜）	75.0	12.2	10.2	0.4	1.0
蛋黄（新鲜）	49.6	16.5	34.3	0.2	1.7
蛋白（新鲜）	88.3	10.1	微量	0.5	0.7

※ 全蛋除去粘黏蛋白的蛋壳后，以蛋黄：蛋白 =38 ： 62 为试用材料
[摘自《日本食品标准成分表（第八次修订）》]

比较分别添加全蛋、蛋黄、蛋白的成品

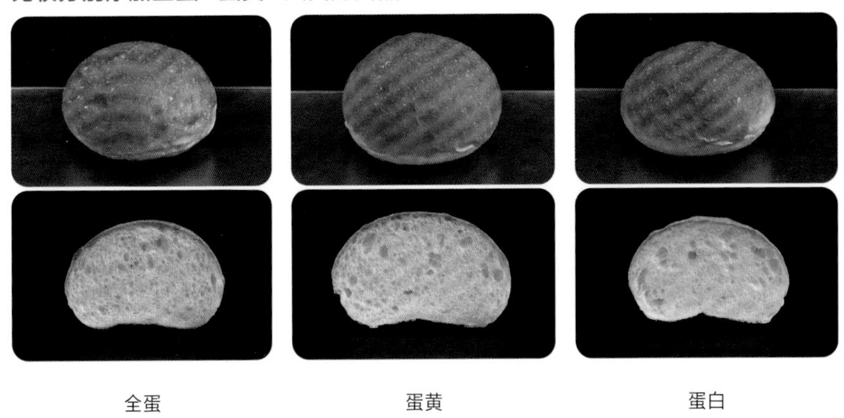

※ 基本配方（⇒ p.293），添加 5% 的鸡蛋，
比较分别添加全蛋、蛋黄、蛋白制作的成品。
水量减少为 59%

参考 ⇒ p.322

蛋黄对面包柔软内侧的质地及膨胀有什么影响？
= 面包制作不可或缺的蛋黄乳化作用

借由乳化蛋黄中含有的脂质，对面包产生的 3 个影响。

面包制作时鸡蛋的作用在Q124中有所介绍，但蛋白与蛋黄对面团及制品的影响却各不相同。在此仔细地针对蛋黄的作用，加以详细说明。

面团配方中一旦加入蛋黄，那么就可以获得以下3个效果。

① 柔软内侧的质地（气泡）变细，烘焙成品质地湿润。

② 呈现出膨胀的体积。

③ 能保持烘焙完成后面包的柔软度，即使随着时间的推移也不容易变硬。

比较不同蛋黄配方用量时烘焙成品

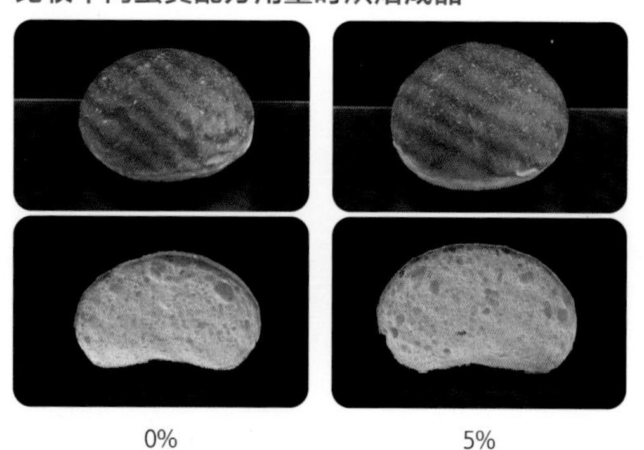

0%　　5%

※ 比较使用基本配方（⇒ p.293）的成品，和添加 5% 的蛋黄制作的成品（水量调整减少为 59%）

① 柔软内侧的质地（气泡）变细，烘焙成品质地湿润。

蛋白中虽然不含脂质，但蛋黄成分中含有34.3%的脂质。蛋黄的脂质是具有乳化作用的卵磷脂（磷脂的一种）和脂蛋白（脂质和蛋白质的复合体）。

所谓的乳化，是原本无法混合的水和油呈现混合的现象。为使水和油能混合，水和油之间必须有能融合两者的物质，这就是乳化剂。在蛋黄当中，卵磷脂和脂蛋白就具有这样的作用。

面包的材料当中，有易溶于水的物质（面粉、砂糖、奶粉等）和易溶于油脂的物质（黄油、人造黄油、酥油等）。配方有蛋黄的面团一旦搅拌后，蛋黄中的卵磷脂和脂蛋白质就会发挥乳化剂的作用，使油脂能在水分中呈现油滴状，分散地混入面团内。像这样材料均匀细致地分散混合，使面团油水分布均匀，就会产生②中的现象，进而使面团质地细腻。

※ 脂蛋白质：含有脂质成分，在水中的分散性佳，与卵磷脂一样，具有能使油脂稳定地呈粒状分散在水中的作用。相较于卵磷脂，连同脂蛋白一起作用，乳化效果更强

② 呈现出膨胀的体积。

面团中含有蛋黄时，卵磷脂和脂蛋白会作为乳化剂发挥作用，使油脂在面团的水分中分散成油滴状，促进乳化。如此一来，面团变得柔软光滑，延展性佳，在发酵和烘焙时，面团更容易膨胀。

并且淀粉在完成烘焙之前，都会存在于面筋组织层之间，烘焙时面团的温度一旦超过60℃，会开始吸收水分，淀粉粒子也会膨胀起来。一般当温度至

85℃左右，就会完全糊化（α化）（⇒**Q36**），水分过多时粒子会崩坏，支链淀粉会释放至淀粉粒子之外，使之黏性变强。

但当面团中含有蛋黄时，借由蛋黄的乳化作用，使得支链淀粉不容易被淀粉粒子释出，不容易产生黏性，淀粉的延展性不会被阻碍，面团更容易膨胀。

③ 能保持烘焙完成后面包的柔软度，即使随着时间的推移也不容易变硬。

在淀粉老化（β化）的说明中也曾提到，面包是因为淀粉粒子的直链淀粉或支链淀粉恢复其结晶形状（成为结晶化）而变硬（⇒**Q38**）。

在乳化剂作用状态下，直链淀粉不易被释出于淀粉粒子之外，因而结晶化只能在淀粉粒子内部进行，即使随着时间的推移也不容易变硬。这样的作用，特别是加入作为乳化剂的添加物时效果显著，当配方含蛋黄时，即使少量也会产生相同的现象。

参考 ⇒ **p.324**

乳化剂对淀粉糊化、老化的影响

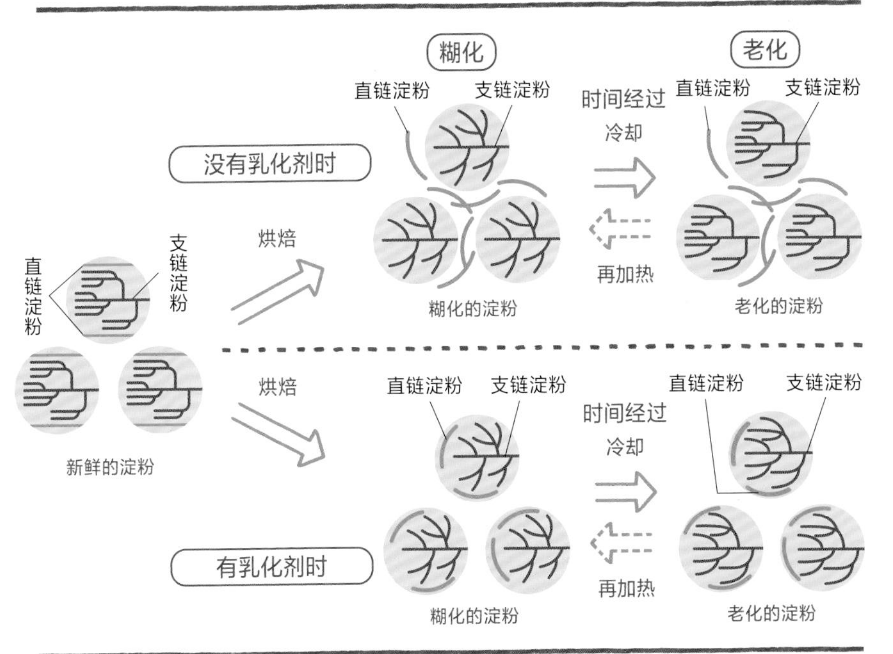

※ 再加热的箭头是虚线时，表示老化的淀粉即使再加热，也无法完全恢复到糊化的状态（⇒ Q39）

何谓乳化？

在盆中放入水和油，剧烈搅拌后，瞬间可以看见油脂在水中呈现细微粒状。这就是油脂在水中的状态，水和油会分离成两层。此时，若添加了乳化剂，具有容易与水融合的亲水性和容易与油（脂质）融合的疏水性物质，就能结合水与油，而使两者混合。例如，以酱汁来看，水分与油脂分离产生层次，充分混拌就能使油脂分散在水中，水分和油脂均匀混拌后呈乳霜状浓稠，使用前不需混拌。后者，就是为避免分离，添加乳化剂材料制作完成的。像这样本来无法混合的两种液体，当一方变成细小粒子，均匀分散在另一材料中时，就称为“乳化”。

为了产生乳化，必须添加具乳化作用的物质，乳化剂中的亲水性有利于与水结合，疏水性有利于与油结合，如此才能使水和油得以共存。

乳化的类型

乳化有两种。水分多于油类时，油会在水中分散成油滴状，成为“水中油滴型”（O/W型）的乳化。乳化剂的疏水性在内侧与油结合，包覆油粒子。此时，其在外侧与水结合，在水分中可以保持油类的粒状。反之，油类较水分多时，是“油中水滴型”（W/O型）的乳化，被乳化剂包覆的水粒子分散在油类中，形成稳定的状态。

面包制作材料中，也有因乳化而形成的物质，像牛奶或淡奶油等，是水中油滴型，黄油是油中水滴型的乳浊液。这些虽然也都含有乳化剂，但蛋黄的特征是其所含的乳化剂具有更强的乳化力。

乳化的种类

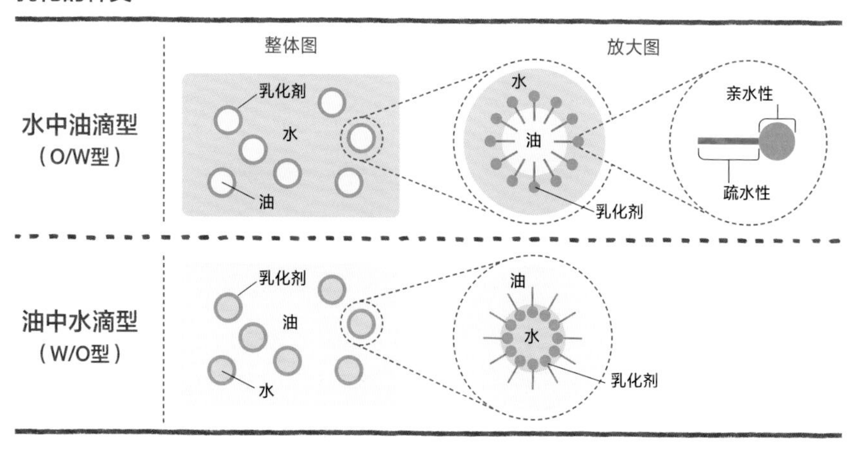

蛋白对面包的质地和膨胀会带来什么样的影响？= 支撑面包膨胀的蛋白

蛋白中的蛋白质可以强化面包的骨骼构造，带来良好的咀嚼口感。

配方中添加蛋黄时的影响在**Q125**中已经介绍过，下面来看看蛋白的影响。面团中含蛋白时，会产生以下的影响。

① 强化膨胀面团的骨骼构造。

② 虽然可以形成良好的咀嚼口感，但配方用量较多时，面包会变硬。

蛋白配方用量不同时烘焙成品的比较

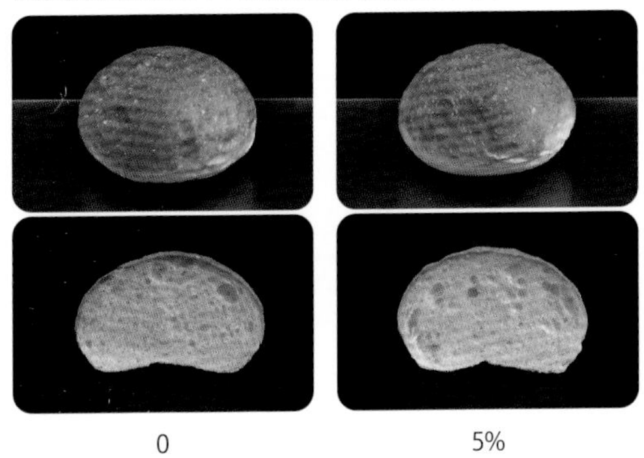

0　　　　5%

※ 比较基本配方（⇒ p.293）成品，与添加 5% 的蛋白制作的成品（水量调整减少为 59%）

①强化膨胀面团的骨骼构造。

蛋白和蛋黄都是遇热会凝固，但是构成的蛋白质组成不同，因此凝固方式各有各的特征。以水煮蛋为例，蛋白是含水状态的胶状凝固，但蛋黄是粉状凝固。煮得较硬的水煮蛋黄，是填满粒状蛋黄球的状态，松散易碎较少连接。此外，蛋白是蛋白质呈网状结合的凝聚物，网会形成柔软的骨骼构造，一旦锁住网间的水分，就呈现果冻般的凝固。

面团中混入蛋白时，蛋白呈分散状，不会像单独加热蛋白般形成果冻状，但不变的是蛋白质一样具有补强骨骼组织的作用，相较于配方不含蛋白时，面筋组织被强化，膨胀起来的面团也比较不容易萎缩塌陷。

②虽然可以形成良好的咀嚼口感，但配方用量较多时，面包会变硬。

蛋白的成分是水分88.3%、蛋白质10.1%，水分之外的固体成分几乎是由蛋白质构成。蛋白质当中一半以上是卵清蛋白。卵清蛋白会因热凝固，使面团产生良好的咀嚼口感。只是一旦配方用量变多时，会感觉口不润泽且过硬。

参考 ⇒ p.324

要在面包中添加鸡蛋风味时，配方多少才合适？
= 增添风味时必要的鸡蛋配方用量

蛋黄约是面粉的 6%，全蛋则需面粉的 15%。

对鸡蛋的作用之前都已说明，但在面包配方中加入鸡蛋的最重要目的，不就是想要在烘焙完成的面包中，呈现鸡蛋的浓郁风味吗？

鸡蛋的浓郁风味主要是来自蛋黄。享用面包时，为了能尝出这样的风味，添加的蛋黄必须是相当于面粉的6%，若是使用全蛋，则需15%的用量。

但若是想呈现出更浓郁的鸡蛋风味，使用非常多的鸡蛋并不合适。例如，蛋黄增加过多时，蛋黄的黏性会导致难以搅拌，蛋黄成分中的脂质增加，也会使面筋组织难以结合。因此若不进行长时间搅拌，烘焙完成的面包体积会变小。

此外，若增加过多的全蛋，蛋白也会随之增加，致使面包过硬（⇒Q126）。也有像布里欧般使用大量鸡蛋的成品。

全蛋配方用量不同时完成烘焙的比较

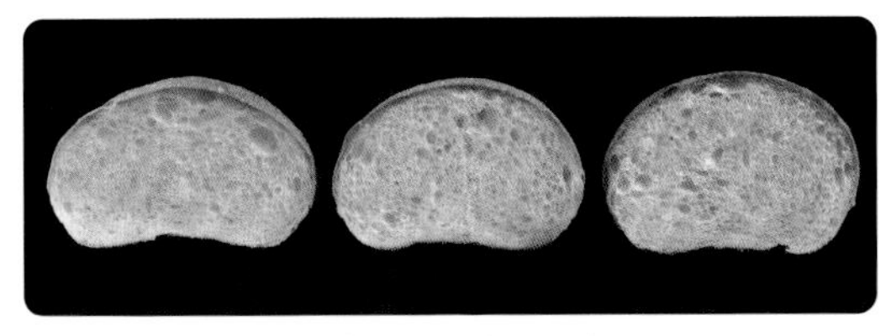

从左起依次增加 0%、5%、15% 全蛋配方用量

※ 比较基本配方（⇒ p.293）成品与添加 5% 全蛋制作的成品（水量调整减少为 59%）、添加 15% 全蛋制作的成品（水量调整减少为 49%）

参考 ⇒ p.322

使用冷冻保存的鸡蛋，面包烘焙完成会有不同吗？= 冷冻鸡蛋的面包制作性

冷冻后即解冻，全蛋并不会有特别的问题，但蛋黄则必须添加砂糖。

带壳鸡蛋直接冷冻时，虽然鸡蛋本身的膨胀会导致蛋壳破裂，但搅散的全蛋是可以冷冻保存的。解冻后也几乎可以恢复原状，在面包制作上没有问题。

蛋白虽然也可以冷冻，但解冻后浓厚蛋白减少使整体会变得比较水。虽然蛋白本身的打发泡以及气泡的稳定性都会略差，但在面包制作上不会有特别的影响。

但是，蛋黄一旦冷冻，解冻后也仍会是硬块状态（胶状），无法像未冷冻的鸡蛋般使用。但若添加10%左右的砂糖搅拌后再冷冻，解冻后就可以恢复液态状。只是冷冻后，会使乳化特性变差。

无论如何，因鸡蛋容易繁殖细菌，相较于商用冷冻库，家庭冷冻室的温度较高，并不建议在家冷冻保存。并且有专用的杀菌冷冻全蛋、冷冻蛋黄、冷冻蛋白等可供选择。

加糖的冷冻蛋黄，若是使用时考虑到砂糖的用量调整，几乎能与使用新鲜蛋黄制作出相同的面包。

干燥鸡蛋是什么样的材料？
= 干燥鸡蛋的种类与用途

鸡蛋加工成粉状，可以用于面包制作，也可以用于各式各样的加工食品中。

所谓干燥鸡蛋，是将蛋液杀菌、干燥制作成粉类或颗粒状，特征是有极高的便利性和贮藏性。未开封时可保存在常温中，分成干燥全蛋、干燥蛋黄、干燥蛋白3种。

主要的用途，干燥全蛋和蛋黄是用于面包糕点制品、预拌粉（像市售的松饼粉般，可以烹调蛋糕、面包、小菜等简易料理的调制粉）、即食品、面类等。

干燥蛋白可用于打发鸡蛋制作的海绵蛋糕面糊等蛋糕类、蛋白霜、面包制品、面类等，也可用于鱼板、竹轮等水产鱼浆制品及火腿、香肠等，起到黏合作用。

乳制品

面包制作使用的乳制品，是什么样的产品？
= 面包制作时使用的乳制品

主要使用牛奶、脱脂奶粉。

从乳牛挤出的牛奶称为“生乳”。以生乳作为原料，加工成饮用的牛奶、优格、黄油、干酪、淡奶油、脱脂奶粉等各式各样的制品。其中牛奶、脱脂奶粉是软质面包不可或缺的材料。

此外，虽然奶油也是乳制品，但奶油会在“制作面包的辅料”的“油脂”中（⇒p.109～p.119）详细说明。

●牛奶

乳制品当中最常被消费饮用的就是牛奶。

生乳会经过检测以确认细菌数量是否低于标准，是否不含抗生素等，然后经过加热杀菌等处理，制成“牛奶”产品并进行流通。

几乎所有的牛奶，除了杀菌之外，也经过均质化处理。生乳，是在称为乳浆的水分中，分散着粒状乳脂肪（脂肪球），但稍加静置后，乳脂肪会浮在表面成为乳霜层。这是因为生乳中所含的脂肪球直径是0.1～10μm，参差不齐，脂肪球越大，浮力越大，容易浮出表面。为使质量稳定，将脂肪球缩小到2μm以下，使细小的脂肪球能在水分中乳化，生乳的脂肪成分不变，缩小脂肪球，让牛奶更清爽可口。

●脱脂奶粉

奶粉制品也包含搭配咖啡使用的奶精粉等，虽然奶粉种类很多，但是现在使用在面包制作上的主要是脱脂奶粉。脱脂奶粉是从生乳、牛奶、特殊牛奶等原料乳中，除去乳脂肪成分（脱脂奶），几乎除去所有的水分做成的粉末状产品。规定是乳脂固形物在95%以上，水分在5%以下。

奶粉还有含乳脂肪成分的全脂奶粉，正如其名，是含乳脂肪成分的奶粉。全脂奶粉是不除去原料奶（生乳、牛奶、特殊牛奶）中的乳脂肪成分，和脱脂奶粉同样地除去水分后，制成粉末状的成品。

制作面包时，虽然脱脂奶粉和全脂奶粉都同样可以使用，但是比较两者，脱脂奶粉比较便宜，全脂奶粉中脂肪含量较多，脂肪易于氧化，会影响保存，因此主要还是使用脱脂奶粉。

脱脂奶粉为了能容易溶于热水，特殊加工成颗粒状。在英文中的skimmed milk指的是脱脂牛奶，是液体。粉末状的产品称为skimmed milk powder。在日本提到skimmed milk指的就是粉末状的产品，参考英文食谱时，必须要多加留意。

牛奶或脱脂奶粉在面包制作上扮演什么样的角色？= 乳制品的作用

一旦添加了乳制品，会增添牛奶风味，提高营养价值。

饮用乳制品可以分为7类，这7类粗略可以归纳为以下三大类。

① 牛奶：仅以生乳为原料的成品。
② 加工乳：在牛奶中添加乳制品的成品。
③ 乳制饮品：在牛奶中添加乳制品以外材料的成品。

饮用乳制品中冠以“牛奶”之名的有“牛奶”“特殊牛奶”“调制牛奶”“低脂牛奶”“脱脂牛奶”等5种。其他还有“加工乳”“乳制饮品”两大类。

这些名称就是种类别名，被标示在容器上概括标示栏或商品名称附近。原本认为喝下的是牛奶，看清种类别名的标记时，才会发现原来不是牛奶。

除去部分乳脂肪的低脂牛奶，或除去部分水分的高脂牛奶等，虽然大致归纳成牛奶，但只有无成分调整的才能称作是牛奶。此外，商品名称冠以“特浓”的商品，可能会觉得这一定就是高脂牛奶，但也有可能是牛奶中添加了淡奶油、黄油制作而成的高脂加工乳。

其他也有添加钙、铁等强化营养成分的乳制品，就属于乳制饮品。

●牛奶

一般的牛奶，是将生乳（从乳牛挤出的）加热杀菌而成。指的是100%生乳、添加水或淡奶油等其他原料、没有减少成分、无成分调整的成品。

此外，还附带有乳脂肪成分3%以上、无脂肪固形成分8%以上的条件。

●特殊牛奶

特殊牛奶指的是现挤生乳，被少数受到认可的专业人员处理后，制造而成的产品，与牛奶同样是无成分调整。规定是乳脂肪成分3.3%以上、无脂肪固形成分8.5%以上，较牛奶更醇浓。

此外，每1mL的细菌数，特殊牛奶严格规定在3万以下，其他4个种类的牛奶则规定在5万以下。

●调制牛奶

从生乳除去部分乳脂肪成分、水分、矿物质等，成分浓度经过调整。乳脂肪成分并没有规定，除此之外，成分的规定几乎与“牛奶”相同。

●低脂牛奶

除去部分乳脂肪成分，调整成0.5%以上、1.5%以下的产品。除此之外，成分的规定几乎与“牛奶”相同。

●脱脂牛奶

相较于低脂牛奶，再除去更多乳脂肪成分，是乳脂肪成分未满0.5%的产品。除此之外，成分的规定几乎与“牛奶”相同。

这5个种类当中，乳脂肪成分越少，味道越是清爽。以牛奶为主体的糕点，虽然会因为使用何种牛奶而使完成的风味略有差异，但在面包制作时，这样的差异不太容易察觉。

但是，用牛奶取代配方用水，以脱脂牛奶取代牛奶制作时，添加牛奶的面团中，会因牛奶中所含的乳脂肪成分，在面团中引发阻碍面筋组织形成的情况。一旦面筋组织被妨碍时，面团会塌软，而在面包制作的现场，这种程度的面团变化可以借由调整用水、拉长搅拌时间等手段来进行微调。

几乎所有的面包会在搅拌操作后半段再添加油脂，因此油脂的影响会有比较大的感觉。

5种牛奶的规格

种类		原材料	成分的调整	无脂肪固形成分	乳脂肪成分
牛奶		仅生乳（生乳100%）	无成分调整	8.0%以上（一般市售是8.3%以上）	3.0%以上（一般市售是3.4%以上）
特殊牛奶				8.5%以上	3.3%以上
调制牛奶	成分调整牛奶		除去部分乳脂肪成分（乳脂肪成分、水、矿物质等）	8.0%以上	没有规定
	低脂肪牛奶		除去部分乳脂肪成分		0.5%以上
	脱脂牛奶		除去几乎全部的乳脂肪成分		0.5%以上

（摘自日本饮用牛奶公正交易协议会资料）

包装盒上标示的加工乳，与牛奶不同吗？ = 牛奶的种类

依饮用奶的成分与制造方法不同而分类，牛奶和加工乳制品都是其中之一。

面团中添加牛奶或脱脂奶粉的主要目的是增添牛奶风味和提高营养价值。其他还有使表层外皮容易呈现烘烤色泽、延迟淀粉老化、提升保存性等效果。

●使表层外皮容易呈现烘烤色泽

面包的表层外皮呈现烘烤色泽，主要是蛋白质、氨基酸和还原糖会因高温加热而发生被称为美拉德反应的化学反应，进而生成名为类黑素的褐色物质（⇒**Q98**）。加上材料中所含的糖类引发的焦糖化反应，使得表层外皮呈色。

牛奶或脱脂奶粉中，虽然含有还原糖之一的乳糖，但乳糖无法被酵母（面包酵母）分解，所以不会被用在发酵上，至面包完成烘焙为止都会残留在面团中。因此，会促进面团因被加热而产生的美拉德反应，使面包的烘烤色泽变得更深。

●延迟淀粉老化

牛奶或脱脂奶粉溶化在水中会形成胶体状的水溶液，添加至面团中就能提高面团的保水力。

面包从刚完成烘烤到经时间推移变硬，是由淀粉要从糊化（α化）状态恢复至原先规则的状态，将渗入构造中的水分子排出，造成的淀粉老化（β化）的现象而引发的（⇒**Q38**）。

保水力强的面团，可以使淀粉构造中的水分子不易排出，即使经过时间的推移，也不容易变硬，可以提高保存性。

比较脱脂奶粉不同配方用量的烘焙成品

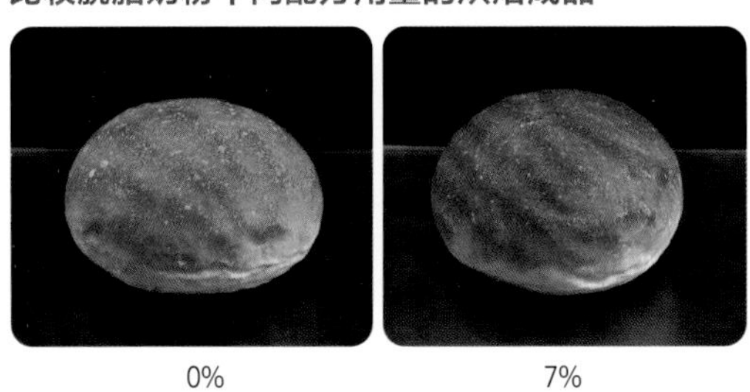

0%　　　　7%

※ 基本配方（⇒ p.293），比较分别以脱脂奶粉配方 0%、7% 制作的成品

参考 ⇒ **p.326**

配方使用脱脂奶粉时，会影响面包发酵吗？

= 使用脱脂奶粉时的发酵

配方用量较多时，发酵时间会变长。此外，加入低温处理的脱脂奶粉，会不容易膨胀。

面团配方中含脱脂奶粉，发酵时会出现2个必须考虑的影响。

●对发酵时间的影响

配方含脱脂奶粉的面包，配方用量越多，发酵时间越长。

通常，面团的pH会随着发酵时间的推移而下降，变成偏酸性。因此当酵母（面包酵母）在可以活跃的pH时，面筋组织因酸性而适度软化，增加面团的延展性，整合成易于膨胀的条件。但是脱脂奶粉有防止酸度过度上升的缓冲作用，pH需要相当长的时间才会降低，因此必须拉长发酵时间。

脱脂奶粉具有缓冲作用，是因为含有较多灰分（⇒Q29）。相较于面包的其他辅料，砂糖、油脂、鸡蛋的灰分在1%以下，脱脂奶粉的灰分约是8%。这是因为其中含有较多的钙、磷、钾等矿物质。

改变脱脂奶粉配方用量，比较发酵60分钟后的发酵状态

0%

2%

7%

※ 基本配方（⇒ p.293），比较脱脂奶粉配方用量 0%、2%、7% 制作的成品

●对膨胀的影响

脱脂奶粉经过杀菌以及喷雾干燥等操作，接受了数次的热处理。制品中有经85℃以上高温处理和低温处理的成品，面包制作时，使用低温处理的脱脂

奶粉，会使面团在发酵和烘焙时难以膨胀。这是因为低温处理的脱脂奶粉含有名为β-乳球蛋白的乳清蛋白质，会阻碍面筋组织的形成，使面团难以结合。

以高温（85℃以上）高热处理的脱脂奶粉中，β-乳球蛋白形成复合体，因此不会产生这样的现象。

参考 ⇒ p.326

面包制作时相较于牛奶，为什么更多使用脱脂奶粉呢？
= 脂脱奶粉的优点

脱脂奶粉可以常温保存，并且具有经济性。

从经济方面或使用便利性来说，相比脱脂奶粉，牛奶较不适合面包制作。首先，无论怎么说，脱脂奶粉的价格比较便宜，可以控制面包的制作成本。

此外，牛奶基本上必须冷藏保存，会占据有限的冷藏室内的大量空间。因为脱脂奶粉可以长期常温保存，价格便宜，即使少量也能让面包充满牛奶风味，都是其优点。需要注意的是，它容易因吸收湿气而结块，因此需要保存在干燥的地方。另外，也要注意避免混入虫或灰尘等异物，也要小心避免吸收到其他气味。

用牛奶取代脱脂奶粉时，该如何换算？
= 脱脂奶粉与牛奶的换算方法

以脱脂奶粉：牛奶 =1：10 来换算。

面包食谱中的脱脂奶粉替换成牛奶，虽然是可行，但不完全相等，因此使用时以脱脂奶粉：牛奶=1：10来换算。

例如，脱脂奶粉使用10g的食谱，以牛奶替换时，若牛奶100g，配方用水就要减少90g，也就是添加脱脂奶粉10倍量的牛奶，就要从配方用水中减少脱脂奶粉9倍量。搅拌时，牛奶连同水分一起添加，接着才以调整用水调节面团的硬度。

像这样的换算，是出于以下的考虑。一般的牛奶，是从乳牛直接挤出的生乳经过均质化杀菌等步骤制成。另外，脱脂奶粉虽然同样是以生乳为原料，但经过远心分离机分离出含较多脂肪成分的乳霜（被加工制成淡奶油或黄油），再分离成几乎不含脂肪成分的脱脂奶，经过杀菌、浓缩，制作成干燥的粉末。换言之，是从生乳中除去乳脂肪成分和水分。

再把话题转回到牛奶。请大家注意牛奶包装上标示的无脂肪固形成分。所谓的无脂肪固形成分，指的是牛奶当中除去乳脂肪成分和水分的成分。根据日本政府的规定，牛奶的无脂肪固形成分在8%以上，一般为8%～9%。为方便计算，在此将其定为10%。

此外，牛奶当中一般含有3%～4%的乳脂肪，因此计算水量时，就是不仅要考虑无脂肪固形成分，也需要考虑到乳脂肪成分的量。但面包会依调整用水而改变每次加入的水量，若乳脂肪成分不列入计算，仅添加脱脂奶粉10倍量的牛奶，再从配方用水中减去相当于脱脂奶粉9倍的水量，会比较容易计算。

参考 ⇒ p.328

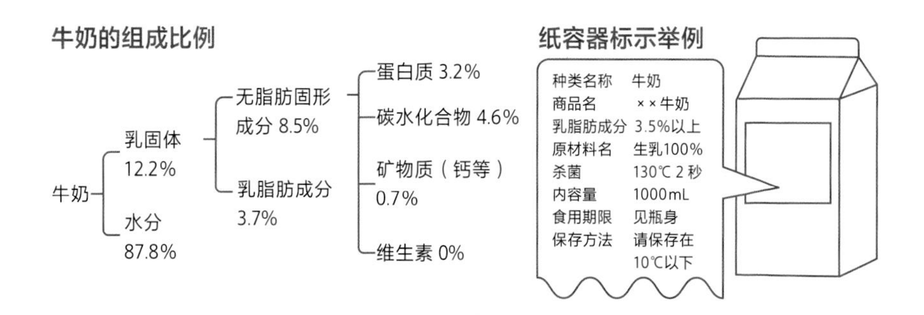

※ 牛奶组成根据实测值，包装标示成分（无脂肪固形成分 8.3% 以上、乳脂肪成分 3.5% 以上）的数值会有所差异

使用牛奶取代水分时，该如何换算？
= 水与牛奶的换算方法

用水：牛奶 =1 ： 1.1 的比例来换算。

牛奶当中含有除了水分之外的成分，无法直接用水的分量换算牛奶。水分之外的主要成分，如同牛奶包装标示般，有乳脂肪成分（牛奶中含的脂肪成分）、无脂肪固形成分（牛奶中除去乳脂肪成分和水分的数值，包含蛋白质、碳水化合物、矿物质、维生素等）。

牛奶一般含有3.6%～3.8%的乳脂肪。此外，根据日本政府的规定，牛奶的无脂肪固形成分在8%以上，一般为8%～9%，也就是牛奶中，必须考虑水之外的成分，约含有12%。若直接用水的分量替换成牛奶，单纯的水分用量就减少了近12%，所以面包会变硬。

不仅如此，牛奶中所含的乳脂肪成分具有与油脂相同的效果，无脂肪固形成分与脱脂奶粉几乎相同，所以必须要理解，牛奶与油脂、脱脂奶粉对面团具有相同影响。

实际上，根据水：牛奶=1：1.1的比例，视面团状态调整用水来调节面团 的硬度。

加糖炼乳用于面团时，应该注意哪些问题？
= 炼乳的效果和配方的调整方法

计算炼乳的蔗糖和水分来调整配方。

制作果子（糕点）面包时，想要强调面团的牛奶风味，也会加入炼乳。

炼乳是向原料乳中添加蔗糖并加热浓缩成约1/3的制品，其中固体成分28%以上、乳脂肪成分8%以上、糖分58%以下、水分27%以下。

原料乳成分被浓缩，其中蛋白质的酪蛋白与来自乳品中的乳糖，以及制作过程中添加的蔗糖等糖类，因加热而发生美拉德反应（⇒**Q98**），所以能增加牛奶所没有的浓郁风味。

使用炼乳时，需注意糖分和水分的用量。例如，相较于面粉，使用10%的蔗糖45%、水分25%的加糖炼乳时，请视配方调整其他材料的用量。

市售炼乳因制品成分略有不同，应视面包烘焙状况加以调整。

面包配方含脱脂奶粉时，多少用量才适当？= 脱脂奶粉的配方用量

考虑到对烘烤色泽与发酵的影响，配方用量的 2% ~ 7% 即可。

面包配方含脱脂奶粉时，若想要使牛奶风味及香气更明显，可以添加面粉量约5%的牛奶。如下方照片中，比较配方用量0%、2%、7%完成的烘焙成品，可以得知2%的颜色较深，7%的颜色更加深。

也就是说，除了香气和风味，烘烤色泽也必须列入考虑范畴。

用脱脂奶粉能给面包增添牛奶风味，增加甜味还能让风味更加突出，所以常会加入砂糖，但添加了砂糖，烘烤色泽会因而更加深，要多加注意（⇒**Q98**）。

一旦配方含脱脂奶粉时，对发酵也会有影响，因此配方用量是面粉的7%左右为上限（⇒**Q133**）。

脱脂奶粉配方不同时的成品比较

0%

2%

7%

※ 基本配方（⇒ p.293），比较分别以脱脂奶粉配方用量 0%、2%、7% 制作的成品

参考 ⇒ **p.326**

添加物

用于面包的添加物有哪些？
= 面包制作时的食品添加物

酵母食品添加剂和乳化剂是主要的添加物。

在日本，所谓的食品添加物指的是食品卫生法中定义为“在食品制造过程中，或以食品加工或保存为目的，在食品中添加、混合等时使用的物质”。食品添加物大致可分为四大类，分别为“指定添加物”、长年在食品中被使用作为天然添加物的“既存添加物”，以及其他“天然香料”和“一般食物添加物”。

作为面包材料直接使用的主要添加物就是酵母食品添加剂和乳化剂。除了直接添加之外，有时也会预先包含在面包材料中。例如，即溶干燥酵母中添加了维生素C。使用这种即溶干燥酵母，可以强化面筋组织（⇒Q78）。

酵母食品添加剂是什么？在什么时候使用？
= 酵母食品添加剂的作用

活化酵母的作用。此外，也被当作面团改良剂使用。

酵母食品添加剂正如其名，就是添加在面团中起到活化酵母的作用。另外，也能作为面团改良剂使用。

酵母食品添加剂是总称，并非单指一种物质，为了容易发挥作用，会有多种物质的组合。这些物质能补给酵母的营养来源、调整水的硬度、强化面筋组织、补给促进发酵的酵素、延迟面包的老化（β化）等。

基本上面包没有酵母食品添加剂也能制作，但为了达到质量稳定，实现机械化大量生产、广域流通，而开始使用酵母食品添加剂。

酵母食品添加剂依据组合可分为以下3种。

① 无机型：氧化剂、无机氮剂、钙等添加物。

② 有机型：主要是酵素。

③ 混合型：①和②的中间型。

酵母食品添加剂中有什么成分？可以得到什么样的效果？= 酵母食品添加剂的原材料和效果

不仅可以成为酵母的营养来源，还含有为保持面团的稳定状态而加入的各种材料。

在制作面包时，视当天面团的触感改变水分用量、调整搅拌或发酵时间非常重要，在中小规模店（拥有厨房的面包店）中，各项操作可以配合当天的状况，边进行调整，边制作面包。

另外，在工厂大规模生产中（面包在工厂制作，批发至超市等地方出售），以制造管理、卫生管理的层面来看，不是触摸搅拌或发酵中的面团，必须从外观来判断其状态，要求面团的性质和状态达到某个水平的稳定度。由此大多会使用酵母食品添加剂。

酵母食品添加剂不仅有单一的作用，更有其复合作用。

●补给酵母的营养来源

酵母（面包酵母）可以分解吸收面粉和作为辅料加入的砂糖等所含的糖类，能进行酒精发酵生成酒精和碳酸气体（二氧化碳）（⇒Q65）。但持续发酵时，后期会有糖类不足的情况。

对酵母而言，蔗糖（砂糖的主要成分）、葡萄糖、果糖易于使用，当这些都被消耗用尽后，发酵后期就必须利用麦芽糖使发酵得以持续进行。

麦芽糖在酵母中因名为麦芽糖酶的酵素而被分解为葡萄糖，被运用在酒精发酵中。酵母在生成麦芽糖酶时，必须有氮气作为营养来源，但氮气在发酵后期会不足。但酵母食品添加剂中含有的铵盐就是氮的来源，可以利用麦芽糖进行酒精发酵操作。特别是制作硬质无糖面包时，不会添加辅料砂糖，也无法利用蔗糖，因而只能用淀粉酶分解面粉中所含的淀粉，使其成为麦芽糖而被纳入酵母当中。麦芽糖被分解成葡萄糖，成为酵母最初的营养来源。这个时候会影响开始分解的酵素活性，为了避免这种情况，可以添加酵母食品添加剂。

●调整水的硬度

所谓的硬度是以1L的水所含的矿物质中钙与镁的含量（mg）为指标，制作一般面包时，硬度50～100mg/L的水即可，略高也可以。

日本的水除部分地区外，八成以上都是硬度60mg/L以下的软水（⇒Q90）。

水的硬度极低的时候，搅拌时面筋组织会软化，面团容易粘黏，这样完成烘焙的面包膨胀状态不佳。

增加氯化钙，不仅可以提升水的硬度，还能强化面筋组织，同时调整面包的pH等。

●调整面团的 pH

面团从搅拌至烘焙完成，若能一直保持着pH5.0～6.5的弱酸性，那么就能活化酵母（⇒Q63）。并且借由酸性适度地软化面筋组织，也能使面团延展性更好，使发酵能顺利进行。

此外，还能防止杂菌繁殖，与发酵和熟成有关的酵素在弱酸性至酸性的环境下也能提高其活性。

日本自来水的pH虽然各地都略有不同，但几乎都是pH7.0左右（⇒Q91）。虽然能直接使用，但主要是以酵母食品添加剂中加的氯化钙、磷酸二氢钙，将面团调整至合适的pH。

●调整面团的物理性质、改良质量

主要是用氧化剂和还原剂调整面团的物理性质，以改良质量为目的，可以在制造操作时呈现各种效果，在此介绍其中的几个例子。

氧化剂

主要使用的是抗坏血酸（维生素C）、葡萄糖氧化酶。

抗坏血酸，可以作用在面筋组织中所含的氨基酸上，使其能促进S–S结合。这样的结合在面筋组织构造内形成交叉连接，强化面筋组织的网状构造（⇒**Q78**）。

葡萄糖氧化酶是能作用于葡萄糖、水、氧气的酵素，产生过氧化氢和葡萄糖酸，这个过氧化氢就是面团和谷胱甘肽的氧化剂（⇒**Q69**）。

谷胱甘肽是酵母细胞内的成分，部分细胞受到损伤而渗出面团。谷胱甘肽能使过氧化氢不会被氧化切断。此外，它能氧化所有被切断的S–S结合，并使其能再度结合，使面筋组织得以强化。

氧化剂使面团紧实，缓解表面的粘黏，改善弹力及延展性（易于延展的程度）的平衡，所以能强化面团内二氧化碳的保持能力，也能使其在烤箱内的延展（烘焙弹性）性变得更好。

还原剂

还原剂中含有上述氧化剂中提到的谷胱甘肽，氧化剂虽能抑制谷胱甘肽切断S–S结合，但为改良成为延展性佳的面团，不仅要强化面筋组织、紧实面团，也必须要软化面团、提高面团延展性。为了取得这样的平衡，会在酵母食品添加剂中加入氧化剂，也会在配方中加入还原剂谷胱甘肽，以及同样能软化面团的半胱氨酸。从结果来看，提高面团的延展性，也能缩短搅拌时间和发酵时间。

●补给酵素

名为α–淀粉酶和β–淀粉酶的酵素主要被包含在淀粉酶之中，分解受损淀粉（⇒**Q37**）生成麦芽糖。酵母利用麦芽糖分解成葡萄糖并用于酒精发酵，进而加速发酵。

此外，也添加了少量的蛋白酶。蛋白酶是蛋白质分解酵素，会生成氨基酸和胜肽。这种氨基酸促使发生美拉德反应，更容易呈现烘烤色泽（⇒**Q98**）。

作用于蛋白质形成的面筋组织，可以使面团软化，也能像还原剂般改良面团的物理性质。面团的软化也能缩短搅拌时间和发酵时间。

酵母食品添加剂的成分与效果

添加剂名称	原料名称	使用目的	效果
铵盐	氯化铵NH_4Cl, 硫酸铵$(NH_4)_2SO_4$, 磷酸铵$(NH_4)_3PO_4$	酵母的营养来源	促进发酵
钙盐	碳酸钙$CaCO_3$，硫酸钙$CaSO_4$， 磷酸二氢钙$Ca(H_2PO_4)$	调整水的硬度 调整面团的pH	促进发酵 稳定发酵 强化气体保持力
氧化剂	抗坏血酸（维生素C）， 葡萄糖氧化酶	氧化面团 强化面筋组织	强化气体保持力 增大烘焙弹性
还原剂	谷胱甘肽 半胱氨酸	还原面团 提升面筋组织的延展性	缩短搅拌时间 缩短发酵时间
酵素	淀粉酶	糖的生成 促进发酵	增加面包体积 提升烘烤色泽 缩短搅拌时间 缩短发酵时间
	蛋白酶	氨基酸的生成 酵母的营养来源	
分散剂	氯化钠NaCl 淀粉 面粉	使混合均匀 增量 分散缓冲	量秤的简易化 提升保存性

乳化剂是什么？可以得到什么样的效果？= 乳化剂的作用

混合水和油时作用的物质，具有可使面团延展性变好的效果。

所谓的乳化，是本来无法混合的水和油（脂质）混拌融合的现象（⇒p.126）。为使水和油混合，必须有能同时引介两者的物质，这个物质就被称为乳化剂。蛋黄或乳制品含有天然乳化剂的成分，虽然具有乳化性质，但在此所说的乳化剂，指的是具有可以改善食品质量、作为添加物加入的物质。

面包的材料当中，有容易溶入水中的材料（面粉、砂糖、奶粉等）和易溶于油脂的成分（奶油、人造黄油、酥油等），无论如何，都有易溶于水和不易溶于水的成分。将乳化剂加入面团中，可以发挥其乳化、分散、可溶化、湿润等作用，使材料成分能均匀地分散混合，制成水和油呈现均匀分散状态的面团。

作为乳化剂被使用的物质，可以归纳出很多的种类。在此针对在不同操作时，乳化剂有什么样的作用来介绍。

●搅拌操作

乳化剂可强化面筋组织。此外，广泛地介于面筋层之间，具有润滑油般的作用，有助于揉和至其中的油脂延展至面筋层之间，呈现薄薄延展，提高面团的延展性（易于延展的程度）。

以机器大量生产时，搅拌机上附着过多面团，会使搅拌效率变差，在乳化剂的作用下可以避免这样的情况发生，提升操作性能。

结论是，可以使面团的性质和状态呈现在一个稳定的水平，也能缩短搅拌的时间。

●发酵操作

借由强化面筋组织、提升延展性使淀粉和脂质等相互作用，而改善面团构造，强化气体保持力，具有保持面团紧实、松弛的平衡作用（⇒p.170），所以能促进膨胀，缩短发酵时间。

●烘焙操作

完成烘焙的面团中的淀粉会连同水分被加热，当温度达到60℃以上时，吸收了水分，开始膨胀（⇒Q36）。此时乳化剂会作用在淀粉中的直链淀粉上，避免直链淀粉从开始膨胀、崩坏的淀粉粒子中渗出。因此，可以保持完成烘焙的面包的柔软状态（⇒Q125）。

此外，通常淀粉膨胀的同时会夺去面筋的水分，因此面筋失去延展性，但因前述乳化剂的作用，还是可以提升面筋延展性，烘焙弹性变好，增大了面包的体积。借着改善面包气泡膜的粘黏性（黏性和弹性）和气泡孔，可以更加接近想要的面包口感。

麦芽精是什么？添加在面团中有什么样的效果？= 麦芽精的成分和效果

用大麦的麦芽制作的糖浆。促进面包发酵，抑制面筋的形成，因此面团的延展性会变得更好。

麦芽精（麦芽糖浆）是糖化浓缩了大麦的麦芽制成的，具有独特风味和甜味的茶褐色黏性糖浆。大麦发芽时，活化了分解淀粉的淀粉酶酵素，将大麦的淀粉分解成麦芽糖。

麦芽精就是利用这个原理的制品，主要成分是麦芽糖和淀粉酶，用在没有砂糖配方的法式面包等硬质面包上（⇒Q179）。

此外，与麦芽精作用相同的还有将干燥麦芽再制作成粉末的麦芽粉。

●麦芽精的效果

面团中一旦添加了麦芽精，就能产生以下的效果。但是使用量过多时，面筋组织会难以形成，面团会软化，变得容易坍塌。

麦芽精（左）和麦芽粉（右）

促进酵母的酒精发酵

面团配方中含麦芽精时，成分中的淀粉酶会将面粉中的受损淀粉（⇒**Q37**）分解成麦芽糖。这样的麦芽糖连同麦芽精本身所含的麦芽糖一起被纳入酵母（面包酵母）中，用于酒精发酵（⇒**Q65**）。

提高面团延展性（易于延展的程度）

因糖类的吸湿性，面筋多少会变得难以形成，麦芽糖可以使面团的延展性变好。借由发酵使体积增大，在完成烘焙时，也能有更好的烘焙弹性（⇒**Q100**）。

容易呈现烘烤色泽，使风味更佳

借由增加糖类，使其更容易产生美拉德反应（⇒**Q98**）。

面包不容易变硬

因糖类的保水性，麦芽糖可以延迟淀粉老化（β化）（⇒**Q101**）。

烘焙完成时的体积比较

添加了麦芽精（左）
未添加麦芽精（右）

烘焙色泽的比较

添加了麦芽精（左）
未添加麦芽精（右）

法式面包为何使用麦芽精？
= 促进发酵的麦芽精

法式面包配方中没有砂糖，为了酒精发酵而添加必要的糖和酵素。

法式面包是以面粉、酵母（面包酵母）、盐、水等为主要材料，以简单的配方制作出的硬质代表性面包。抑制酵母的用量，缓慢地花时间使其发酵、熟成，利于粉类的原始风味和酵母产生的酒精、有机酸等风味，进行面团的制作。

制作配方含砂糖的面包，酵母是以主要成分为蔗糖的砂糖分解成葡萄糖和果糖，进而可以迅速地被摄取，进行酒精发酵。但是，像法式面包般配方没有砂糖的面包，酵母主要是分解面粉中所含的淀粉，而获得酒精发酵时必要的糖类。面粉的淀粉分子大，所以必须先借由面粉中称为淀粉酶的酵素将淀粉分解成麦芽糖，之后才会被纳入酵素中，分解成葡萄糖后，用于酒精发酵，从开始发酵到完成发酵需要相当长的时间（⇒Q65）。

麦芽精因含有麦芽糖，添加至面团时，酵母不需等待淀粉分解，先“接受”了葡萄糖，即可顺利地开始进行酒精发酵。此外，麦芽精含有淀粉酶，可促进淀粉的分解，会慢慢地在面团中增加麦芽糖，也可以持续在稳定状态下继续发酵。

碱水（Haugen）是什么？什么时候使用？
= 碱水的成分和用途

碱水溶液刷涂在完成整形的面包表面后烘焙，就可以呈现出独特的风味和表层外皮的色泽。

所谓的“碱水”，德文指的是“碱液”，是将被日本认定为食品添加物的氢氧化钠（烧碱）溶入水中以便使用。标示为剧烈强碱性物质，因此在使用时必须注意。

以用途而言，主要是用在名为德国纽结面包的面包上，在烘焙前将碱液（含3%氢氧化钠）涂在面团表面。碱液可以使面包呈现独特的风味和表层外皮的色泽。烘焙时，碱液会因加热变化成无害的物质。

盛放碱液的容器应该避免使用金属制品，使用塑料或玻璃制品。另外碱液应避免直接用手触摸，操作时，要戴上橡皮手套、防护镜和口罩。

使用碱液呈现独特表层外皮色泽的德国纽结面包

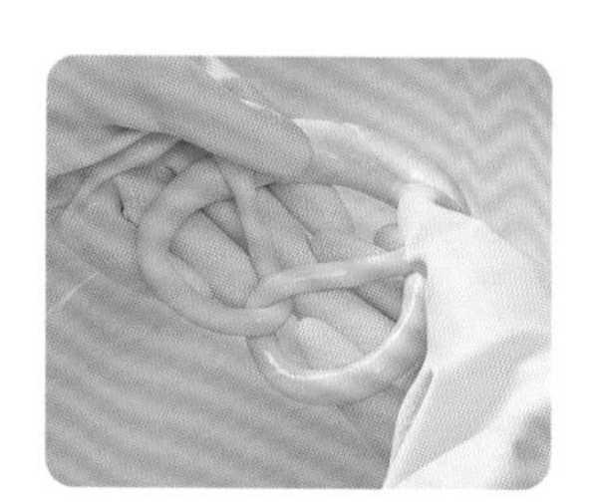

使用时，要注意避免直接用手触摸碱液

第5章 面包的制作方法

制作面包时，都有哪些制作方法呢？= 面包的制作方法

基本的制作方法有直接法和发酵法。

在人类的历史中，从面包出现到现在，有各式各样面包制作的方法。

从以人手揉和材料、直接烘烤面包开始，到利用自然力量的发酵面包诞生，再进化至利用工具，或到使操作更具效率并借由近代化的机器制作面团等，不断地演变至今。随着科学（化学）的进步，再加上研究制作的各种食品添加剂的使用，面包得以大量生产，至此诞生了许多制作方法。

但最基本的揉和面团，利用酵母（面包酵母）使面团发酵、熟成，最后加热制作成“食品”的面包，在制作过程上并没有太大的不同。

目前面包的制作方法以欧洲、美国为主，不断吸收世界各国的方法并使其进一步发展。不仅有传承下来的过去古老的制作方法，还有因面包制作科学的发达而新开发出的制法等，根据各种理论或出于手工制作的考虑，呈现多种方式。

本书无法举出所有方法，因此针对一直以来使用的制法列出两种，作为基本制作方法来说明。这两种方法就是直接法和发酵种法。多数存在的面包制作方法也大多可以分类成这两种。

●直接法

所谓直接法，就是不使用发酵种的制作方法。以搅拌制作面团，让面团直接发酵、熟成制作成面包。（⇒Q147）。

●发酵种法

所谓发酵法，是预先揉和面粉、水等使其发酵、熟成（面种），再连同其他材料一起搅拌做成面团，经发酵、熟成后制作成面包的方法。发酵种也被称为“面种”“种”等，有非常多的种类（⇒Q148，Q150）。

适合小规模面包店的制作方法是什么？= 直接法的特征

完成烘焙的时间比较短，面团的状态也较容易控制的直接法是主流。

直接法在搅拌制作面团后，基本上就是直接进行面团发酵、熟成、完成烘焙。与揉和（搅拌）面粉、水等之后，使其发酵、熟成的面种，再连同其他的材料一起搅拌制作面团的发酵种法不同，搅拌操作只在第一阶段。除了称为直接法之外，也称作“直接揉和面团法”或“直接揉和法”。

19世纪中叶，酵母（面包酵母）开始工业化生产，进入20世纪后质量提升，产量增加。现在日本的小型面包店，也就是所谓从制作面团、烘焙至销售都在店内进行的面包店，以直接法为主。

直接法的优点

① 可以在较短时间内制作，容易呈现材料（素材）的风味。
② 操作步骤简单易懂，至完成烘焙的时间较短。
③ 相较于发酵种法，可经人手直接管理的部分较多，容易控制面包的口感和体积。

直接法的缺点

① 淀粉的老化（β化）比发酵种法快，因此面包变硬得比较快。
② 产生乳酸菌等有机酸的量较发酵种法少，因此面团并没有那么柔软，面团的延展性（易于延展的程度）不佳。因此面团容易受损，不太适合用机器进行分割、整形。
③ 面团容易受环境的影响（温度、湿度、空气的流动等），每个步骤的差异，特别是发酵时间的差异，会直接影响到完成烘焙时面包成品的优劣。

直接法的步骤

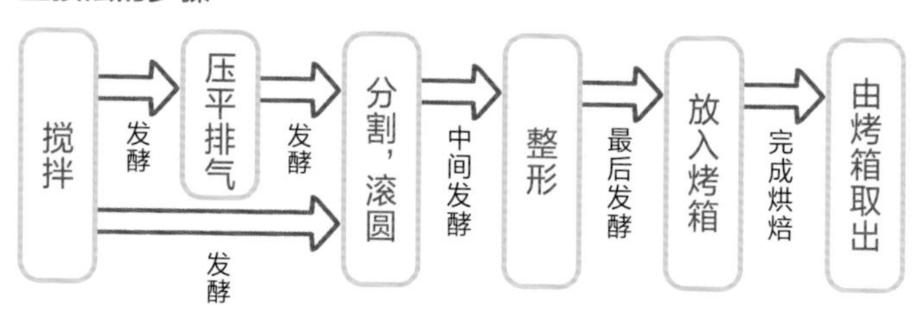

所谓的发酵种法，是什么样的制作方法？
= 发酵种法的特征

预先准备发酵种，与其他材料混合制作的方法。

发酵法是把发酵种（预先使其发酵、熟成的面种）和其他材料搅拌制作面团，进行从发酵至完成烘焙的制作方法的总称。

使用以存在于自然界中的酵母自制的面种（⇒Q155）进行的面包制作，也包含于其中。主要特征如下。

发酵种法的优点

① 制作发酵种时，因发酵时间长，产生乳酸菌等的有机酸数量变多，因此面团的延展性（易于延展的程度）增加，面包的体积就容易变大。
② 制作发酵种时酵母（面包酵母）、乳酸菌等已充分作用，因此面团的发酵稳定，也会对面包的香气和风味有好的影响。
③ 制作发酵种时，充分进行面粉的水合作用，会减少水分的蒸发量。结果就能提高面团的保水率，延缓面包变硬。

发酵种法的缺点

① 发酵种不易管理和保存。
② 必须事先制作好发酵种，无法应对备货量的突然增加。
③ 从发酵种的搅拌至面包完成烘焙为止需要较长的时间。

发酵种法的步骤

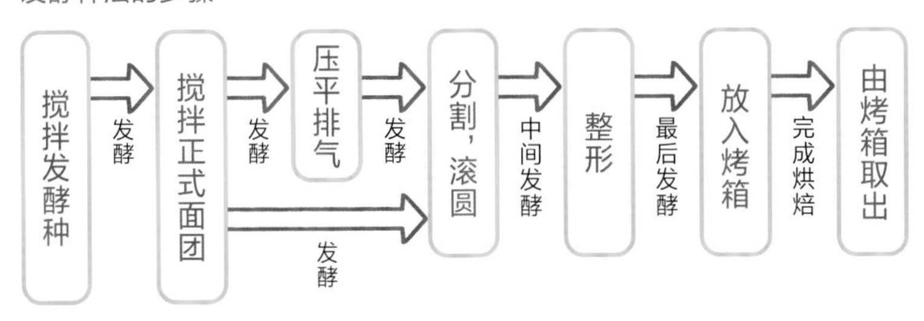

面团与面种有什么不同？
= 面团与面种的区别

面种是让面团膨胀的来源。面团是所有材料搅拌而成的，经过发酵、整形、烘焙而变成面包。

在本书中，面团和面种都是在面包制作时经常出现的名词。以下简单说明其中的不同。

面团与面种的不同

面团	烘烤后会变成面包（混合所有的材料，揉和而成。经过发酵至烘焙的程序成为面包）
面种	主要是将面粉、水和酵母混合揉和，预先使其发酵，使面团膨胀，再加入粉类、水等基本材料以及辅料揉和而成

发酵种之中有什么样的物质呢？
= 发酵种的分类

发酵种有许多种类，可以依使用的酵母、面团的水分量来分类。

世界各地有许多利用自古就存在于自然界的酵母（野生酵母）的酵母种来制作面包的方法。

随着时间的推移，酵母（面包酵母）生产变得稳定，过去依赖直觉的耗时的方法有了改变，开始使用酵母来制作发酵种。法国的鲁邦酵母种或波兰液种等就属于这类。

目前日本，大规模面包店中主要使用的中种酵母（⇒**Q153**），也可说是发酵种的一种。

因为使用酵母，可以稳定简单地制作面包，但自古以来利用存在于自然界的酵母制作面种（自制面种）的方法，也并非完全不被使用。目前，世界各地仍有很多人依传统方法制作传统面包。回归传统，或是希望做出商业酵母所没有的独特风味及酸味的面包时，也会利用自制面种进行面包制作（⇒**Q155**）。

发酵种依其状态，可分为无流动性的发酵种和具流动性的液种（⇒**Q151**，**Q152**）。

发酵种的分类

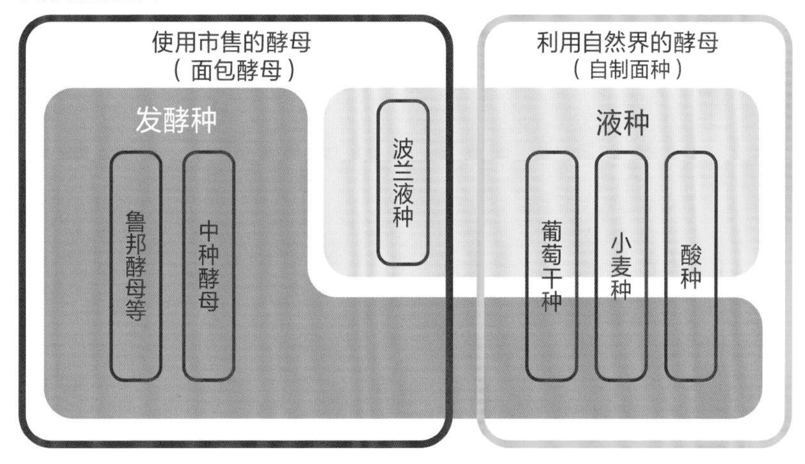

液种适合什么样的面包？
= 液种法的优点及缺点

大多会使用在硬质类面包配方比例的面包上。

所谓液种，就是相对于面粉，水的配方比例较多，具流动性的发酵种的总称。有利用存在于自然界的酵母（野生酵母）的，也有使用市售酵母（面包酵母）的种类的。

本书中说明的是在法国被称为液种（polish）法，以及利用酵母所制作的液种的制作方法。在日本，是硬质类面包配方的制作方法之一。

●液种法

1840年，初次在欧洲出现使用酵母的制作方法。据说发源地在波兰，并在奥地利的维也纳发展起来，之后传到法国。但可以简便又稳定制作面包的直接法成为主流后，它便消失了踪影，如今因为其能制作出具特色的面包，以及制作时间短等优点，再次被重视。

液种法是从面包使用的面粉总量中，取出20%～40%的粉类与等量的水以及适量的酵母混拌成糊状，使其发酵、熟成制作成面种。之后，将完成的面种与剩下的材料混合制作成正式面团。

柔软的面种发酵、熟成较快，约发酵3小时就能使用。如制作时要长时间发酵，可以减少酵母的量，或是添加盐来进行调整（⇒Q81）。可以利用降低发酵温度（冷藏），使其长时间发酵。

液种的优点

① 因含有许多香味成分，能增添面包风味。
② 提升面团的延展性（易于延展的程度），容易烘烤出理想的面包体积。
③ 因乳酸菌等产生的有机酸类使面团的pH降低，能适度地软化，有利于操作。

液种的缺点

① 若没有适当地进行发酵种的温度管理，会导致熟成不足或pH过度下降，使发酵种的酸味增加，面包的风味变差。
② 面包的体积膨胀过度，成品味道容易变淡。

发酵种有什么特征？
= 发酵种的优点和缺点

含有发酵、熟成时生成的香味，因此可以制作具有特色的面包。

相对于具流动性的液态发酵种，固体无流动性的发酵种就称为面种。发酵种中很多都是面种，分为利用存在于自然界的酵母（野生酵母）和使用市售的酵母（面包酵母）制作的两种发酵种，在此说明的是使用酵母的一般性发酵种。

制作发酵种时，大多会用面包配方面粉总量的20%～50%，加入酵母、水、盐一起揉和制作面团，放置12～24小时使其发酵、熟成。加入其余材料再次揉和后，完成正式面团。

发酵种的优点

① 因含有很多经由熟成而产生的香味，能增添面包的风味。
② 面种长时间发酵，使面筋组织的联结更加紧密。并且因有大量乳酸菌等产生的有机酸类，可提高面团的延展性（易于延展的程度），且容易烘烤出理想的面包体积。
③ 有机酸类使面团的pH降低，适度软化后操作性佳。

发酵种的缺点

① 若没有适当进行面种的温度管理，pH会过度下降，造成发酵种的酸味增加，使面包的风味变差。
② 面包的体积膨胀过度，味道容易变淡。

其主要特征如下。

在19世纪的法国和德国，就已有使用酵母的发酵种，但后来伴随直接法面包制作的普及，其使用率就降低了。现今发酵种法和液种法一样，能制作有特色的面包，具有制作时间短等优点，再次被重视与利用。

中种法有什么样的优点？
= 中种法的优点和缺点

中种法比起直接法更能制作出有体积的面包。

中种虽然也是发酵种的一种，但相较于一般的发酵种，中种的粉类用量是总面粉量的50%～100%。以市售的酵母（面包酵母）制作，其使用量也比较多。因为在中种的制作阶段没有添加盐，所以发酵进行较快，二氧化碳的产生量也多，面团会软化，并且面粉的水合作用也能充分进行。与其余的材料混合，强力搅拌后，就能形成具延展性（易于延展的程度）的面筋组织。因此可提高气体保持力，烘焙出具体积的面包。

中种法于16世纪在美国被使用。之后，此技术和工厂设备被传入日本。中种法主要用于量产型的工厂或大规模的面包制作厂商的面包制作中。中种法主要特征如下。

中种法的优点

① 中种发酵的时间会让整体的发酵时间变长，粉类能充分进行水合作用，因此在烘焙时会减少水分蒸发量。结果就是水分含量多，能延缓面包变硬。

② 中种发酵的时间，让整体的发酵时间变长，乳酸菌等产生的有机酸类数量就变多。因此增加了面团的延展性（易于延展的程度），即使以机器搅拌也不容易损伤面团。

③ 相较于直接法，更能承受强力的搅拌。因此，不仅有良好的延展性，同时还能制作出有较大弹性的面团、柔软又体积大的面包。

中种法的缺点

① 中种的使用量较多，因此其状态与面团的完成状态有很大的关系。若没有适当地进行中种的温度管理，就无法顺利进行正式面团的发酵。

② 因为包含制作中种的所有操作，大多都是在1天内进行，所以面包制作所需的时间较长（一般的发酵种法，很多都是发酵种在不同天制作，当天从正式面团搅拌开始）。

天然酵母面包是什么样的成品？
= 用自家培养酵母制作的面包

就是利用存在于自然界的野生酵母所制作的面包。

虽然常会听到天然酵母这个名词，但是酵母是生存在自然界中的微生物，原本就全部是天然的。从天然的酵母（野生酵母）中寻找适合制作面包的酵母，且单纯培养后由工厂生产出来的，就是市售的酵母（面包酵母），原本也是天然的酵母。

一般称为“天然酵母”时，几乎指的都是面包制作者自行培养的酵母，为了与市售的酵母区分而使用这个名称。

本书不使用“天然酵母”，而使用“自家培养酵母”。

天然酵母面包更安全？

现在，在日本销售的所谓的“天然酵母面包”，主要有以下3种。

① 利用存在于自然界的酵母，以历代传承下来的方法制作面种，再使用面种制作的面包。

② 使用市售“天然酵母”的面种（由制造厂商培养）所制作的面包。

③ 合并使用①和②的发酵种，用市售的酵母所制作的面包。

①是古法面包的做法，自带优缺点（⇒Q157）。②是利用市售品，弥补①的缺点。③主要是补充①或②的发酵力，因而添加酵母（面包酵母）。但是，“天然酵母”这样的名词，给予消费者“安全”“安心”“健康”等印象，与用自制面种制作面包原本的目的（花费时间功夫制作面种，可具有用市售酵母制作的面包所没有的独特美味与口感）不同。市售酵母为人工制造、不太健康，这样不正确的观点使面包行业相关人士倍感忧心。

家庭自制面种是什么？= 利用自家培养酵母的发酵种

利用存在于自然界的酵母（野生酵母）起种的自制面种。

所谓自制面种，是在制作发酵种时不使用市售的酵母（面包酵母），而是利用存在于自然界的酵母（野生酵母）所制作的发酵种。自制面种必须利用自然存在于谷类、水果、蔬菜的表面或空气中的酵母、菌类，为了取得制作面包时所需要的发酵力，首先必须增加酵母或菌类数量。

培养酵母时，将酵母附着的材料与水混合，视情况加入作为酵母营养物质的糖类，并维持适当温度。如此以来促进发酵增殖酵母，这个操作称为起种。继续补足添加新的粉类和水揉和，被称为续种，需要重复进行数日至一周，就完成了可用于面包制作的发酵种。

本书中，将这种由制作者自己培养的酵母称为“自家培养酵母”，经过起种、续种后成为可用于面包制作的物质，就称为“自制面种”。另外，像“小麦种”“葡萄干种”的名称，是冠上起种时所使用的食材名称，这些全都是自制面种。用裸麦培养酵母的酸种（⇒Q159）也是自制面种的一种。

想利用水果自制面种时，起种的方法有哪些？= 自制面种的制作方法

利用水果和水混合后的液体发酵进行起种。

制作自制面种时，首先要有能取得酵母来源的材料（谷类、水果、蔬菜等）。以该材料为基础进行起种，以重复续种后培养的酵母（自家培养酵母）为基础制作面种（⇒Q155）。

取得这种自家培养酵母时，所使用的具代表性的食材包括小麦或裸麦等的谷类、葡萄干或苹果等，酵母也能用上述材料之外的多种材料培养出来。有使用这种酵母制作出自己店内独特面包的面包店。

一般起种时若使用谷类，会从揉和谷物的粉和水制作面团开始，若是葡萄干或苹果等材料，就从将材料与水混合后制作的液体开始。

试着以苹果种为例。首先将苹果带皮直接放入食物料理机中，加入5倍左右的水充分搅拌后，覆盖保鲜膜（刺出数个孔洞），在25～28℃的环境中放置60～72小时进行培养。其间，混拌数次使氧气进入，以促进酵母的增殖。过滤后取得培养液，在培养液中加入面粉揉和，使其发酵。以完成的面种为基础，进行数次续种以完成发酵种。

苹果种的培养液制作

将苹果放入食物调理机中，加入水

培养60～72小时。为了促进酵母增殖，过程中进行数次混拌，使氧气进入

产生二氧化碳后过滤

使用自制面种时，制作出的面包有什么样的特征？
= 使用自制面种的面包特征

能做出具独特口感及风味（特别是酸味）的面包，但是难以确保质量的稳定性。

使用自制面种制作的面包，相较于使用市售酵母（面包酵母）制作的面包，除了耗费时间心力之外，并不能保证可以制作出优质的面包。因起种的材料不同而使面包的风味各异，面团状态也有各种情况（容易软化、发酵力弱等），为了控制面种的管理及制作步骤，必须具备经验和技术。

然而，即使知道耗时费力并存在风险，也还是有很多面包制作者着迷于自制面种才有的特征。

另外，因为自然界的各种物体上都附着酵母，所以能挑战以稀有材料制作面种，制作出具特色的产品。但请牢记，既然是食物，请别忘了不仅要稀有，还要“尝起来美味”。

使用自制面种的面包，有下列优缺点。

自制面种的优点

① 具有以市售酵母制作的面包所没有的特有的美味、口感和风味（特别是酸味）。
② 可以制作其他地方没有的独创面包。
③ 享受自己培养酵母的乐趣。

自制面种的缺点

① 很难每次都稳定地制作出质量相同的面包。
② 若无法顺利管理面种（起种、续种、温度管理等），就难以做出美味的面包。
③ 除了有益菌（适合面包制作的酵母或乳酸菌等）之外的菌（杂菌）一旦繁殖，面种就不能使用了（发臭、异常发酵等）。

自制面种中有杂菌时，会呈现什么样的变化？有杂菌的发酵种可以制作面包吗？ = 自制面种混入杂菌

出现腐臭、与平常不一样的颜色或呈丝状时，就不能使用。

即使杂菌进入面种，在重复续种过程中，在酵母或乳酸菌等有益菌作用的环境下，杂菌也无法繁殖。但是，如果续种没有顺利进行，杂菌过度繁殖时，大部分会有腐臭味。另外，颜色会不同于平常，或是有时会呈丝状。用这样的面种制作面包，若是不耐热的杂菌，在面包完成烘焙时就会死亡灭绝，但也不会制作出美味的面包。

若是形成芽孢的霉菌或其他菌种，即使霉菌或其他菌种因高温而死亡，耐热的芽孢也会残留在完成烘焙的面包中。

当感觉到面种的气味或颜色与平常不同，面团的状态与平常不同时，就不能继续使用。

酸种的起种与续种方法。
= 酸种的制作方法

以水混合面粉或裸麦粉揉和起种，续种后使用。

酸种是使用小麦或裸麦作为起种材料的自制面种之一。

用面粉或裸麦粉加水混合揉和的种经发酵、熟成、再次续种（继续添加新的粉和水揉和）并以4～7天进行制作，这样完成的种称为“初种”。接着，以初种为基础完成酸种。在完成之前必须进行几次续种，依其次数，有第1阶段法（续种第1次）、第2阶段法（续种第2次）、第3阶段法（续种第3次）等。以此酸种来制作正式面团，完成面包制作。在重复续种的操作时，种会慢慢蓄积酸，其间经过发酵、熟成所产生的物质（主要是乳酸和醋酸），更是为酸种增添独特的酸味和风味。

另外，酸种大致分为使用裸麦的裸麦酸种，以及使用小麦的白酸种，也各有发酵种和液种。

裸麦酸种和白酸种的区别。
= 酸种的种类

裸麦酸种是裸麦面包的发酵种，白酸种是小麦面包的发酵种。两者的特征都是具有酸味。

酸种有用裸麦粉制作的裸麦酸种，以及用面粉制作的白酸种。裸麦酸种主要用于裸麦面包，白酸种则用于小麦做的面包。

●裸麦酸种

裸麦酸种主要用于制作裸麦配方比例多的面包。裸麦酸种不仅可以增加面包的风味，还具有改善面团体积的作用。

传统制作裸麦面包的地区是以德国、奥地利为代表的欧洲，这些地方虽是寒冷地带，但具有相对稳定培育裸麦作为主食的历史。

●**白酸种**

白酸种也有几个种类，具代表性的有意大利米兰的传统圣诞糕点潘娜朵妮（Panettone），诞生在美国旧金山，外观近似法式面包的旧金山酸面包等。

与用裸麦制作面包的情况不同，以小麦制作面包时，酸种本来就非必需品。但是，可以做出独特的酸味及风味，且面包的保存时间较长，因此会使用传统的面包制法。这些酸种不但会因为当地的空气、水、小麦等而有所不同，也会因气候等因素而产生差异，这种差异能制作出独具特征的面包。

裸麦面包中为什么要添加裸麦酸种呢？
= 裸麦酸种的作用

因为要制作出能保持二氧化碳的膨胀体积，同时又具独特口感和风味的裸麦面包。

小麦中含有成为面筋来源的醇溶蛋白和麦谷蛋白两种蛋白质，但是裸麦的蛋白质里醇溶蛋白较多，几乎不含麦谷蛋白。因此，以裸麦粉制作面团时，与使用小麦粉制作面团不同，无法产生面筋，所以很难制成膨胀至理想体积的面包。

实际上试着在裸麦粉中加水揉和，做出的是没有弹力、黏性强、黏糊糊的面团。

裸麦粉面团黏稠的主要原因

① 醇溶蛋白和水结合后黏性会变强。
② 裸麦里含有和醇溶蛋白相似，能产生黏性的蛋白质，称为黑麦醇溶蛋白（谷醇溶蛋白的一种），和醇溶蛋白一样会产生黏性。
③ 裸麦中含有称为戊聚糖的高水合多糖，与水结合后黏性增强。

大家或许会觉得黏性太强，无法产生面筋，因而产生无法膨胀的想法，但实际上还是会有略微的膨胀。

这样的裸麦面团若添加裸麦酸种会如何呢？除了酵母之外，它与附着在裸麦上的乳酸菌的作用有很大的关系。

裸麦粉加水进行起种时，乳酸发酵会活跃地进行，在反复进行续种时，乳酸菌、酵母的数量会增加。刚开始时，乳酸菌以外的菌种占了优势，但随着乳酸发酵的进行，乳酸菌也会增加，借由生成的乳酸使面团的pH下降，酸性也会变强。

在此时，游离氨基酸增加，酵母的增殖变活跃，各式菌种与酵素的活动相互影响，4～7天后，裸麦酸种就完成了。最后pH会降低到4.5～5.0，裸麦的醇溶蛋白黏性被抑制，产生微量的气体。

因此，若配方比例用能充分累积酸性的裸麦酸种来制作面团，酸会对面团产生作用。因为没有面筋组织连接，面团会变得脆弱，成为膨胀少且扎实的柔软内侧，它使面包成为具有独特且良好口感的面包。

其风味也很独特，乳酸或醋酸等呈现有机酸的风味，游离氨基酸呈现焦香的美味。

什么是老面？
＝何谓老面

在日本，指的是使用酵母长时间发酵的面种，或是保留之前制作的部分面团，再使其长时间发酵的面团。

所谓老面，原本在中国指的是用于馒头或点心等的发酵面团（种）。保留部分面团，作为下次制作面团的发酵种来使用的“剩余面团”，因此并非市售商品，而是各餐厅或店家留传下来的。

在日本，面包制作的老面如使用酵母（面包酵母）制作法式硬质类面包时，取下部分发酵面团保留下来，通过低温或冷藏长时间发酵的面团。

在制作正式面团时，会使用10%～20%。加入长时间发酵的面团，虽然能缩短正式面团的发酵时间，改善面包风味，但是相对地，必须注意面团的粘黏和坍垮等状况。

现在使用老面这个称呼的人越来越少，较多使用“剩余种”或“剩余面团”等词语。

为什么要冷冻面团呢？要怎么样才能巧妙地冷冻面团呢？= 适合面团的冷冻方法

利用冷冻保存，不但方便，还能用于现烤的面包。以 −40 ~ −30℃急速冷冻，并保存于 −20℃的温度下。

面包店为了提供每天现烤的面包，要从深夜或清晨开始制作面包，才能在早上将面包陈列于店面。现烤的面包散发香气，看起来也非常吸引人，可以提高客人的购买欲，但是会坚持现烤，并非只有上述的理由。

面包完成烘焙后经过一段时间，香脆的表层外皮会因吸收湿气而变软，而柔软内侧会因为淀粉的老化（β化）变硬（⇒Q38）、变干燥，降低美味，这也是理由之一。但要提供现烤的面包，需要非常大的工作量。

减少工作量的方法之一，就是“冷冻”。面包店为了能提供相同质量的现烤面包，不断进行冷冻面团的研究。

在此提到的“冷冻面团”，并非以家用冷冻室冷冻的面团。家用冰箱的冷冻室温度适合维持市售的冷冻食品等，保持已经冻结的商品质量，但无法急速冷冻常温食品的内部。以家用冰箱的冷冻室冻结常温食品时，食品的冷冻是缓慢结冻，在组织中冰的结晶会变大，损伤细胞，这是导致面包质量下降的主要原因。

面包面团中面筋薄膜会因为冰的结晶而受损，解冻后面团会坍垮，面包的膨胀也会变差。而且对酵母（面包酵母）而言，也会阻碍其发酵。因此，不建议在家冷冻面包面团。

工厂所生产的冷冻面包面团，因为是在−40 ~ −30℃的温度进行急速冷冻，因此冰的结晶会以细小状态分散在面包面团中。小的结晶不容易损伤酵母的细胞，能抑制对酵母的损伤，防止面包面团的质量下降。急速冷冻后，若持续此温度保存，明显地会阻碍酵母活性，因此以−20℃保存（⇒Q166）。

目前，冷冻面团的需求日益增加，人们也正在深入研究相关技术，以提高冷冻面团的面包制作性。

急速冷冻与缓慢冷冻

水慢慢结冻就会变成大的结晶，这就称为“缓慢结冻”。把水倒入瓶中冻结时，瓶子会膨胀就是这个原因，特别是温度下降时，若保持在-5～-1℃的温度越久，冰的结晶会越大。这个温度带被称为最大冰晶产生温度带。缓慢结冻时，食品细胞内外的水分会形成大的结晶，损伤细胞或食品的组织。在解冻食品时，从受损的细胞流出的水分会成为水滴，无法保持住水分的食品，就会品质劣化。

另外，因为“急速冷冻”是短时间进入最大冰晶产生温度带，所以冰的结晶细小而分散，不易损伤细胞，容易保持结冻前的质量。

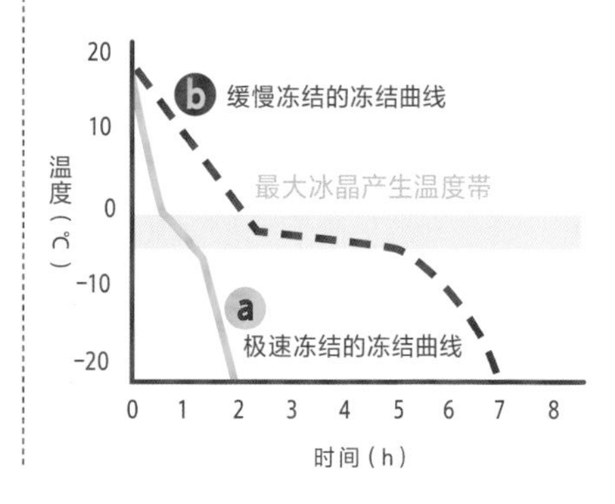

面包店要如何活用冷冻面团呢？
= 冷冻面团的优点

利用其方便、省时省力等优点来活用冷冻面团。

具有中央工厂的大规模面包店提供给店铺的各种冷冻面团，由工厂生产、适当地冻结保存，再由物流配送到各个店铺。因为是以冷冻的状态保存，所以需要进行解冻再烘焙。这样既能保持相同的质量，又能有充足的商品储存在店内。

这样做的好处是可以减少所使用的设备和空间，减少成本，技术人员也不需要太多，也能缩短劳动时间，更具效率。

另外，小规模面包店为了保证商品的数量，也有很多会活用冷冻面团，既可以在店内制作面包面团，短时间冷冻保存，也可以向工厂采购冷冻面团。

冷冻面团有哪些种类呢？
= 冷冻面团的种类

冷冻面团种类繁多，可以配合各店不同用途来选择。

目前，面包制造业界所使用的冷冻面团产品，大致可分为下列3种类。

① 搅拌后冷冻的产品。

- 将面团分割为大块后冷冻（解冻后，分割、滚圆至烘焙完成）
- 将面团分割为产品的大小（重量），滚圆后冷冻（解冻后，整形至烘焙完成）
- 如可颂或丹麦面包般折叠的面团，呈片状冷冻（解冻后，切分、整形至烘焙完成）

② 成形后冷冻的产品。

③ 最后发酵后冷冻的产品。

冷冻面团基本上是解冻后使用，但最后发酵完成再冷冻的产品，也有可以直接以冷冻状态烘烤的产品。

为什么一旦冷冻面团，面包的制作性就会变差？

在结冻保存时，酵母产生二氧化碳的能力下降，使面团的气体保持力变弱。

冷冻面团的面包制作性变差，是面团组织因冷冻受到损伤，发酵所需要的酵母（面包酵母）发生冷冻（结冻）障碍。因此，酵母产生二氧化碳的能力、面团的气体保持力变差。

●面团组织的冷冻障碍

面团组织所受到的冻结损伤如下。

因冰的结晶增大，面筋薄膜受到损伤

食品一旦结冻，在细胞内外的水分就变成冰的结晶，其体积会增大，食品的细胞或组织受损。特别是面包面团，因结晶的增大而使面筋薄膜受损，解冻后面团坍垮，使得发酵、烘焙时膨胀变差。

相较于未发酵的面团，这个情况在冻结发酵后的面团中会更加明显。那是因为面筋薄膜因发酵延展呈薄层状扩散，容易受到冰结晶的损伤。

蛋白质的变性

冻结使蛋白质立体构造产生变化而导致性质改变（变性）。鱼或肉冷冻时，部分表面会成为海绵状，与冻结损伤相同，面包面团也多少会发生这种情况。面筋组织本身是蛋白质，不仅会因冰的结晶增大而受损，面筋的筋性本身也会因变性而降低。

因为冰的结晶增大，面团中的水分会流失

面团中含有溶于水并存在于面团内的成分，但是因为冻结使水分变成冰的大结晶，面团的组织受损。在解冻面团时冰会变成水流出来，因此冷冻前与解冻后面团中的水分分布状态也会有变化。

因冷冻使面团中的谷胱甘肽流出而产生的影响

因冻结使酵母的细胞受损，会流出原本在酵母细胞内的还原型谷胱甘肽。谷胱甘肽会切断面筋组织的连接（S–S结合），因此面团会坍塌且气体的保持力变弱（⇒Q68）。

●酵母的冷冻障碍

使用冷冻酵母完成发酵的面团，在制作成面团时会有明显的酵母冷冻障碍。

酵母若是处于休眠状态，会有高冷冻耐性。但是，酵母在发酵开始后立即进行代谢活动，当细胞处于活性化状态时，就容易受到冷冻障碍的影响。

所以，在面团冻结前必须抑制并尽可能避免酵母的活性化。但若抑制酵母的发酵，会同时导致面团熟成不足，出现面团风味变差的问题。

因此，需要不断持续研究、开发，提高面团发酵后的冷冻耐性，并使其产品化。

在材料上多下功夫，是否能防止冷冻面团受冷冻障碍的影响呢？
= 防止冷冻面团受冷冻障碍的配方比例

选择具有冷冻耐性的酵母和面粉，或使用砂糖，虽然有效，但一般还是会使用添加物。

冷冻面团中，除了使用具冷冻耐性的酵母之外，还会使用蛋白质含量多、受损淀粉（⇒Q37）少的冷冻面团用面粉。

此外，辅料中使用砂糖，也可以让面团状态变好。因冷冻障碍也和水分有关。例如，面团因冷冻而脱水，面团中的水分分布就会产生变化。但借由砂糖的吸湿性和保水性（⇒Q100、Q101），可以改善与水分相关的这些影响。

一般而言，会借由添加物（⇒Q139～Q142）来调整面团的物理性质和进行品质改良。添加物有多种，其效果也各不相同，目前研究人员也在持续研究、开发并推出新的产品。

第6章 面包的教程

用教程说明

构造的变化

面包的制作方法，是以力施于面团，使其紧实收缩的操作（搅拌、压平排气、滚圆、整形）和静置面团的操作（发酵、中间发酵、最后发酵）相互交替进行，也可以说是重复“紧实”和“松弛”的操作。

例如，在滚圆操作中施加压力，可以使面筋的构造变得紧密。像这样面筋一旦“紧实”，就能强化面团的黏弹性（黏性和弹性）以及抗张性（拉扯张力的强度）。在接下来的中间发酵，放置、静置面团，松弛面筋，使面团恢复延展性（易于延展的程度）。如此一来，之后的整形操作，即使再次施以物理压力，面团也可以柔软地被延展。请注意，仅仅因为面筋在静置时松弛，并不意味着面团的黏弹性和拉伸强度会恢复到滚圆过程之前的状态。总之，就是为了能更容易进行下一个整形操作，松弛缓和面筋的“紧实张力”。

像这样在面包制作过程中，借由进行“紧实”“松弛”的交替操作，缓慢地使面团发生变化，具黏弹性、抗张性、延展性等，取得平衡状态，一步步地接近完成具有体积面包的制作。在最后的烘烤时，完成烘焙弹性极佳的成品，都是在每一个步骤中经常确认面团状态，同时控制好“紧实”和“松弛”，才能得到的成果。

那么，在各项操作过程中是如何进行的呢？当时面团会产生何种构造变化呢？让我们依序说明吧。

搅拌

第1阶段〈混合材料〉

材料水合，活化酵母，仍是黏糊糊的状态

操作与面团的状态

混合面粉、酵母（面包酵母）、盐、水等材料。面团的状态仍是黏糊糊的，几乎没有连接。

从科学角度来看面团的变化

水分散在整个面团中，容易溶于水的成分产生水合。酵母吸收水分，开始活性化。

第2阶段〈揉和面团〉

形成面筋，产生黏性

步骤和面团的状态

将混拌后的面团放在工作台上揉和。刚开始时材料尚未均匀混拌，因此面团容易被撕开。此外，水尚未完全融入，面团表面呈现黏性。揉和过程中，面团均匀而柔软，一旦继续揉和，就会增加黏性并产生弹性。

从科学角度来看面团的变化

面粉中含有的蛋白质，有醇溶蛋白和麦谷蛋白两种，借由揉和这样的物理性刺激，使其变化成具有黏性和弹性的面筋组织。此外，盐也具有强化面筋组织的作用。

第3阶段1〈再次揉和面团〉

面筋组织形成薄膜，产生弹力和光泽

步骤和面团的状态

在工作台上敲打面团的同时进行揉和，如此就能增加弹性，使表面的粘黏感消失，变得有光泽。

从科学角度来看面团的变化

借由揉和，重复使面团成为易断裂（面筋构造瞬时崩坏）和可连接（面筋组织恢复相互连接）的状态，因为这样的过程使面筋组织被强化而增加弹性。面筋组织是网状结构，一旦揉和就会延展。这样重复操作会产生层次，面筋会包覆淀粉形成薄膜。

第3阶段2〈混合黄油〉 ※不使用黄油的面团不需要这个操作

黄油沿着面筋薄膜被推开，面团变得光滑

步骤和面团的状态

使用黄油时，会在这个阶段混入。最初面团具有弹性不易融入，但轻轻地拉扯面团可增加其表面积，切成小块的黄油被混拌至其中时，黄油和面团接触的面积会随之增加，使黄油

易于融入。揉和完成时，面团会变得光滑并呈现光泽。

从科学角度来看面团的变化

至此为止，揉和的面团弹性变强，虽然黄油不易融入，但面筋组织已经完全成为具层次的状态，将黄油混入其中，不但不会妨碍面筋组织的形成，还能借由油脂带给面团更好的延展性和光滑感。

黄油具有可塑性，一旦面团被按压后，就会像黏土般改变形状成为薄膜状，沿着面筋组织的薄膜（或是淀粉粒子）延展分散。以此状态，面团被拉开延展时，呈现薄膜状的黄油会与被拉开延展的面筋组织往同一方向延展。再者，黄油具有防止面筋组织间粘黏以及润滑的作用。因此，面团呈现的延展性（易于延展的程度），会比添加油脂前更好。

第4阶段〈擀压面团确认状态〉

面筋组织的网状结构变得细密，具弹性的膜状被薄薄地延展

步骤和面团的状态

感觉到面团充分产生弹性后，取一小部分面团，用指尖推开延展，确认面团状态。如此一来，具弹性的薄膜会薄薄地延展。加入黄油时，可以更薄地被延展开来。

从科学角度来看面团的变化

面筋组织被强化后，网状构造变得细密的面团是可以拉扯延展的。添加了黄油的面团，黄油会在面筋薄膜间产生润滑油的作用，因此面团可以更加光滑且轻薄地被延展。

第5阶段〈表面紧实后再放入发酵容器内〉

借由拉提紧实以强化表面的面筋组织

步骤和面团的状态

揉和完成后，整理面团，光滑面朝上放入发酵容器内。

从科学角度来看面团的变化

若面团表面紧实，那么就是该部分的面筋组织可被强化呈现紧绷状态。接着在下个步骤就能保持住发酵操作中产生的二氧化碳，成为不坍塌的膨胀面团。

发酵

第1阶段〈发酵前期〉

借由酒精发酵，面团开始膨胀

步骤和面团的状态

放入发酵容器的面团，放进25～30℃的发酵器内使其发酵。

● **从科学角度来看面团的变化**
借由酵母的酒精发酵，产生二氧化碳和酒精。面团中会产生无数的二氧化碳气泡，当气泡变大时，会推开周围的面团，使面团膨胀起来。

第2阶段1 〈发酵中期〉

借由有机酸及酒精，软化面团使其放松，削弱弹性

● **步骤和面团的状态**
随着发酵的推进，面团膨胀起来，适度保持张力，同时减弱弹性，使面团柔软松弛。

● **从科学角度来看面团的变化**
面团中的乳酸菌和醋酸菌进行乳酸发酵和醋酸发酵，产生有机酸（乳酸、醋酸等），酵母发酵产生的酒精能软化面筋组织，使面团松弛。

第2阶段2 〈发酵中期〉

同时促进面筋组织的形成和软化，增加体积

● **步骤和面团的状态**
面团可以更加柔软地延展，变大膨胀。

● **从科学角度来看面团的变化**
面团中的二氧化碳对面筋组织而言，虽然微弱但仍是刺激，自然也能形成面筋组织。与之相反，因有机酸和酒精的作用，也同时能软化面筋组织，因此产生了面团的延展性（易于延展的程度）。

第3阶段 〈发酵后期〉

酒精与有机酸形成芳香气味，能促进面团的熟成

● **步骤和面团的状态**
发酵时间变长，就能产生香气和风味。

● **从科学角度来看面团的变化**
酵母产生的酒精、细菌或酵母产生的有机酸等，也是面包香气及风味的来源。这些成分生成得越多，越能添加风味和香气。

第4阶段 〈确认发酵状态〉

能保持强化与软化面筋组织的平衡，使其达到膨胀的顶峰

● **步骤和面团的状态**
轻轻按压充分膨胀的面团时，以会残留痕迹的程度为宜。

● 从科学角度来看面团的变化

借由面团中被强化的面筋组织所产生的弹力，以及因有机酸和酒精所产生的软化作用，取得二者之间的平衡，成为在松弛的同时又能保持膨胀的状态。

压平排气

第1阶段〈按压面团排出气体〉

排出气体，使面团内的气泡细小地分散。活性化酵母，强化面筋组织

● 步骤和面团的状态

发酵顶峰时，由发酵容器内取出面团，用手掌按压、折叠，以排出内部的气体。如此一来，从发酵而膨胀松弛的面团中排出二氧化碳后，面团会紧缩结实。

● 从科学角度来看面团的变化

借由压平排气来破坏面团中二氧化碳的大气泡，也使小气泡得以分散在面团中。经由这个操作，就能使完成烘焙的柔软内侧纹理更加细致。

此外，酵母（面包酵母）发酵时自体产生的酒精，会让面团中的酒精浓度变高，致使活性变低，但借由排出二氧化碳的操作，使得酒精一起排出，又同时混入氧气，再度刺激使其活性化。因此，借由按压这样强烈的刺激，以强化面团中的面筋组织。

第2阶段〈紧实表面后放入发酵容器内〉

强化了面团表面的面筋组织

● 步骤和面团的状态

整理面团、紧实表面后，放入发酵容器内。面团表面光滑且呈现紧实的状态。

● 从科学角度来看面团的变化

表面紧实，特别是能强化该部分的面筋组织。

第3阶段〈使其再度发酵〉

因酒精发酵而使面团膨胀

● 步骤和面团的状态

放入25～30℃的发酵器内使其发酵。面团再次膨胀，当这个膨胀达到顶峰时，确认发酵状态。试着轻轻按压时，会留下痕迹的松弛程度即可。

● 从科学角度来看面团的变化

酵母进行酒精发酵后，产生二氧化碳，面筋组织被强化后的面团接受了这些气体，就能够在面团内保持膨胀状态。

分割

〈分切面团〉

切口被按压，打乱面筋组织的排序

●步骤和面团的状态

将面团分切成想制作的面包分量。此时，为避免损伤面团，使用刮板按压分切。即使是漂亮地进行分切，切口处的面团也会因被按压而略有拉扯，呈现粘黏的状态。

●从科学角度来看面团的变化

切口的淀粉因为被拉扯、切断而呈现排序紊乱的状态。

滚圆

〈切口揉向内部并滚圆〉

表面的面筋组织被强化，渐次重整内部面筋组织排序

●步骤和面团的状态

面团切口揉和至内部，一边使面团表面紧实，一边进行滚圆。完成滚圆后的面团光滑且呈现弹力与张力。

●从科学角度来看面团的变化

分割使得面团切口的面筋组织排序紊乱，但切口一旦被揉和至面团内部，随着时间的推移，会自然地重整排序。此外，经由滚圆这个物理性刺激，面团表面的面筋组织被强化。

中间发酵

〈在室温下静置面团〉

表面的面筋组织被强化，渐次重整内部面筋组织排序

●步骤和面团的状态

滚圆的面团略加静置（小面包是10～15分钟，大面包是20～30分钟）时，面团会膨胀至大一圈，滚圆成球状的面团会因松弛而略微变平一些。

●从科学角度来看面团的变化

酵母的酒精发酵生产的气体虽少，但会持续产生，面团会略膨胀。同时，利用乳酸等产生

的有机酸和酵母的酒精发酵，借由产生的酒精软化面筋组织使面团松弛。此外，面筋组织的网状构造被打乱的部分，会自然地重整排序配置。

根据这样的变化，即使施以擀压等外力，面团也不容易收缩，成为容易整形的面团。

整形

〈做出成品的形状〉

整形后，呈光滑紧实的状态，可以强化表面的面筋组织

●步骤和面团的状态

利用擀压、折叠、包卷、滚圆等操作制作出圆形、棒状等形状，使面团表面紧实，做出成品的形状。

●从科学角度来看面团的变化

紧实面团表面，强化面筋组织，形成紧实的状态。因此在下一个步骤最后发酵时，得以保持住面团内产生的二氧化碳，维持膨胀，不会塌软并保有形状及弹性。

最后发酵

第1阶段〈最后发酵前期〉

伴随酒精发酵的活化，面团开始膨胀

●步骤和面团的状态

放入30～38℃的发酵容器内使其发酵，在较高的温度下使其发酵，让面团更加膨胀。

●从科学角度来看面团的变化

在最后发酵时，以比搅拌后发酵更高的温度来进行。如此面团内的温度可以接近酵母（面包酵母）最活跃的40℃，酒精发酵活跃并产生二氧化碳，面团因而被推开延展。

第2阶段〈最后发酵中期〉

有机酸和酒精使面团软化，面团松弛且能保持形状及弹力

●步骤和面团的状态

发酵温度高，变大膨胀后面团因而被延展。

●从科学角度来看面团的变化

酵母或酵素在高温下活跃地产生较大量有机酸和酒精，使面团软化。如此就增加了面团的延展性（易于延展的程度），配合二氧化碳的增加，使得面团变得更加柔软膨胀。

第3阶段〈最后发酵后期〉

有机酸和酒精作为芳香成分，能促进面团的熟成

●步骤和面团的状态

使面团的香气和风味更加丰富。

●从科学角度来看面团的变化

因乳酸菌和醋酸菌而产生的有机酸和因酵母而生成的酒精和有机酸，不仅可以软化面团，还是面包香气及风味的来源。

第4阶段〈确认发酵状态〉

使面团适度松弛，膨胀达到顶峰前的状态

●步骤和面团的状态

最后发酵，是在膨胀达到顶峰前，在面团仍较紧实的状态下完成的。用指腹轻轻按压，仍可以感觉到微微隐约的弹性。

●从科学角度来看面团的变化

接下来的步骤是烘焙完成前期，酵母的酒精发酵最为活跃，会产生大量二氧化碳，因此最后发酵在膨胀达到顶峰前即完成，可以让面团略呈紧绷的状态，保持膨胀不塌软的状态。

烘焙完成

第1阶段〈烘焙完成前期〉

酒精发酵活跃地进行，面团膨胀变大

●步骤和面团的状态

用180～240℃烘焙，放入烤箱后面团会膨胀变大。

●从科学角度来看面团的变化

在这个阶段中，酵母的酒精发酵蓬勃地进行，二氧化碳产生量增加，面团因而膨胀。内部温度达55～60℃时，高温使酵母死亡，因酒精发酵的面团的膨胀也几乎停止。

第2阶段〈烘焙完成中期〉

有机酸和酒精使面团软化，面团松弛且能保持形状及弹性

●步骤和面团的状态

面团持续更加膨胀，待面筋组织热凝固后就停止膨胀。

●从科学角度来看面团的变化

酵母死亡后，高温引起二氧化碳的膨胀、酒精的汽化以及接下来的水分汽化。借由这些，

面团更加膨胀。

面筋组织在75℃左右就会完全凝固，淀粉在85℃时会完成糊化（α化）。之后，糊化淀粉中水分蒸发掉，就变成海绵状的柔软内侧了（⇒p.288）。

第3阶段〈烘焙完成后期〉

表层外皮完成后，呈现烘烤色泽，散发美味焦香气息

步骤和面团的状态

开始呈现茶色的烘烤色泽，散发美味焦香。

从科学角度来看面团的变化

面团中一旦水分蒸发后减少，表面干燥温度会随之升高。表面温度升至140℃前后，表层外皮开始呈色，从160℃开始充分呈色，散发美味焦香。表面温度上升至180℃为止，表层外皮就此完成。

柔软内侧的形成

40℃～	酵母（面包酵母）的酒精发酵在40℃最为活跃，二氧化碳生成量也会变多
50℃～	酵母的活动会持续至50℃左右，持续生成二氧化碳，55～60℃死亡，至此借由面团发酵而膨胀 二氧化碳的热膨胀、溶入酒精和面团中水分内的二氧化碳汽化，接着是水分汽化，所以经由这些增加体积，使得面团膨胀 因酵素分解淀粉的作用而开始分解受损淀粉。此外，酵素分解蛋白质的作用，软化了面筋组织。因为这些变化，温度达50℃左右时，面团变得更容易产生烘焙弹性
60℃～	面筋组织的蛋白质因热而开始凝固，保持于其中的水分开始分离 淀粉的细密构造因高温而损坏，吸收蛋白质中分离的水分或面团中的水分，开始糊化
75℃～	面筋组织的蛋白质热变性后完全凝固，因而面筋组织的薄膜变硬，面团的膨胀也变得较为和缓
85℃～	淀粉糊化完成，制作出面包蓬松柔软的口感
即将达100℃	借由糊化淀粉中蒸发掉的水分，与蛋白质的热变性交互作用，变化成半固态构造，形成面包的质地

表层外皮的形成

烘焙前期	烤箱中充满水分，这些凝聚在面团表面，成为覆盖的水蒸气薄膜的状态。这期间不会呈现烘烤色泽，表层外皮也尚未形成
烘焙中期	借由烤箱的热度，使面团表面干燥，开始形成表层外皮
烘焙后期	蛋白质和氨基酸与还原糖因高温加热产生美拉德反应，140℃左右表层外皮开始呈色，160℃时已充分呈色。随着温度再升高，糖聚合引起反应，糖类也会呈色并产生焦糖般的香气。面团表面温度升高至180℃，表层外皮成形

准备工作

面包制作的准备

在糕点制作时常提到“秤和其他工具要在开始操作前就完全备齐”，面包制作也一样。没有准备就无法开始制作，绝非言过其实。

面包制作从准备阶段就已经开始了。

●测量

在面包制作的过程中，最重要的步骤是测量。材料的测量在开始面包制作之前必须全部完成。为了能正确地制作面包，包含液体的全部材料都要测量重量（⇒Q170）。

●水温的调节

制作面包时，必须注意的是揉和完成的面团的温度（揉和完成温度），依面包的种类而决定适当的温度。揉和至面团中的酵母（面包酵母）在面包烘焙过程中会持续地发挥作用，因而营养、水分以及适当的温度都是必要的（⇒Q172）。

●油脂温度的调节

黄油、人造黄油、酥油等大部分的油脂都置于冷藏室等低温处保存。制作面团时，油脂的温度较低，呈坚硬状态会不容易混拌，可能无法做出质地均匀的面团。为防止产生这样的状况，要预先从冷藏室取出油脂，调节成易于混拌的硬度非常重要。

使用刚从冷藏室取出的冰冷油脂，为了使油脂能易于混拌至面团中，可以先用擀面杖等敲打，使其更易软化。

●奶粉的准备

奶粉一旦与空气有接触，吸收了湿气就容易结块，无法在面团中顺利地分散开，残留下硬块。所以测量后立即与配方的粉类或细砂糖混拌，或是为了避免结块立即包覆上保鲜膜。

奶粉中若混入上白糖等，也容易变得结块，此时就要避免先混合。若奶粉结块，可以在搅拌时用部分配方用水溶化后使用。

奶粉混拌至细砂糖中（左）、混拌至上白糖中结块的状况（右）

●烤盘与模具的准备

使用烤盘或吐司模具等烘焙工具时，必须要在面团整形前预备好。预先刷涂油脂（酥油或脱模油等）备用（⇒**Q181**）。

酥油

使用毛刷等均匀地涂抹

脱模油

烤盘或烘焙模具的专用油脂。有固态和液态之分，液态还可以填充在喷雾瓶中

面包制作需要在什么样的环境下进行？= 面包制作时最合适的温度和湿度

操作时室温 25℃，湿度在 50% ~ 70% 即可。

利用本身就是微生物的酵母（面包酵母）制成的面包，环境（主要是温度和湿度）会对成品有很大的影响，因此特别是发酵中温度及湿度的管理非常重要。话虽如此，实际上大多的发酵器具有调节温度及湿度的功能，因此控制也并不困难。

另外，搅拌、分割、滚圆、整形的操作多是在室温下进行，实际上此时的温度（室温）与湿度都必须注意。

在搅拌时室温是影响面团揉和完成后温度的重要因素，在分割、滚圆、整形时，也关系到面团温度的降低或上升。

湿度若过高，则搅拌时面团会粘黏，导致揉和时温度变高。在分割、滚圆、整形时，湿度过低会导致面团干燥。此外，对面包制作者而言，操作场所的环境也很重要。

那么，到底什么样的温度、湿度最适合面包制作呢？在温度为25℃、湿度为50% ~ 70%时，可以顺利进行。

话虽如此，但依地区或季节等，有些时候真的难以达到这样的标准。此时，分割、滚圆以及整形迅速地进行就能减少面团温度的变化。另外，为防止面团过度干燥，也要避免直接受风，多下点儿功夫覆盖上塑料袋或保鲜袋就能解决。

所谓的烘焙比例是什么？= 烘焙的比例

面包的配方。

所谓烘焙比例，是面包配方非常方便的标记法之一，以粉类用量为基准，表示出各材料配方的比例。相对于全体用量为100的比例标示，烘焙比例是以粉类合计用量为100，其他材料相对于粉类的百分比。

这样独特的标示方法是以面包制作时使用量最大且不可或缺的粉类为基准，只要用简单的乘法计算，就能算出所有材料的用量，十分合理。

面包店每天可能会有不同的面团备用量，也会有以当日想要制作的面包个数，反推计算材料的预备用量。此外，一旦习惯面包制作后，只要看到烘焙比例中标示的各项材料比例，就能看出面包的柔软度、入口即化的程度，以及可以保存的天数等特征。

①用面粉 2000g 预备面团时

高筋面粉和低筋面粉合计2000g时，套用烘焙比例来看，就是高筋面粉1800g、低筋面粉200g。其余的材料分量，以粉类总量的2000g乘上烘焙比例计算出来。

②用 40g 分割制作 95 个面包时

面团总重量是40g × 95个=3800g，这样烘焙比例的合计约是190%。由此，使用烘焙比例计算各项材料的必需用量。

材料	烘焙比例（%）	分量（g）
高筋面粉	90	1800
低筋面粉	10	200
砂糖	8	160
盐	2	40
脱脂奶粉	2	40
奶油	10	200
鸡蛋	10	200
新鲜酵母	3	60
水	55	1100
合计	190	3800

但实际制作面包时，会因面团发酵使得重量减少（发酵耗损），或操作时产生耗损等，面团总重量需依实际情况调整。

测量时需要什么样的测量器材（秤）呢？
= 制作面包时的量秤操作

能正确秤重，精确到 0.1g 的秤最方便。

材料的测量对面包制作而言非常重要。若没有正确地测量，就无法制作面包。液体可以用mL来测量，但大多数时候，所有的材料（包括液体）都是用g或是kg来计量。

机械秤

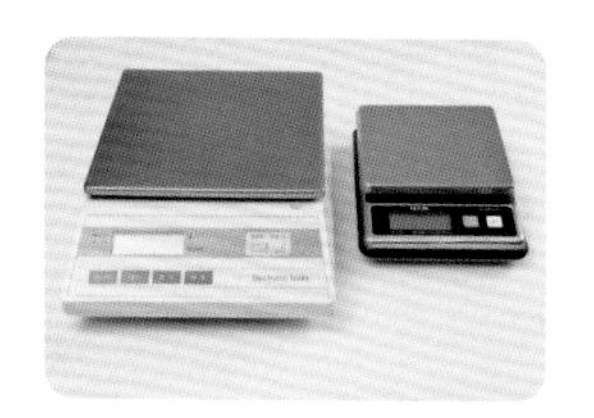

电子秤，也有可以测量到 0.1g 的类型

天平，测量时左边设定砝码，右边盘皿上摆放面团

材料计量时使用的秤，虽然用最小单位0.1g的秤会非常方便，但若粉类使用在1kg以上，使用最小单位是1g的秤就足够了。

配方用水、调整用水是什么呢？
= 面包制作时的水分

配方用水是配方标示的水分，调整用水是将配方用水取出部分。

所谓的配方用水，指的是在制作面团时使用的水（配方表中的水）。调整用水，则是用于调节面团软硬度的水分，在面团制作时，由配方用水中先取出部分备用的水分。即便使用的是相同的粉类，也会因天气、季节、温度、湿度、粉类干燥程度等，造成吸水量的变化。因此，为了烘焙出质量稳定的面包，有必要调节面团的软硬度。

若在最初搅拌时就放入所有的配方用水，待发现面团过于柔软时，就无法补救了。所以会边确认面团状态，边加入调整用水。另外，有时也会有调整用水不需全部添加，或不足需要追加的状况。

配方用水的温度多少才合适？要如何决定呢？
= 配方用水的温度算式

可以用计算得出适当水温。

配方用水的水温调节，是以接近揉和完成的面团温度为目标的数值（⇒Q192，Q193）。面团揉和完成的温度，对发酵有极大的影响，接近目标数值非常必要。所以在搅拌前，要先决定配方用水的水温。基本上会以下列的算式来计算出水温。

①

揉和完成的面团温度

=（配方用水的温度+粉类温度+室温）÷3+摩擦导致面团上升的温度

这个算式是以搅拌机揉和面团，以揉和完成温度为需求目标。若要计算出配方用水的温度，算式如下：

②

配方用水的温度

=3×（揉和完成的面团温度−摩擦导致面团上升的温度）−（粉类温度+室温）

摩擦导致面团上升的温度，会因搅拌或面团配方用量、配方等有变化，因此可依实际数次制作相同用量的相同面团来找出数值。此外，借由累积这个数值的经验，也能看出②的算式对③的影响。

③

配方用水的温度

=配方面团温度的常数−（粉类温度+室温）

所谓配方面团温度的常数，是由作为目标的揉和完成的面团温度与摩擦导致面团上升的温度决定的，在②算式的前半部，也就是将“3×（揉和完成的面团温度—摩擦导致面团上升的温度）”常数化的数值。几乎所有的面团，都在50～70的范围内。

若无法顺利用上述算式来计算，无论如何最重要的是每次预备面团时，都记录下当时的数据（室温、粉类温度、水温、揉和完成的面团温度等），累积数值。完全没有数据资料时，首先测量室温和粉类温度，然后也测量配方用水的温度，再揉和面团，测量揉和完成面团的温度，连同面团完成时的状态一并记录下来，就能找出合适的水温。

首要的是酵母（面包酵母）有活跃的温度范围（⇒Q63，Q64），希望水温可以在5～40℃的范围内。

调整用水和配方用水，使用相同水温可以吗？另外，多少的分量是必要的呢？ = 调整用水的温度与分量

调节好温度的配方用水，取出粉类的 2% ～ 3% 备用。

调整用水由调节好温度的配方用水中取出备用。由配方用水中取出的分量，相对于粉类，请以烘焙比例为2%～3%的分量为参考。取出的量完全用掉还需要追加时，请加入调整成与配方用水相同温度的水。

用相同配方制作面包，为什么面团的硬度却不相同呢？
= 粉类的吸水量

因粉类的蛋白质量、受损淀粉量、房间的湿度等影响，吸水量也会改变。

即使制作相同配方的面包，也会因为面粉的状态及操作环境的湿度等各种条件，使面包硬度改变。面团的硬度会因吸水量而受到很大的影响，搅拌与粉类吸水性相关，有以下条件。

●蛋白质量

面团中为了形成面筋组织（⇒Q34），水是必要的。面粉中称为醇溶蛋白和麦谷蛋白的蛋白质会吸收水分，赋予揉和这样的物理性刺激时，就会形成面筋组织。因使用的面粉不同，蛋白质含量也相异，若使用蛋白质含量多的面粉时，吸水量就会增加。

●受损淀粉量

小麦制成粉类时，用滚轮机碾碎麦粒的过程会产生“受损淀粉”（⇒**Q37**）。本来搅拌时是不会吸收水分的，但受损淀粉不同于一般的淀粉，细密的构造已被破坏，因此即使在常温下也会吸收水分。

所以，使用的面粉中含较多受损淀粉时，面团就会变得柔软，也容易塌软，严重时会因为过于黏而难以顺利制成面包。

●房间的湿度

房间的湿度变高，有时也会因粉类吸收湿气而减少配方用水。反之，粉类干燥时，则会增加吸水量。水分的增减，会在搅拌时进行。为了能在过程中调节面团的软硬度，配方用水的分量不会在一开始就放入全部，而会先取出部分作为调整用水备用，视面团的状态（软硬度）再添加。

吸水量对面包制作的影响

		吸水量过少时	吸水量过多时
搅拌	**时间**	变短	变长
	面团温度	容易上升	不容易上升
	操作性	面团变硬难以揉和	面团过度塌软难以揉和
发酵	**时间**	变长	变长
分割滚圆	**操作性**	面团易断难以滚圆	面团过度塌软难以滚圆
整形	**操作性**	面团延展性差，操作性差	面团虽易延展，但粘黏，操作性差
完成烘焙	**体积**	小	小
	表层外皮的状态	厚且呈色深浓	厚且呈色差
	柔软内侧的状态	气泡粗，干燥粗糙	虽然气泡粗大，但口感润泽

刚打开袋子的面粉和快使用完的面粉，是否改变配方用水的量比较好呢？ = 配方用水的分量调节

以揉和完成的面团状态，或完成烘焙的面包状况来判断。因此每次制作时的数据资料都非常重要。

面粉与保存期无关，每次的面包制作都必须要调节配方用水。

面粉所含的水分量，会因季节、操作环境的温度与湿度等而变化。此外，也会因面粉是何时制成、保存时间、保存环境（干燥场所、高湿度场所、高温场所等）等因素而受影响。

实际上配方用水要增减多少，只能靠搅拌时面团的触感或对照经验来决定。然后，以完成面包的好坏来判断水分是否适度。

因此，相同的面包无论制作多少次，保留数据资料很重要。最低限度需要的资料是室温、粉温、水温、面团揉和完成的温度，但同时也必须记录下当天的预备用量、日期时间、天气等。

块状的新鲜酵母怎么使用比较好？ = 新鲜酵母的使用方法

细细搓散后，溶于配方用水后使用。

新鲜酵母呈固态，因此不适合以块状直接搅拌。

基本上，细细搓散后即可使用，但相较于直接加入粉类混拌，先溶于配方用水再使用的方法更容易分散。

具体来说，加入调好温的配方用水，打散新鲜酵母，略微放置后，再以搅拌器混拌使其溶化。将此用于搅拌操作时，新鲜酵母会连同水分一起分散在整个面团中。新鲜酵母搓散至水中后稍加放置，是为了避免立即混拌时，新鲜酵母很容易粘黏在搅拌器上，反而不易溶化。

搓散新鲜酵母放入

略微放置后混拌使其溶化

干酵母的预备发酵是指什么呢？
= 干酵母预备发酵的方法

使休眠的面包酵母活性化的方法。

所谓干酵母的预备发酵，是给予干酵母水分、营养以及适当的温度，使得因干燥而休眠的面包酵母吸收水分，使其活性化，成为可以作用于面团的状态。

举一具体例子，将干酵母重量1/5的砂糖撒入温水（干酵母重量5～10倍，调温至约40℃的水）中溶化，避免温度降低，维持10～20分钟，干酵母在吸收水分的同时恢复发酵力。

预备发酵的准备时间是由开始预备面团的时间逆向推算的，并且预备发酵使用的量必须从面团的配方用水中扣除。

干酵母刚撒入温水时的状态（左）
放置15分钟后的状态（右）

干酵母的预备发酵

将砂糖加入温水中，用搅拌器充分搅拌使其溶化

撒入干酵母

不混拌，直接放置10～20分钟

发酵后液体表面膨胀，产生极小的气泡

用搅拌器混拌均匀后使用

即溶干燥酵母可以溶于配方用水后使用吗？
= 即溶干燥酵母的使用方法

使用在搅拌时间较短的面团中。

即溶干燥酵母可以混拌至粉类中使用，更简单方便，即使溶化在配方用水中使用也没关系，可以很容易地分散在面团中。

特别是搅拌时间较短的面团，即溶干燥酵母应预先溶于水中。

此时配方用水的温度若太低，则有可能会降低发酵力，因此，会取部分配方用水，将水温调至15℃以上使其溶化。

另外，不论是直接与粉类混合或加水溶化后再添加，完成烘焙的面包感觉不出差异。

麦芽精黏稠不易处理，要怎么使用比较好呢？
= 麦芽精的使用方法

溶于水中使用。

麦芽精（麦芽糖浆）（⇒Q143）是黏性较强的糖浆，直接使用时，难以均匀分散在全部面团中，因此一般是先溶于配方用水后再行添加。

此外，黏稠度不易测量，在麦芽精使用较频繁的面包店等，会预先将麦芽精与等量的水稀释成称为“麦芽液”的状态来使用。麦芽精一旦用水稀释后，保存性会变差，因此使用麦芽液时必须置于冷藏室保存，并尽早使用完毕。

与麦芽精具有相同效果的是麦芽粉。这是干燥麦芽后粉碎、精制而成的产品，若是粉末则能方便测量，搅拌时也能直接与粉类混拌使用。

麦芽精（左）和麦芽粉（右）

在麦芽精中加入等量的水混拌，为了方便使用而稀释。右边是稀释后的麦芽精

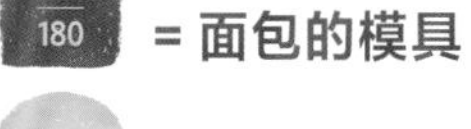

制作面包时使用的模具有哪些呢？ = 面包的模具

有完成烘焙用的模型和发酵用的模型。

面包制作时使用的模具，大致可分放入烤箱使用的模具和不放入烤箱的模具。

●放入烤箱的模具

从整形到完成烘焙为止使用的模具。吐司或布里欧模具等就属于这类，被称为“烘烤模具”。

主要是金属模具，但也有纸制或硅胶制品。基本上使用金属模具前会先刷涂油脂（⇒p.185）。

在模具（发酵篮）内侧筛撒上粉类

●不放入烤箱的模具

从整形至完成最后发酵时使用的模具。主要是硬质面包，用于直接烘烤（⇒Q223），又称为“发酵篮”或“睡眠篮”，大多是藤制品，但也有塑料制品。使用前会在篮子内侧筛撒上粉类（面粉或裸麦粉等），可以避免完成整形的面团粘黏。撒在篮内的粉类会残留在面团表面，完成烘焙时会呈现篮子的图案。

希望吐司能漂亮地脱模，该如何做呢？= 模具的准备

在模具内侧刷涂油脂备用。

面团放入模具后烘焙的面包代表，应该是吐司吧。其他也有像僧侣布里欧般，使用特殊形状模具的面包，但关于模具的准备几乎都是相同的。

烘焙模具主要是以金属制成，若直接使用面团会粘黏，因此为使烘焙完成的面包容易脱模，会预先在金属模具内侧刷涂油脂备用。此时必须避免遗漏地均匀刷抹，通常会使用尼龙制的毛刷，将柔软的固态油脂均匀刷涂在模具内。使用毛刷可以均匀地刷涂到模具的各个边缘和角落。此外，也有称为脱模油的模具专用油脂（⇒p.185）。另外，为了避免面团粘黏在模具内侧，使用树脂加工的制品，基本上就不必再刷涂油脂了。

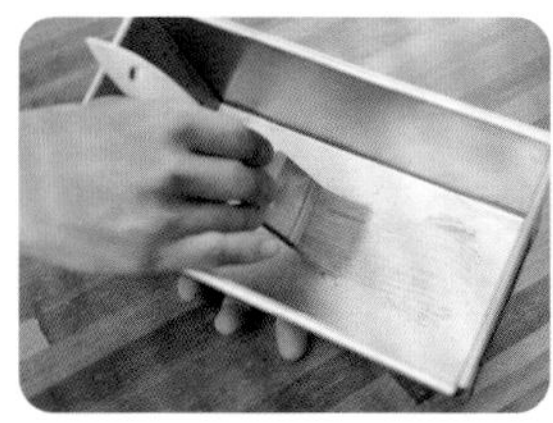

左、中：固态油脂软化后用毛刷涂抹。右：喷雾型的脱模油可以均匀地喷洒

模具尺寸与食谱不同时，该怎么做呢？

= 放入模具的面团重量计算法

没有与食谱相同尺寸的模具时，可以配合模具按下面的方法计算出面团的重量。

①

算出使用模具的容积

方形模具：长（cm）×宽（cm）×高（cm）

圆形模具：半径（cm）×半径（cm）×3.14（圆周率）×高（cm）

上述的计算式无法算出圆形模具或方形模具以外的模具容积，可以在模具中装水，测量装入的水量。测量出的数值就直接是容积了。请先确认模具是否会漏水，再进行测量。

②

算出模具面团的容积比

食谱的模具容积（cm^3或mL）÷食谱的面团重量（g）

模具面团的容积比，是显示烘焙时模具中要放入的面团量，才能烘焙出最适当体积的面包。

③

算出实际必要的面团重量

使用模具的容积（在①中算出的数值）÷模具面团的容积比（在②中算出的数值）

根据使用的模具，计算出适当的面团用量。

搅拌

何谓搅拌？

“混拌、揉和”材料，意味着“揉和面包材料以完成面团”。虽然用文字表达非常简单，但是搅拌关系到最后完成面包的优劣，是非常重要的步骤。面包的种类，当然还受季节、气候、制作者对成品的想象等因素影响，搅拌的方式也会随之产生变化。搅拌可以说是最早能看出面包师傅技术的步骤吧。

搅拌的目的是使各种材料均匀分散，连同空气一起混合，使各种材料吸收水分，以制作出具适当黏弹性（黏性和弹性）和延展性（易于延展的程度）并能保持住气体的面团。依据搅拌进行的程度，大致可分为4个阶段。在此通过以手揉和搅拌的例子进行说明。

搅拌的步骤

分散材料及混合阶段：**混合阶段**

使材料分散、混拌

使各种材料均匀地分散混合，使其他材料分散在主要材料面粉粒子间的步骤。

将各种材料和水缓慢地混入并拌合，成为粘黏状态，还没有结合

面团开始结合的阶段：**拾起阶段**

面粉开始水合

分散在面粉粒子间的砂糖、奶粉等溶于水的辅料，以及面粉中的受损淀粉（⇒**Q37**）等吸收水分，面团与水融合。而面粉的蛋白质也吸收了水分，加上揉和的物理性刺激，面筋组织开始慢慢形成（⇒**Q34**）。

抓住面团拉扯时，会很容易扯断，面团表面呈现黏性。

很难从工作台上剥离的面团，渐渐变得容易剥离了

面团去水（水合）阶段：**成团阶段**

面筋组织的形成

持续搅拌就能强化面筋组织，增加黏弹性（黏性和弹性）和延展性（易于延展的程度），形成网状结构的组织。

面团结合更佳，可以从工作台上完全剥离

面团结合、完成阶段：**扩展阶段、最终阶段**

面团完成

面筋组织更加强化，用手取部分面团延展撑开，可以确认面筋组织被延展成薄且平滑的薄膜状。面团表面略干，呈现光滑的状态。因制作的面包不同，面筋组织薄膜的薄度或延展状况也会改变。

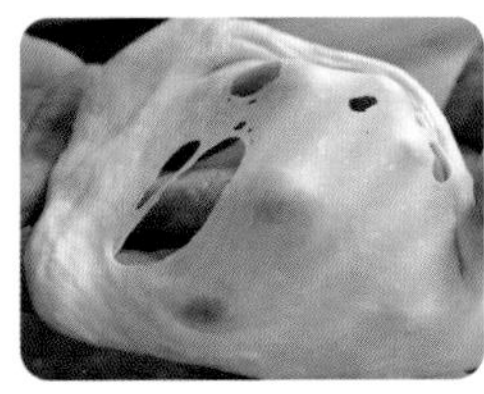

可以延展成薄膜状（左），揉好的面团很光滑（右）

为确认面团状态的延展方式

① 用手取出1个鸡蛋大小的面团。

② 用两手的指尖或指腹，以不扯破面团的力度拉扯，由中央向外侧延展。

③ 手持面团的位置渐次地移动，与②同样地延展面团。

④ 重复数次③的动作，缓慢地薄薄延展至面团破裂为止。

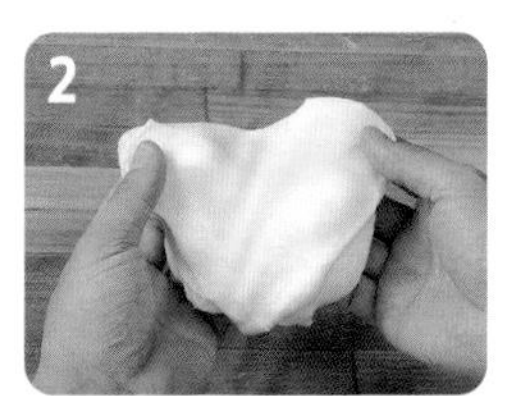

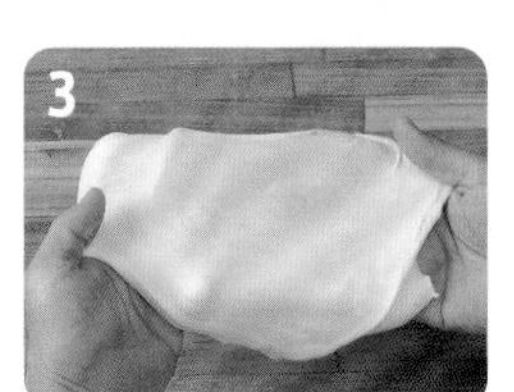

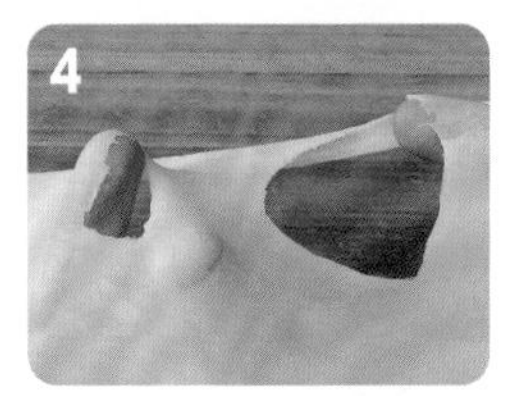

比较软质和硬质面包的搅拌

搅拌对面包制作而言，是最初也是最重要的步骤。软质与硬质面包从搅拌阶段开始，面团的状态就不相同。在此以软质的奶油卷、硬质的法式面包为例，试着依序相互比较吧。虽然依面团的种类，各阶段的状态会有所不同，但重要的是最后面筋组织会结合至何种状态。边想象完成的理想面包，边进行搅拌步骤，是制作面包的关键。

软质（奶油卷）/直立式搅拌机

分散材料及混合阶段

1

将材料放入搅拌缸内开始搅拌。

2

各种材料与水混合均匀。在这个阶段添加调整用水。

3

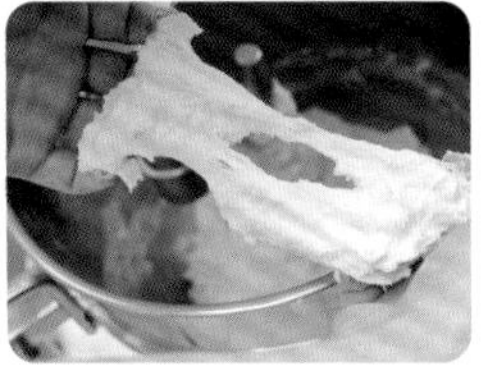

面团几乎还没有结合，表面粗糙，相当黏稠。

面团开始结合的阶段

4

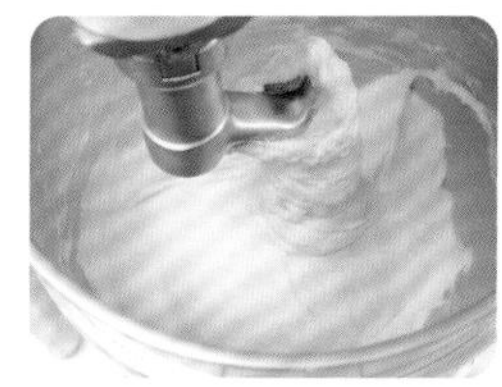

面筋组织开始逐渐形成。表面虽然略有滑顺感，但仍有粘黏状态。

5

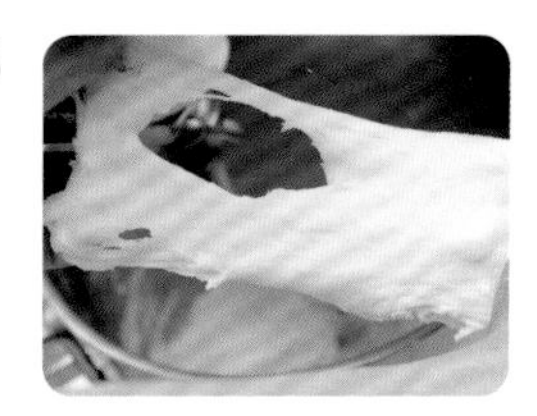

抓着面团拉扯时，会很容易扯断，能感觉到黏性和弹性。

面团去水（水合）阶段

6

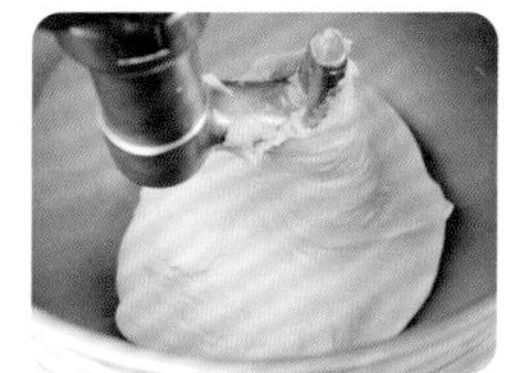

面筋组织的结合力变强，增加黏弹性（黏性和弹性）和延展性（易于延展的程度），面团表面的粘黏感已消失。

7

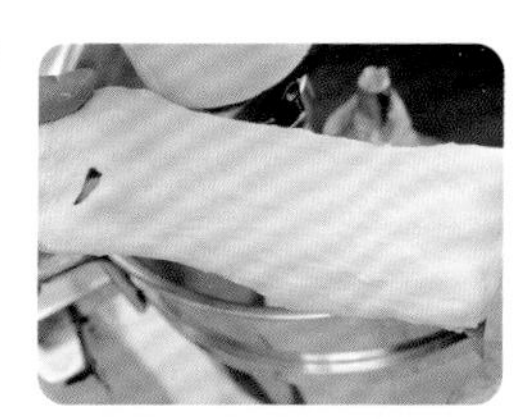

面筋组织形成网状结构，可以延展成薄膜状。

8

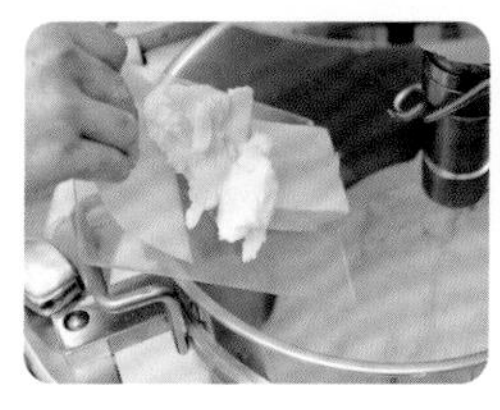

软质面包基本上在这个阶段添加油脂。

面团结合、完成阶段

9 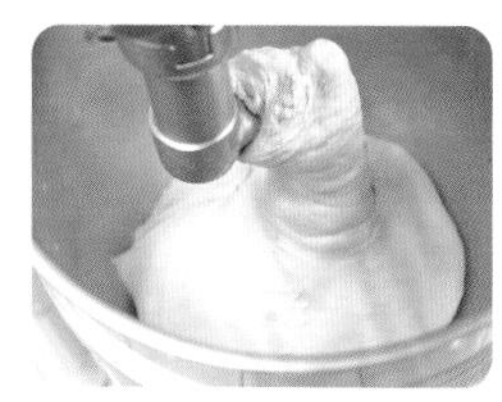

面筋组织的结力更强，可以整合成团了。面团表面光滑且略干。

10 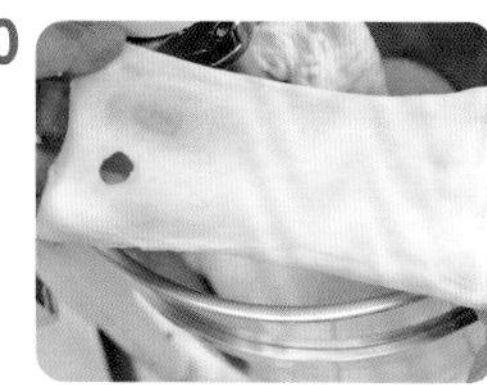

拉扯开面团，可以看到它是非常薄且光滑的。

硬质（法式面包）/螺旋式搅拌机

分散材料及混合阶段

1 

各种材料与水混合均匀。在这个阶段添加调整用水。

2  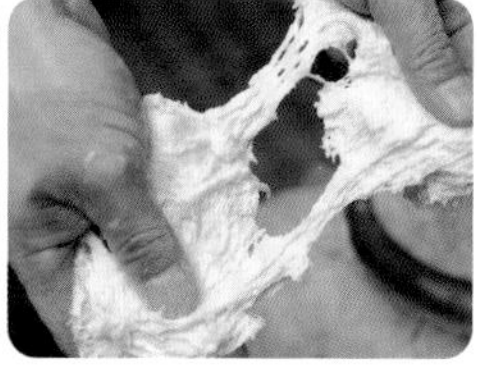

面团几乎还没有结合，表面粗糙，相当黏稠。

面团开始结合的阶段

3

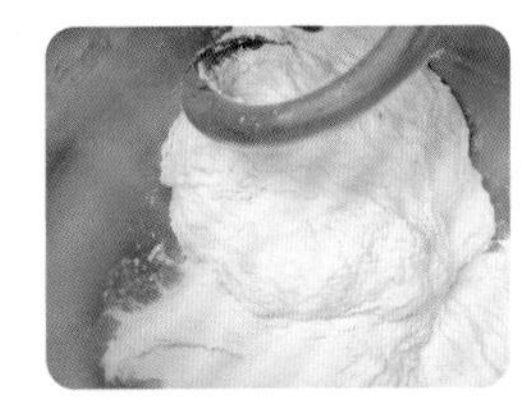

面筋组织开始逐渐形成。面团表面虽然略有光滑感，但仍是粘黏状态。

4

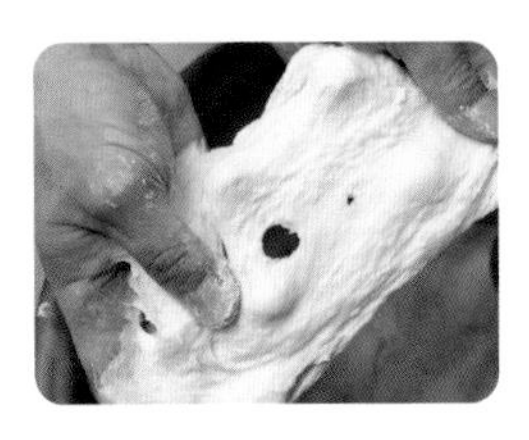

抓住面团拉扯时，会很容易扯断。产生黏性和弹性，但表面仍能感觉到粘黏。

面团去水（水合）阶段

5

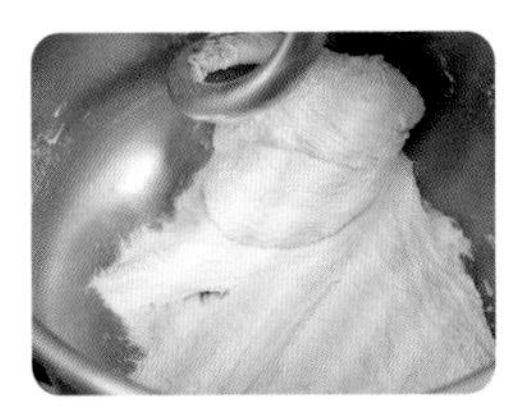

面筋组织的结合力变强，增加黏弹性（黏性和弹性）和延展性（易于延展的程度），面团表面的粘黏感已消失。

6

面筋组织形成网状结构，开始可以延展成薄膜状。

※如需要加入油脂，一般在此阶段加入。但是，在3%以下的情况下，也可以在步骤2之前加入。

面团结合、完成阶段

7

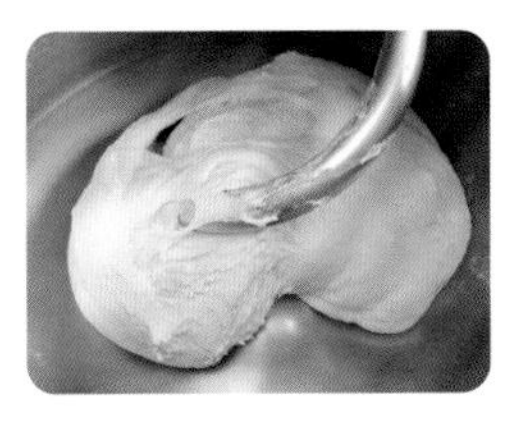

面筋组织的结合力更强，可以整合成团了。面团表面光滑且略干。

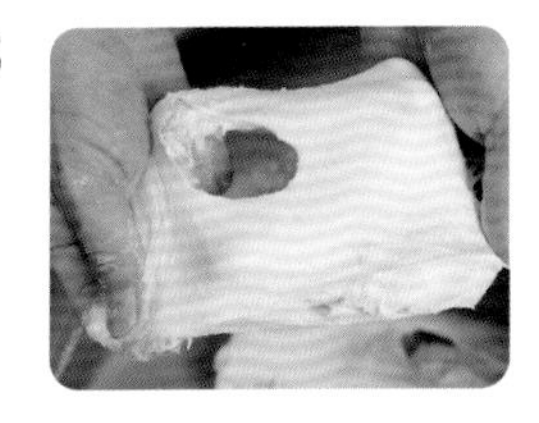

8 即使用手指顶着面团延展，也无法像软质面团般可以看到下方指纹的程度，但面团表面变得光滑。

法式面包的搅拌与发酵时间的关系

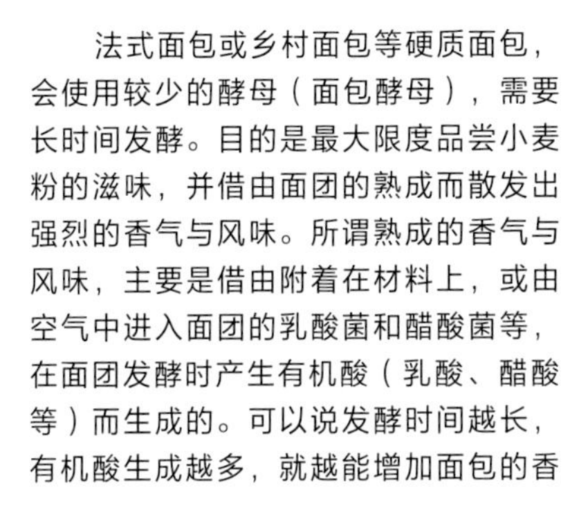

法式面包或乡村面包等硬质面包，会使用较少的酵母（面包酵母），需要长时间发酵。目的是最大限度品尝小麦粉的滋味，并借由面团的熟成而散发出强烈的香气与风味。所谓熟成的香气与风味，主要是借由附着在材料上，或由空气中进入面团的乳酸菌和醋酸菌等，在面团发酵时产生有机酸（乳酸、醋酸等）而生成的。可以说发酵时间越长，有机酸生成越多，就越能增加面包的香气与风味。

利用少量的酵母进行长时间发酵时，借由搅拌使面团中的面筋组织强化至必要程度以上，反而会使面团的膨胀变差。法式面包虽然是利用简单的配方，烘焙成扎实具咀嚼感的面包，但完成烘焙时若没有适度的膨胀，也会削弱法式面包特有的口感。因此，法式面包会使用蛋白质含量略少的面粉。

直立式搅拌机和螺旋式搅拌机如何区分使用呢？
= 直立式搅拌机和螺旋式搅拌机

直立式搅拌机适合软质面团；螺旋式搅拌机适合硬质面团。

商用面包制作的搅拌机有许多种类。在此针对一般零售面包店使用的两款搅拌机进行说明。

直立式搅拌机

主要是适合软质面包的搅拌。揉和面团的搅拌棒呈钩状，在搅拌缸内侧以敲扣面团的方式进行揉和。

适合需要充分形成面筋组织的软质面团，但若是用于硬质的面包搅拌时，需要调整搅拌机的时间和强度。

还可以改为安装球状（搅拌器）搅拌棒，用在面团以外的用途上。

●螺旋式搅拌机

主要适合硬质面包的搅拌。揉和面团的搅拌棒呈螺旋状，因而被称为“螺旋式搅拌机”，在搅拌盆内侧以敲扣面团的方式进行揉和。配合搅拌桨的转动，搅拌机也会转动，可以十分有效率地揉和面团。

相较于直立式搅拌机，面筋组织更稳定，虽然不适合必须强力搅拌的面团，但只要拉长搅拌时间，一样也可以适用于软质面包的搅拌。

直立式搅拌机（左）
螺旋式搅拌机（右）

直立式搅拌机的搅拌棒呈钩状（左）
螺旋式搅拌机的搅拌棒呈螺旋状（右）

最适当的搅拌是什么样的呢？
= 受面包特征影响的搅拌

能呈现想要制作面包特征的搅拌法。

所谓最适当的搅拌，会因面包的种类、制作方法、材料、配方，甚至制作者的想法，而有各种不同的变化。硬质面包和软质面包就有极大的差异，可颂等折叠面团则又是完全不同的类型。

虽然搅拌不足以完全决定面包的特征，但在此针对4种面包进行简单的叙述，包括主要使用的面粉和一般搅拌的重点，以及完成揉和的状态。

实际上，制作者完成自己想象中面包的搅拌，可以说就是对于面包最适当的搅拌法吧。

8

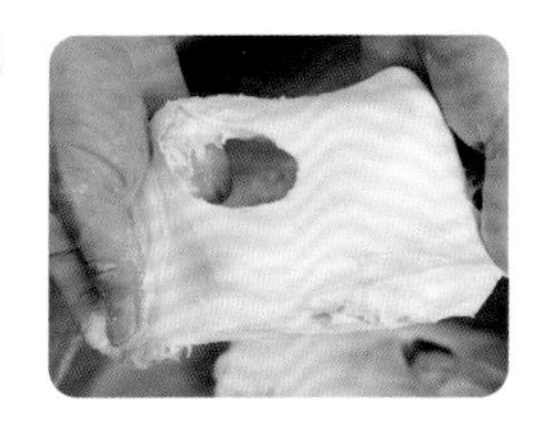

即使用手指顶着面团延展，也无法像软质面团般可以看到下方指纹的程度，但面团表面变得光滑。

法式面包的搅拌与发酵时间的关系

法式面包或乡村面包等硬质面包，会使用较少的酵母（面包酵母），需要长时间发酵。目的是最大限度品尝小麦粉的滋味，并借由面团的熟成而散发出强烈的香气与风味。所谓熟成的香气与风味，主要是借由附着在材料上，或由空气中进入面团的乳酸菌和醋酸菌等，在面团发酵时产生有机酸（乳酸、醋酸等）而生成的。可以说发酵时间越长，有机酸生成越多，就越能增加面包的香气与风味。

利用少量的酵母进行长时间发酵时，借由搅拌使面团中的面筋组织强化至必要程度以上，反而会使面团的膨胀变差。法式面包虽然是利用简单的配方，烘焙成扎实具咀嚼感的面包，但完成烘焙时若没有适度的膨胀，也会削弱法式面包特有的口感。因此，法式面包会使用蛋白质含量略少的面粉。

直立式搅拌机和螺旋式搅拌机如何区分使用呢？
= 直立式搅拌机和螺旋式搅拌机

直立式搅拌机适合软质面团；螺旋式搅拌机适合硬质面团。

商用面包制作的搅拌机有许多种类。在此针对一般零售面包店使用的两款搅拌机进行说明。

直立式搅拌机

主要是适合软质面包的搅拌。揉和面团的搅拌棒呈钩状，在搅拌缸内侧以敲扣面团的方式进行揉和。

适合需要充分形成面筋组织的软质面团，但若是用于硬质的面包搅拌时，需要调整搅拌机的时间和强度。

还可以改为安装球状（搅拌器）搅拌棒，用在面团以外的用途上。

●螺旋式搅拌机

主要适合硬质面包的搅拌。揉和面团的搅拌棒呈螺旋状，因而被称为“螺旋式搅拌机”，在搅拌盆内侧以敲扣面团的方式进行揉和。配合搅拌桨的转动，搅拌机也会转动，可以十分有效率地揉和面团。

相较于直立式搅拌机，面筋组织更稳定，虽然不适合必须强力搅拌的面团，但只要拉长搅拌时间，一样也可以适用于软质面包的搅拌。

直立式搅拌机（左）
螺旋式搅拌机（右）

直立式搅拌机的搅拌棒呈钩状（左）
螺旋式搅拌机的搅拌棒呈螺旋状（右）

最适当的搅拌是什么样的呢？
= 受面包特征影响的搅拌

能呈现想要制作面包特征的搅拌法。

所谓最适当的搅拌，会因面包的种类、制作方法、材料、配方，甚至制作者的想法，而有各种不同的变化。硬质面包和软质面包就有极大的差异，可颂等折叠面团则又是完全不同的类型。

虽然搅拌不足以完全决定面包的特征，但在此针对4种面包进行简单的叙述，包括主要使用的面粉和一般搅拌的重点，以及完成揉和的状态。

实际上，制作者完成自己想象中面包的搅拌，可以说就是对于面包最适当的搅拌法吧。

不同的面团完成揉和的状态

①吐司（低油低糖类的软质面包）

【使用面粉】高筋面粉

【搅拌】为使面包能充分呈现体积并且有细致气孔，因此强力搅拌，使面筋组织可以确实结合。

【揉和完成的面团】延展面筋组织成极薄的薄膜状，指腹顶住薄膜时，可以薄透到看见指纹（左）。用指尖戳破面团薄膜时，破口呈现光滑的裂口（右）。

②奶油卷（多油多糖类的软质面包）

【使用面粉】准高筋面粉或高筋面粉与低筋面粉的混合粉类

【搅拌】为使面包能有适度膨胀的体积以及入口即化的口感，搅拌时会略抑制地缩短进行时间。

【揉和完成的面团】延展面筋组织成薄膜状，用指腹顶住薄膜时，可以薄透到看见指纹（左）。用指尖戳破面团薄膜时，破口不光滑（右）。

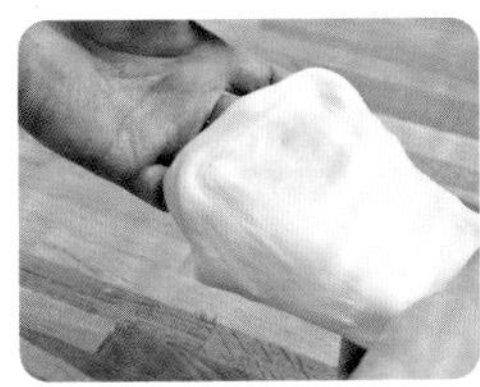
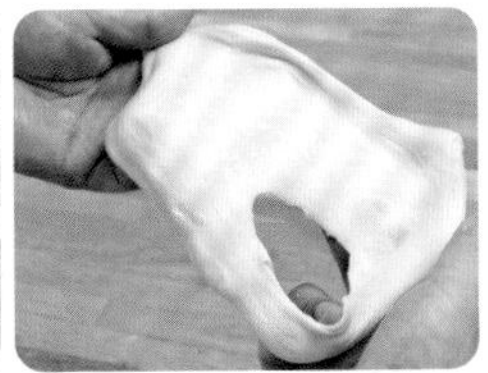

③法式面包（少油少糖类的硬质面包）

【使用面粉】法式面包专用粉

【搅拌】抑制地进行最低限度的搅拌。

【揉和完成的面团】面筋组织的薄膜略厚且无法延展（左）。用指尖戳破时，破口不光滑（右）。

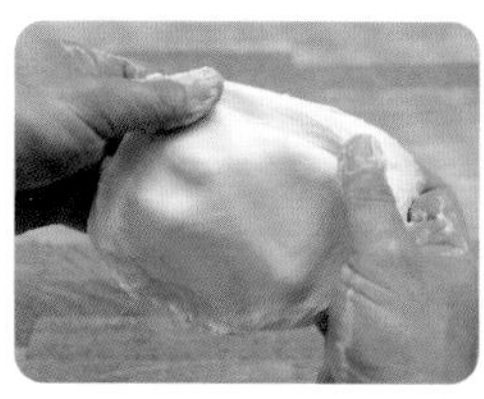 

④可颂（折叠面团的面包）

【使用面粉】法式面包专用粉或准高筋面粉
【搅拌】以面团包覆油脂，用压面机擀压操作，这能带给面团与一般搅拌相同的效果，因此搅拌会在材料整合成团的程度（面团的拾起阶段）即停止。
【揉和完成的面团】几乎不使面筋组织形成，因此也几乎没有面筋组织的薄膜。

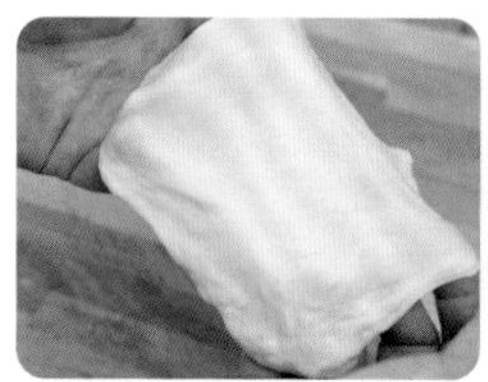 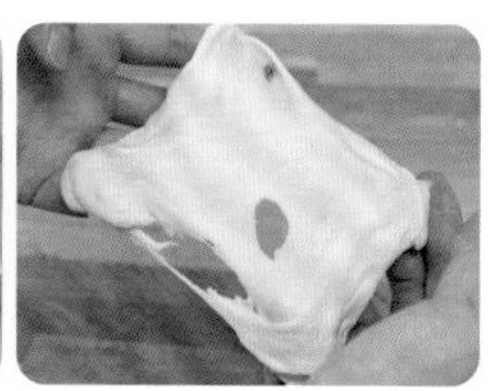

搅拌时必须注意什么？
= 搅拌的要诀

确认是否均匀混拌，将面团温度调节至目标的完成温度。

面团搅拌时必须注意的有以下几点。

●搅拌缸中的材料都顺利揉和了吗？

材料是否均匀混入，要用双眼确认。例如，在过程中添加固态油脂的面团，若油脂的硬度不适当，就无法与全部面团均匀混拌。

固态油脂过硬时，可以用手抓捏使其柔软后添加。若比适当的硬度稍软时，可以用手撕开面团，面团就能比较容易与油脂混合了。

●根据实际情况刮落面团

搅拌过程中会有面团粘裹在搅拌钩上，而无法全体均匀揉和的状况。此时，可以使用刮板等将面团刮落。当搅拌柔软的面团时，也会因面团粘黏在搅拌缸内侧而无法完全混拌，此时也同样必须刮落面团。另外，在刮落面团时，请务必确认搅拌机完全停止，才能将手放入搅拌机盆中，并迅速刮落。

●注意面团的温度

搅拌完成时面团温度（揉和完成的面团温度）要符合目标值，对面包制作而言非常重要，所以也要留意搅拌过程中面团的温度。

例如，若揉和完成温度变高，可以在搅拌缸下方垫放水（冰水）以降低面团温度；反之，则可以垫放热水以提高面团温度。

调整用水要在何时添加呢？
= 添加调整用水的时机

把握面团的硬度，尽早添加即可。

调整用水，基本上是在搅拌开始后添加，尽量在初期（分散材料及混合阶段⇒p.198）添加。

这是因为在搅拌的初期，面团的结合力较弱，面筋组织尚未形成，在此时添加的水分也较容易均匀混拌。此外，面筋组织形成时水分十分必要，这也是尽早添加会比较好的原因。话虽如此，在搅拌的初期，面团的软硬度不太容易判断，稍后再添加调整用水也没关系。但必须要注意，若在揉和完成前才添加，则要拉长搅拌时间才能使面筋组织充分形成。

固态油脂也有在搅拌初期添加的情况吗？
= 固态油脂添加的时机

想要抑制面筋组织形成时，在初期阶段添加，可以缩短搅拌时间。

制作添加固态油脂的面包时，不会在揉和开始即添加油脂。至搅拌中期，面团中的面筋组织形成、面团结合至某个程度后才会添加。原因是一旦在开始就添加油脂，油脂会阻碍面粉中的蛋白质结合，使面筋组织难以形成（⇒**Q117**）。

话虽如此，也有例外。即使是硬质面包，也有使用少量酵母（面包酵母）进行长时间发酵的种类，并不像软质面包般需要面筋组织。因此，当油脂配方用量在3%时，搅拌初期就添加也不会有影响（⇒**p.203～205**）。再者，如可颂等折叠面团的面包，抑制面筋组织形成是其进行搅拌的特征，这是因为与折叠操作有关。

折叠面团制作时，是用冷藏发酵的面团包裹片状的固态油脂（黄油），用压面机薄薄地擀压，进行三折叠之后再次擀压，进行数次这样的折叠操作（⇒**Q120，Q212**）。如此面团经数次擀压的物理性刺激，会强化面筋组织。若面筋组织的力道变强，擀压过的面团就会缩回原来的形状，所以会在搅拌时尽量抑制面筋组织的形成。因此，制作折叠面团时，在搅拌初期添加油脂，主要以低速搅拌揉和，搅拌时间也会缩短。甚至会比一般面团添加更多的油脂，更加提升延展性（易于延展的程度）以便于更薄地擀压。在前文提到可颂面团的油脂配方用量是10%，比一般的面包增加了近2倍的用量。

葡萄干或坚果等混入面团时，在哪个阶段混入较佳呢？
= 混拌葡萄干或坚果的时机

面团完成后再加入混拌。

基本上会在面团完成后加入。为了能均匀地混拌至整个面团，混拌用量较多时，也可以分几次加入。

搅拌会以低速搅拌为主。用手揉和时，先将面团摊开在工作台上，将要混入的果干或坚果材料全部撒上，与面团一起折叠，在工作台上摩擦般地混入。

另外，混拌至面团中的食材也会影响面团温度，因此尽可能使其与完成揉和的面团温度相同。温度过低时，可以放入发酵器内提高温度，温度过高时，可以放入冷藏室降温。

要如何判断搅拌已经完成了呢？
= 搅拌完成的标准

面团平顺光滑地延展，能形成想制作面包的面筋组织即完成。

在搅拌时，面团的结合达到什么样的程度，也就是面筋组织形成的程度，非常重要。

面筋组织具有黏性和弹性的特性，因此随着搅拌的进行，会达到拉扯面团时可以薄薄延展的程度。利用这个特性，可以用眼睛和手来确认面团结合至什么程度，进而判断搅拌的程度与判断标准（⇒Q184）。

面团中面筋组织完全形成、面团结合时，就能薄薄地擀压。像高筋面粉或准高筋面粉般含有较多蛋白质的粉类，面筋组织形成得也较多，揉和就能延展出轻透的薄膜。若在延展拉扯过程中断裂，就是面筋组织的形成尚未完全，必须持续搅拌。

面团延展拉扯而形成的薄膜被称为“面筋薄膜”，在最初开始搅拌时，即使可以拉扯出薄膜，面团表面也会粗糙不光滑，并且只会呈厚膜状，一拉扯很容易就扯出破口、断裂，这就是面筋组织结合尚薄弱的证明。

再持续搅拌后，就能薄薄地光滑延展了。到了这种状态时，面筋组织已充分结合。但并非面筋组织十分有力，就一定是好面包，依面包不同，搅拌完成的时间点也不同。

一开始为了熟知面团的变化，在搅拌过程中可以数次取出部分面团进行确认。不仅是面筋薄膜，还能了解拉扯延展面团时渐渐增加的阻力，触摸面团时的粘黏感越来越少，以及面团结合的判断标准。

揉和完成的面团，用多大的和什么形状的容器装比较合适呢？
= 发酵容器的尺寸

请准备面团 3 倍大的容器。

揉和完成的面团会被放入容器内发酵，但此时容器的大小会影响发酵。过小时，会因空间不足，面团无法充分发酵；过大时，面团会容易坍塌。

发酵容器大约是面团的3倍大最为适当，圆形容器可以使面团均匀发酵。但实际上，因为面团发酵的设备或环境不同，很多时候使用四角形容器也不会有问题。

相对于面团用量，容器过小（左）、适当（中）、过大（右）

揉和完成的面团整合时需要注意些什么？
= 揉和完成的面团的整合

整合面团，平顺光滑面朝上，移至发酵容器中。

混拌完成后，将揉和完成的面团由搅拌缸中取出，整合面团，放至发酵容器中。完成整合的面团状态，就像表面覆盖了一张平顺光滑的表皮。在整合面团时，略拉提面团表面使之呈现张力，此时部分面筋结构会更紧实，并且也可以更容易判断发酵的状态。

若是在盆中发酵，就整合成圆形。若是四方形容器，基本上也同样滚圆整合，但有时也会配合容器的形状进行整合。

一般面团的整合方法

1 

取出揉和完成的面团

将面团从搅拌缸中取出，利用重力的垂性延展，用右手和左手交替拿取面团，使表面平顺光滑，整合成圆形。

2 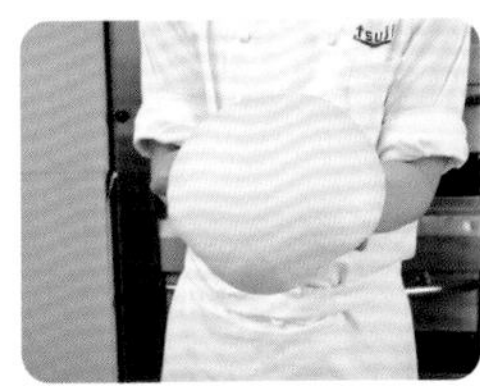

整合面团

使面团表面光滑，滚圆整合面团。

3 

放入发酵容器内

放入涂抹油脂的发酵容器内，平顺光滑面朝上放入。

柔软面团的整合方法

1 

取出揉和完成的面团

将面团从搅拌缸中取出，放至发酵容器内。

2 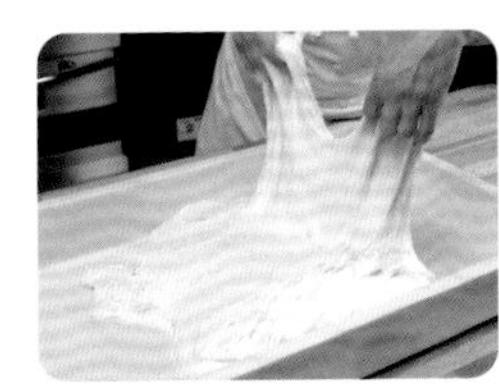 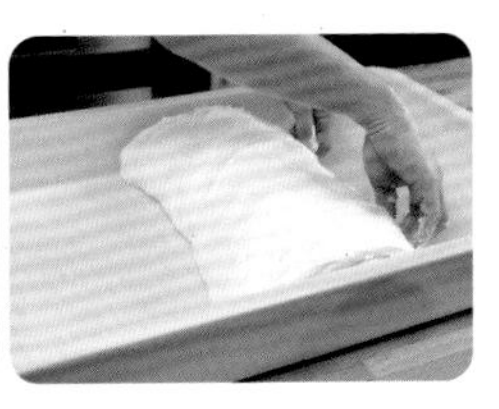

整合面团

拿取面团一侧拉扯，延展出的部分折起覆盖在面团上，另一侧也同样进行。

3

放入发酵容器内

改变方向地放置在发酵容器中央。

硬面团的整合方法

1

取出揉和完成的面团

将面团从搅拌缸中取出放在工作台上，将面团从一侧向中央折起，并用手掌根部按压。

2

整合面团

缓慢逐次地转动面团，折入按压的动作重复数次，滚圆。

3

放入发酵容器内

放入涂抹油脂的发酵容器内，平顺光滑面朝上放入。

揉和完成的面团温度是多少？
= 何谓揉和完成的面团温度

是搅拌完成时面团的温度。

所谓揉和完成的面团温度，是搅拌完成时面团的温度，依面包的种类而定，大致是固定的。

揉和完成的面团温度是搅拌后整合成漂亮形状，放入发酵容器的状态下，用温度计插入面团中央测得的。

影响揉和完成的面团温度的主要因素是粉类和水等材料的温度。

此外，室温也会有很大的影响。若没有空调等的调节，炎热时室温上升，面团温度也会上升，寒冷时则下降。

搅拌过程中面团与搅拌缸摩擦而产生的摩擦热，也会导致面团温度上升，特别是搅拌时间较长的面团。要求揉和完成的面团温度较低的布里欧等面团，应注意避免温度过度升高。

揉和完成的面团温度由什么决定呢？ = 面团揉和完成温度的设定

依面包种类而定，发酵时间越长，揉和完成的面团温度就较低。

揉和完成的面团温度依面包种类大致是固定的，在24～30℃。

经搅拌完成的面团，放入25～30℃的发酵器使其发酵，但通常发酵器会设定得较揉和完成的面团温度高，然后慢慢地提高面团温度。再经过从分割到整形的步骤之后，最后发酵会比最初发酵的温度更高，因此面团温度也会更加上升。像这样使面团温度渐渐升高，至放入烤箱时的面团温度，若可以达到32℃就能烘焙出很棒的面包。根据以上已知的温度，在搅拌阶段的揉和完成温度，再考虑之后的发酵时间和发酵环境，才逆推出放入烤箱前的温度大约是32℃。

面团揉和完成后到分割为止，大致上发酵1小时，面团温度就会升高1℃。一般发酵时间较长的面包，设定的揉和完成温度会较低；短时间发酵的面包，设定的揉和完成温度会较高。

揉和完成的面团温度若与目标温度不同，该如何处理？
= 无法如预期般达到揉和完成温度时的对应法

以上下调整发酵器的温度、增减发酵时间来管理发酵状态。

实际面包制作时，会有完成揉和温度比目标温度低（或高）的状况。此时的应对方法如下。

● ±1℃以内

几乎可以直接进行下个操作。虽然有时也需要调整几分钟的发酵时间，更长或更短一点，但可以做出不逊于揉和完成温度与目标温度相同的面包。

● ±2℃左右

只要调高（或调低）发酵器的温度（2℃左右），就可以达到良好的状态。依发酵状况，也有必要增减时间。若不调整发酵时的温度，很难做出高品质的面包。

●更多

与±2℃左右时同样地处理，但比较难烘焙出高品质的面包。

揉和完成的温度接近目标值，是制作好面包的关键。仅调整配方用水的温度，难以控制揉和完成温度，要测量搅拌中的面团温度，根据情况调高或调低。可在搅拌缸底部垫放水（冰水或热水），以调整面团温度。

发酵

何谓发酵？

所谓面包制作的发酵，指的是利用酵母（面包酵母）吸收面团中的糖类生成的气体（二氧化碳），使面团全体膨胀的状况。这样的酵母活动称为酒精发酵，除了气体之外，也会生成酒精（⇒**Q61**）。

此外，材料所含有的或是空气中混入的乳酸菌与醋酸菌等，也会在面团中生成有机酸（乳酸、醋酸等）。

这些酒精和有机酸会影响面团的延展性（易于延展的程度），使面团延展得更好。发酵使气体增加，由内部推压开面团使其膨胀时，面团也会比较容易平滑地延展。

此外，加上酒精和有机酸，借由酵母的代谢物质而生成的有机酸，会产生独特的香气和风味，能赋予面包更深层的滋味。

充分理解这些原理，就能知道该如何控制发酵，它对成品面包的品质有着深刻的影响。

并不是到了发酵阶段才需要特别注意这些问题，而是从决定面包的配方时就要开始注意。其实就是根据使用面粉的蛋白质含量、面团中形成的面筋量、必须配合的膨胀方式来决定酵母的使用量。此外，搅拌后面团揉和完成的温度要能调节成目标值，这点非常重要（⇒**Q193**）。发酵时，发酵器的温度根据面团温度进行调节，控制面团温度也同样重要（⇒**Q194**）。

发酵食品：发酵与腐败

所谓发酵食品，以极简单的话说明，就是“利用微生物（酵母、霉菌、细菌等）使食物发酵”。

自古以来，在日本有酱油、味噌、纳豆、腌渍物等发酵食品，世界各国则有面包、酸奶、奶酪等发酵食物。此外，谷物或水果发酵后制作出的日本酒、啤酒、葡萄酒等酿造酒，也算是发酵食品（⇒**Q58**）。

一般会说发酵与腐败仅一线之隔。发挥微生物的作用，制作出对人体有益的物质称为“发酵”，但若是生成对人体有害的物质，就称为“腐败”。

即微生物的活动，从人类的角度将其分为“发酵”和“腐败”。

发酵：面团中到底发生了什么？

发酵中的面团内部产生的变化大致可以分为以下两种。

●产生能让面团延展性变好的物理性变化

为了让面包膨胀，借由酵母（面包酵母）产生的气体不可或缺。而且同样重要的是必须让产生的气体保持在面团中，随着气体的体积增加，面团延展且保持膨胀状态。

搅拌时，若面团充分混拌，面筋组织完全形成，在发酵操作中产生气体时，面筋薄膜会吸收气体所形成的气泡，发挥保持住气体的作用。

随着进一步发酵，一旦气泡变大，面筋组织薄膜会由内侧向外推压，宛如橡皮气球般平滑地膨胀伸展，面团全部胀大起来。像这样面团平滑地延展，是借由面筋组织的形成使得面团产生弹力，发酵中生成的酒精和有机酸等会使面筋组织微微地软化。另外，有机酸当中特别是乳酸的形成，会使面团的pH偏向酸性，也能使面筋组织软化。

若面团无法像这样平滑地延展，随着气体产生但面团无法膨胀，最后会导致面筋薄膜破裂，与旁边的气泡结合，薄膜变厚，气体变大，就会制作出气泡粗大的面包。也就是借由搅拌而形成的面筋组织，在发酵中稍微软化的状态与气体同时作用，面团才能保持住气体达到膨胀的状态。

但也并非能单纯地平滑延展就行，保持住面团的膨胀状态，不仅要有延展性（易于延展的程度），还必须要有抗张力（拉扯张力的强度）。为了避免面团过度松弛，张力也是必需的。

●制造出成为香气及风味来源的物质

发酵过程中生成的酒精会成为面包的香气及风味的来源。此外，同时生成的有机酸当中，乳酸是酸种的主要成分，而且具有特殊的香气，醋酸或柠檬酸等也都是有香气的物质。

因面团中的乳酸菌和醋酸菌等会生成有机酸，发酵时间越长，发酵面团中的芳香物质就越多，所以面包的香气和风味也随之增加，这也称为面团的熟成。

发酵器是什么？
= 发酵器的作用

能为面团提供最适当温度和湿度的专用机器。

专门用于使面团发酵的机器——发酵器，可以设定温度和湿度，营造最适合面团发酵的环境。使用发酵器可以稳定地进行面包制作，因此在面包制作的专业工坊中，可以说是必备的机器。家庭制作面包时，使用适合家庭用的发酵器，就能稳定地进行面团发酵了。

无法预备专用发酵器时，有必要花点工夫找到替代品。若烤箱具有发酵面团功能，当然也能加以利用，但若烤箱没有这个功能，可以使用沥水篮，或是塑胶制的收纳箱，尽可能使用附盖的容器。

温度与湿度的调节，是在容器底部直接注入热水，或是将装有热水的其他容器（杯子或盆等）放入底部。容器中的温度请用温度计确认。湿度可以用湿度计来确认，但若没有温度计，就用发酵面团的表面状态来判断。基本上，只要不会干燥就没有问题。覆上盖子进行温度与湿度的调节，当温度降低时，请替换热水。完成整形的面团，基本上是放在烤盘上进行最后发酵。因此发酵器内必须要能平放烘焙用的烤盘。

发酵室是大型发酵器，此款是能设定冷冻和发酵温度的冷冻发酵柜

家庭用发酵器

附盖的沥水篮也可以替代发酵器

最适合发酵的温度大约是多少？
= 最适宜的发酵温度

搅拌后，发酵器设定在 25 ~ 30℃。

酵母（面包酵母）大约在40℃最能产生气体。无论是较高或较低，越是远离适宜温度，活跃性就越差。

搅拌后的发酵操作中，一旦气体急速地大量产生，面团被勉强拉扯开，反而会受损，因此会将面团揉和完成的温度设定在比酵母最大活性温度略低的24 ~ 30℃，再放入设定在25 ~ 30℃的发酵器内，略微抑制酵母的活动。

经过一段时间的发酵，面团温度大约是以每小时1℃的速度升高。此外，借由酒精和乳酸等生成，面团的pH会降低，软化面筋组织，因此面团产生延展性（易于延展的程度），与气体的生成量达到平衡的状态，面团会膨胀起来（⇒Q63）。

请问面团和 pH 的关系？
= 发酵与面团的 pH

面团的 pH 会影响酵母作用及面团的状态。

通常面团从搅拌到烘焙，都会保持在弱酸性pH5.0 ~ 6.5之间（⇒Q63）。因为面包制作时使用的材料大多是弱酸性，搅拌后的面团pH约为6.0。之后，因面团的发酵、熟成而生成有机酸，其中还有乳酸菌因乳酸发酵而生成的乳酸，这些都会使面团的pH降低，因此发酵结束时pH会降到5.5左右。在这个pH的基础下，因酸性而使面筋组织适度软化，面团的延展性变好。并且面团的气体保持力在pH5.0～5.5时最大，若数值更低时，保持力就会急剧下降了。据说酵母（面包酵母）的活性化在pH4.5～4.8时最佳，若面团的pH降至更低时，面团状态会变差。发酵时，虽然酵母活跃地产生气体非常重要，但形成的气体要由面团保持住，膨胀的面团必须能够平滑地延展，形成平衡的状态，才能保持住面团膨胀的形状。另外，当气体不断地生成时，面团急剧被拉扯延展，反而会难以承受。

即使面团多少偏离酵母活跃最适当的数值，酵母生成的气体量，也不会有过于显著地减少。因此，会将面团的pH设定在5.0～6.5。

pH在此范围内，从搅拌至烘焙，可以自然良好的状态完成。

pH对面团膨胀力的影响

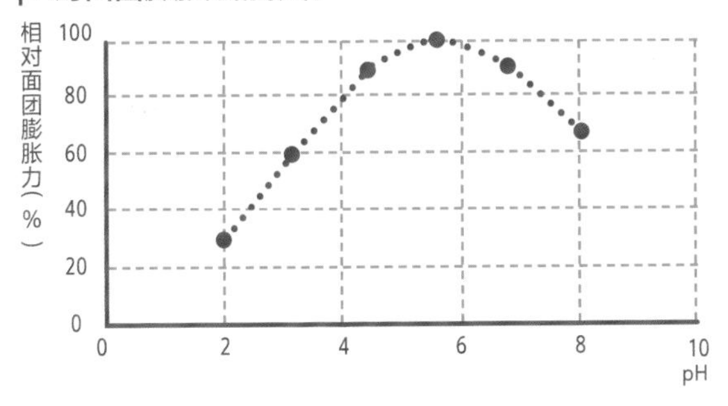

（资料提供：东方酵母工业株式会社）

发酵完成该如何判断？
= 手指按压测试

在面团表面用手指按压出孔洞，用孔洞状态来判断。

面团发酵至充分膨胀、适度熟成为止是基础，但发酵完成的时间，会因配方、面团的温度、发酵器的温度等因素而改变，因此无法单纯用时间来决定。

面团的发酵、熟成程度，虽然通过观察体积、香气等判断也很必要，但在此说明一般以物理方式，用双眼确认发酵状态的方法。

在此介绍的是基本方法之一，依照面包的种类和制作者的想法等，判断方法及时间点也会有所不同。

手指按压测试

最常用的方法是用手指蘸裹手粉，插入面团后立刻抽出手指，确认孔洞的状况。

将手指插入面团

发酵不足

面团的孔洞会慢慢恢复，孔洞变小

发酵适度

虽然孔洞略小，但维持原状

发酵过度

孔洞周围萎缩，面团表面出现大的气泡

用指腹轻压面团

用蘸取手粉的指腹轻轻按压面团，确认面团的弹性。

接着手指离开面团，确认手指留下痕迹的状态。

用指腹轻轻按压面团表面

发酵不足

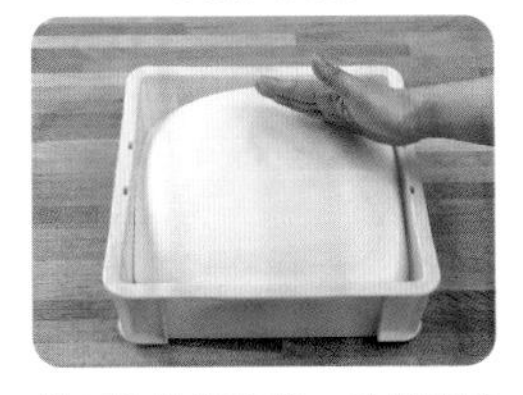

按压处恢复原状，手指痕迹消失

发酵适度

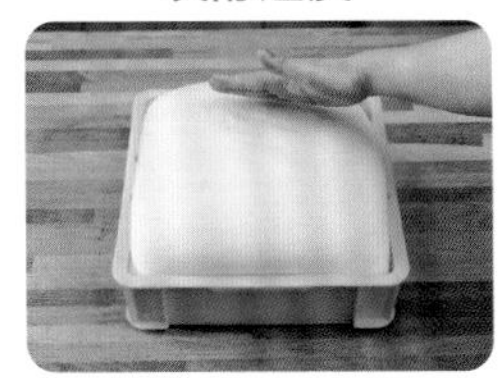

手指痕迹几乎原样保留

发酵过度

面团表面萎缩，出现大的气泡

什么是低温发酵？
= 面团的低温发酵

用比揉和完成的面团温度更低的温度使其发酵的方法。

通常面团的发酵，会以较揉和完成的面团温度更高的温度来进行。但也有称为低温发酵的方法，是用比揉和完成的面团温度更低的温度来使其发酵。

低温发酵有两种方式，一个是利用5℃以下冷藏的方法，揉和面团后置于冷藏室一夜，翌日进行分割滚圆，再完成面包制作。主要用于水分或油脂等配方用量较多的柔软面团，以一般的温度发酵时，会难以进行。

这个方法，是面团在酵母（面包酵母）活动温度的下限，进行缓慢发酵。与其说是使面团发酵，不如说更重视操作性。冷藏后冰冷的面团虽然比较容易进行操作，但若直接使用，面筋组织连接较弱，延展性（易于延展的程度）也会变差，因此必须要等面团恢复至理想温度。

另一个方式，是利用较揉和完成的面团温度更低的温度，使其长时间发酵的方法（低温长时间发酵），面团揉和完成后，从数小时到数十小时缓慢地使其发酵，也能充分地产生气体和生成有机酸，主要用于硬质面包。减少酵母量，但使其长时间发酵，面团变得柔软，面筋组织的力道减弱，因此会重复进行数次的压平排气，以增加面团的力道。长时间发酵，酵母的作用虽徐缓，但仍一直进行，因此为避免发酵过度，管理温度和时间也非常重要。

此外，折叠面团发酵后的折叠步骤，一旦温度过高，黄油会变软而无法烘焙出漂亮的层次，因此必须以低温发酵（冷藏）来进行。

压平排气

何谓压平排气？

揉和完成的面团到分割为止，都是在发酵。发酵过程中折叠膨胀的面团用手掌按压，这个操作就称为压平排气。

一听到压平排气，或许会有需要用力敲打面团的想象，但实际上，几乎没有强力敲打这回事。虽然依面团而异，但要注意不能损伤面团。

并且，压平排气不仅要视发酵种类，也会因发酵状态而改变压平排气的方法及强度。

压平排气的目的主要有以下3项。

① 发酵中产生的酒精连同气体一起从面团中排出，混入新的氧气。借此提高酵母（面包酵母）的活性。这是因为酵母自身产生的酒精，导致面团中的酒精浓度上升，使得活性降低。借由这个操作将酒精排出面团之外，提升活性。

② 借由物理性力量，使面筋组织的网状结构更紧密并强化，强化松弛面团的抗张力（拉扯张力的强度）。

③ 挤破面团内的大气泡，增加细小气泡的数量。

压平排气的顺序

压平排气是将发酵的面团取出至工作台后进行。大多时候，面团表面是湿润的，因此从发酵容器中取出面团时，为避免面团粘黏，会先在工作台上撒手粉，或是在工作台上铺放布巾，再摆放面团。进行压平排气操作之后，将发酵时朝上的一面，再次朝上放入发酵容器，继续进行发酵。

由发酵容器中取出面团

1

从发酵器中取出放面团的容器。

2

光滑面（发酵时朝上的一面）朝下，倾斜发酵容器，将面团小心地取出至撒有手粉的工作台上。

3

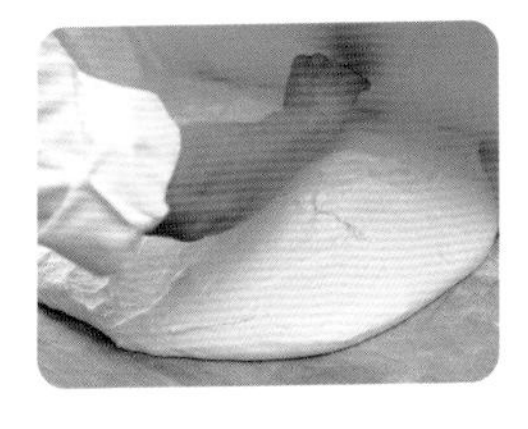

若面团粘黏在容器内，可以使用刮板等使其少量逐次地剥离。

排出面团中的气体，放回发酵容器内

1

用手掌均匀地按压全部面团。

2

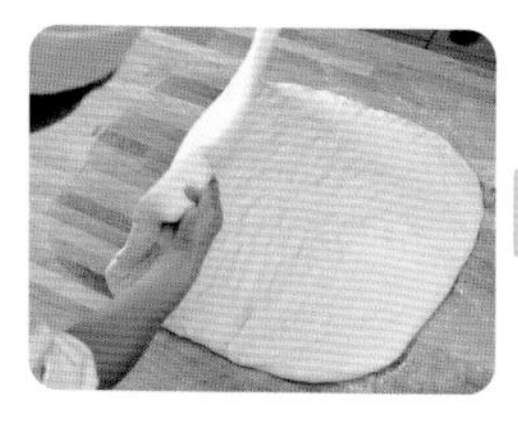

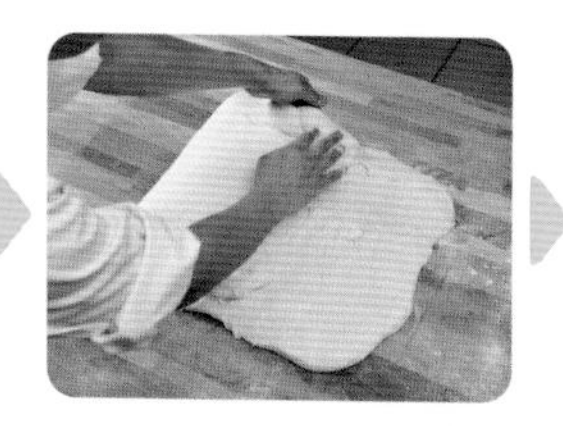

从左右向中央折叠，每次都用手掌按压折叠部分。

3

光滑面朝上（压平排气时朝下的一面），上下翻面后放回发酵容器内。

酵母是一种很难对抗自己所生成的酒精的物质

酵母要能活跃地进行酒精发酵，必须有调整好的水温以及pH的环境条件，并且也要有糖分（⇒**Q63**）。

以葡萄酒为例，葡萄酒的原料葡萄，因含有糖分而能进行酒精发酵，一般而言酒精浓度为14°左右。葡萄的糖度有某个程度的上限，但并非使用糖度较高的葡萄汁，就能制作出酒精浓度20°以上的成品。估且不论酵母自己生成的酒精，随着酒精发酵的进展，酒精浓度一旦升高，就是酵母死亡灭绝的开始。因此，通常酒精的浓度大约会控制在14°左右。

面包也是相同的道理。因发酵而膨胀的面团中酒精增加时，酵母会因自身生成的酒精而变弱。但是在压平、排气、分割、滚圆、整形的操作中，从面团内将气体排出的同时，也排出了酒精，因此酵母就能再次活跃地进行发酵。

为什么有的面团要压平排气，有的面团不用呢？
= 压平排气的作用

相对地缓慢发酵，使其熟成的面团会进行压平排气操作，发酵时间较短的面团则不需要。

基本上压平排气会用在硬质等少油少糖类面团、酵母（面包酵母）使用量较少、面团发酵熟成进行较缓慢的面包类型。此外，无关发酵种类，想要制作的成品呈现较大体积时（法式面包、吐司等），也会进行压平排气。不进行压平排气的面团，主要是软质多油多糖类面团，或为缩短发酵时间（60分钟以内）而使用较多酵母的面团。这些类型相较于借由发酵、熟成产生香气和风味，更希望彰显、释放出配方材料的风味和香气（奶油卷、甜面包卷等）。

压平排气要在什么时间进行几次呢？
= 压平排气的时机和次数

虽然也有例外，但通常是随着发酵阶段进行一次。

压平排气，虽然是在搅拌结束与分割操作之间的发酵过程中进行，但进行的时机及次数，会因制作目的而异。通常揉和完成的面团，在充分地完成发酵时会进行一次。其他柔软的面团，以及对于不经强力搅拌揉和的面团，想要增加面团强度时也会进行压平排气。此时，压平排气的时机，大多会落在发酵中期，面团尚未十分膨胀的状态时。此时次数通常也是进行一次，但也有时候会进行两次。

强力地进行压平排气，或是略微轻柔地进行，要如何判断？
= 压平排气对面团的变化

压平排气的强弱，会因面团种类和压平排气的目的而有所不同。

基本上强力地压平排气，主要会用在软质多油多糖类配方的面包，或是像吐司类需要膨胀的种类，力道较小地压平排气，主要是用在硬质少油少糖类配方的面包或酵母（面包酵母）用量较少的种类。

此外，即使是同样的面包，也会因面团的强度及酵母作用而有强弱之分。具体举例来说，搅拌较弱，压平排气时面团会塌软，需以较平常更强力的压平排气操作，以强化面筋组织。感觉有点过度发酵的面团，通常会以较弱的压平排气来操作，以防止气体过度排放或损伤面团。

强力压平排气的方法（例：吐司）

1

平顺光滑面（发酵时朝上的一面）朝下，放至撒有手粉的工作台上，用手掌按压全部面团。

2

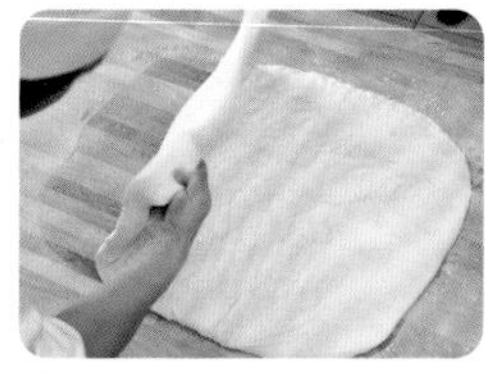

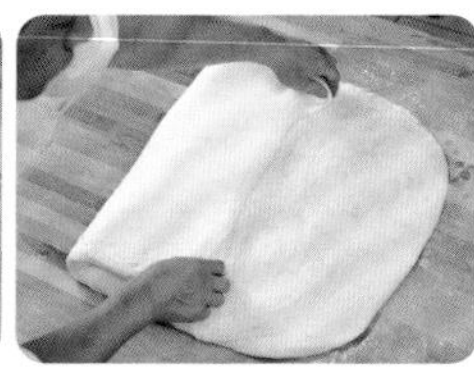

拿取面团一端折叠。

3

折叠部分用手掌按压。

4

另一端也同样折叠，并用手掌按压。

5 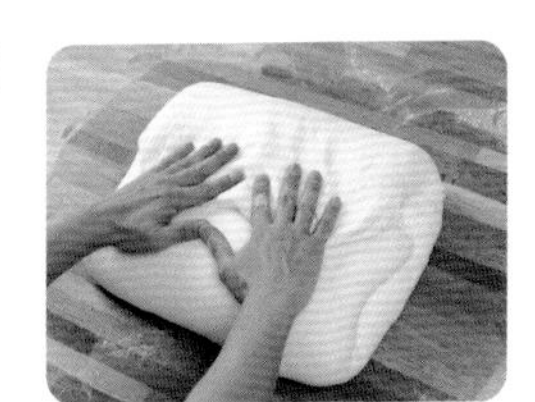

靠近自己身体这端的面团和另一端也同样地进行折叠。

6 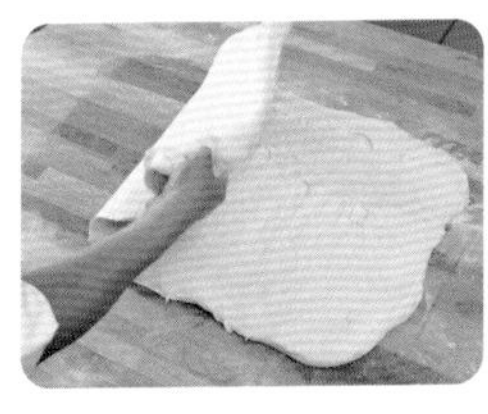 

平顺光滑面（之前朝下的一面）朝上，放回发酵容器内。

与压平排气前（左）比较，压平排气后（右）的面团变小了一圈

较弱压平排气的方法（例：法式面包）

1 

取出面团，放在撒有手粉的工作台上，拿取面团一端折叠，折叠部分用手掌按压。

2 

另一侧也同样折叠，并用手掌按压。上、下两端也以同样步骤进行折叠。

3 

平顺光滑面（之前朝下的一面）朝上，放回发酵容器内。

与压平排气前（左）比较，压平排气后（右）的面团变小了一圈。但体积没有像用力压平排气的差异那么明显

分割、滚圆

何谓分割？

配合想制作面包的大小、重量、形状，进行分切面团的操作。正确地测量重量，避免面团干燥、面团温度降低等状况，迅速进行操作非常重要。

分割的步骤

1

配合分割重量设置砝码，放置在惯用手的另一侧。为使面团方便摆放，将称量工具放在身体前方。在工作台上撒手粉，将面团从发酵容器内取出。此时，面团放置在握持刮板的惯用手旁。

2

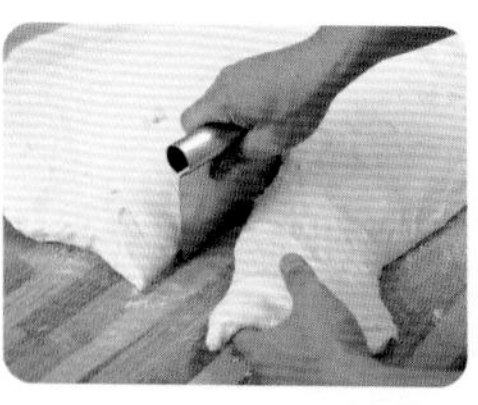

用切板按压分切面团，避免切开后的面团粘黏，立刻往身体的方向拉开。配合分切重量，尽可能切成大的四方形。

3

分切好的面团，每次都要用称量工具称量重量，便于对分割重量进行微调。

请教能巧妙分割的方法

分切面团、测量重量，都要小心进行，避免损伤面团。

分割时，尽量避免损伤面团。

用切板分切面团时，必须由正上方垂直地按压切下。一旦前后拉动地分切，会因切口粘黏面团而难以切开，也会损伤面团。由上按压分切时，切面的状态也会更好。

分切好的面团秤量重量，根据目标重量补足面团或切下面团以调节重量。为避免切下的碎面团过多，尽可能用最少次数达到目标重量。

分切面团

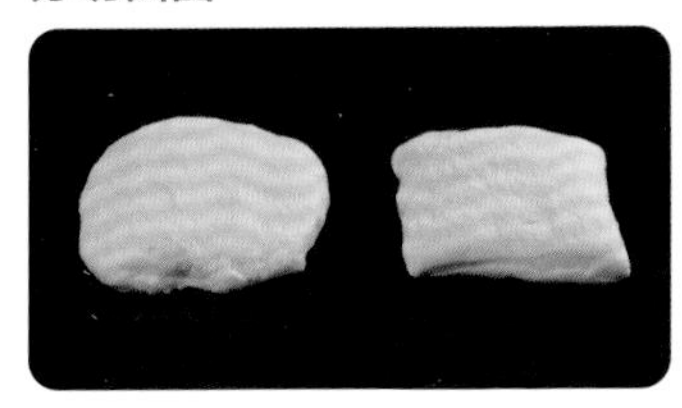

前后拉动切板分切的面团（左），由正上方垂直分切的面团（右）

测量重量（正确）

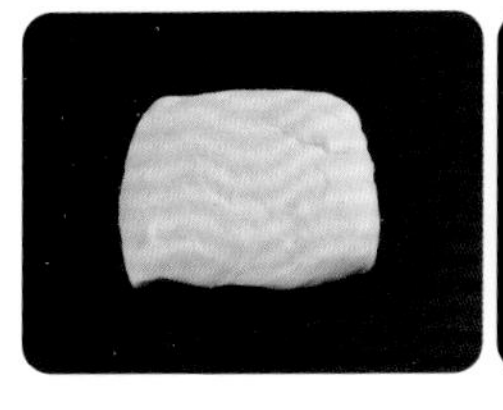

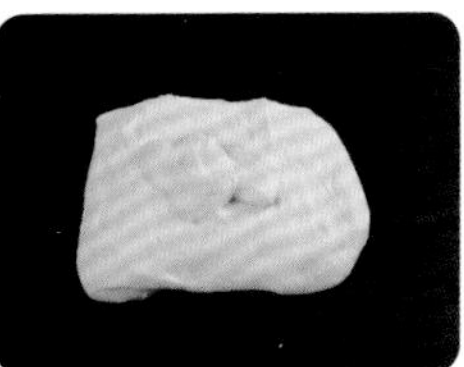

一次就能分切出重量的最佳状态（左），补足面团达到分割重量，或是少量次数即完成补足重量的较佳状态（右）

测量重量（错误）

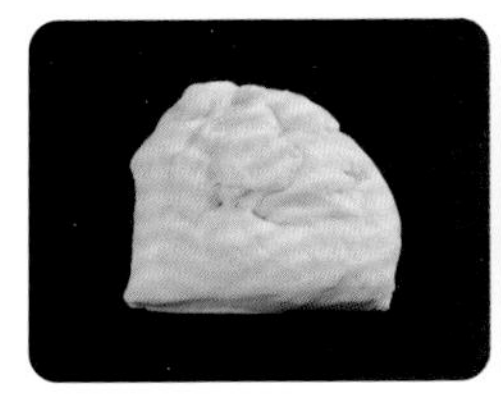

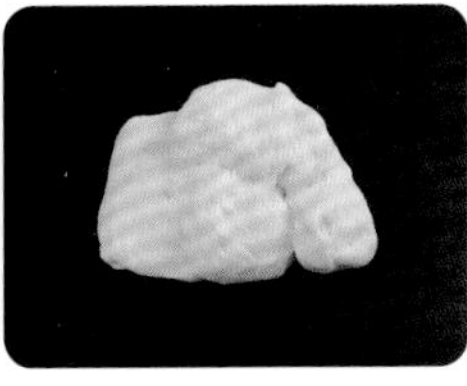

因数次增减面团调节重量而摆放上几个小面团的状态（左），几个重量或形状不同的面团堆叠成的面团（右）

何谓滚圆？

将分割的面团形状整理成适合接下来整形操作的步骤。正如文字所示，将面团整合成圆形，依照整形的需求，也会有整合成椭圆形或棒状的情况。

滚圆的目的是借由一定方向的滚圆动作，以重整面筋组织的排序，将面团制成相同形状。此外，将因分割操作产生的粘黏切面滚至面团内部，同时也使表面呈现出张力，将气体易于保持在面团内。

虽然依发酵种类及发酵状态，滚圆的强度也会随之不同，但无论强弱，都是要使全部面团呈现均匀的状态，并且要注意避免面团表面破损。

滚圆的步骤

依发酵种类与分割重量，滚圆的方法及强度（方法和次数等）也会随之不同。并且也会因面团的发酵状态而改变滚圆的强度（⇒Q204）。

●小型面团的滚圆（使用右手进行时）

1

光滑面朝上放在工作台上，用手掌包覆住面团。

2

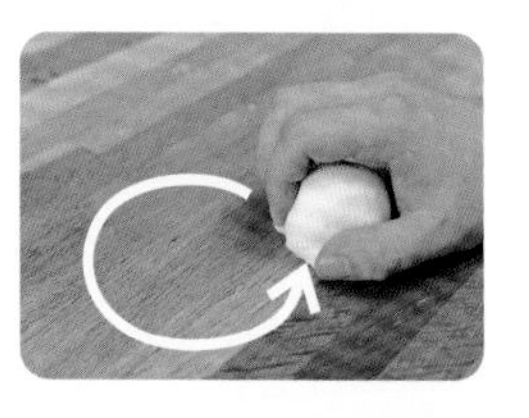

将手以逆时针方向，边做动作边滚圆面团。

3

面团表面紧绷成为光滑状时完成。

未成为均匀状态（不圆，滚圆力道薄弱）的面团（左），适度完成滚圆的面团（中），滚圆力道过强，表面破损的面团（右）

●大型面团的滚圆（使用右手进行时）

1

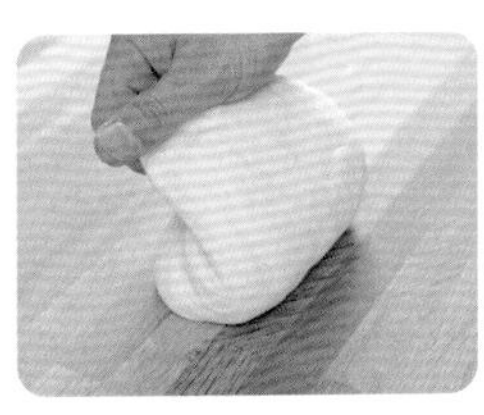

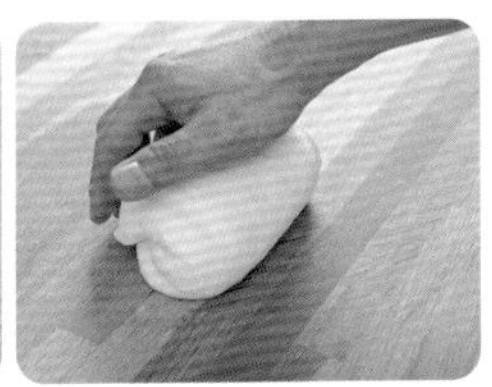

将面团从身体方向朝外对半折叠，使表面略呈紧实状态。

2

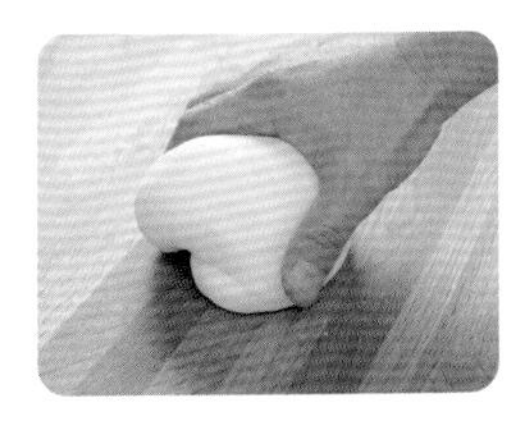

将面团转动90°，像抓取面团般在面团外侧以拇指以外的4指抵住，将面团侧边朝下推送。

3

如照片所示，手抵在面团上，指尖朝面团右下方向，边画弧，边手朝身体方向拉回使面团滚动。手离开面团，再同样地以指尖抵住面团的另一侧，重复同样的动作。

4

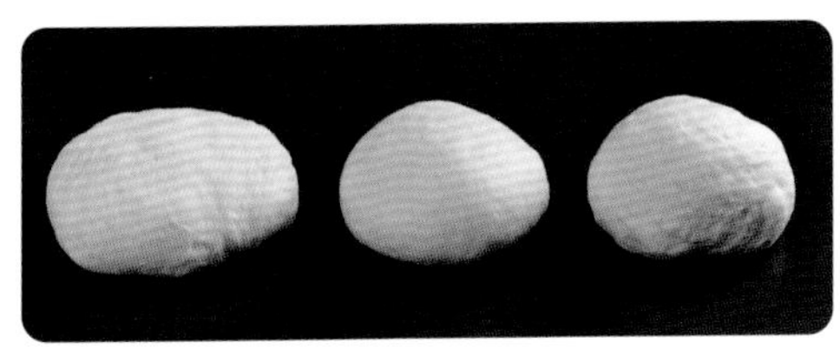

表面紧绷成为光滑状时完成。

未成为均匀状态（不圆，滚圆力道薄弱）的面团（左），适度完成滚圆的面团（中），滚圆力道过强，表面破损的面团（右）

●棒状面团的整合

1

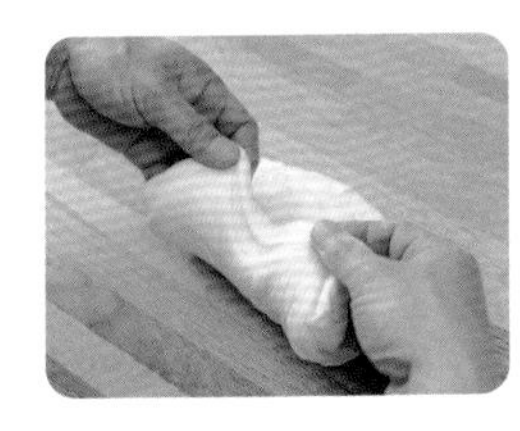

完成分割操作的面团，由身体方向朝外对半折叠。

2

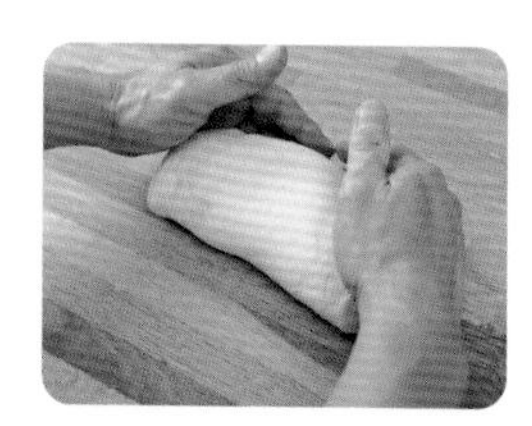

从面团外侧用双手轻轻拉向身体方向，略紧实面团。

3

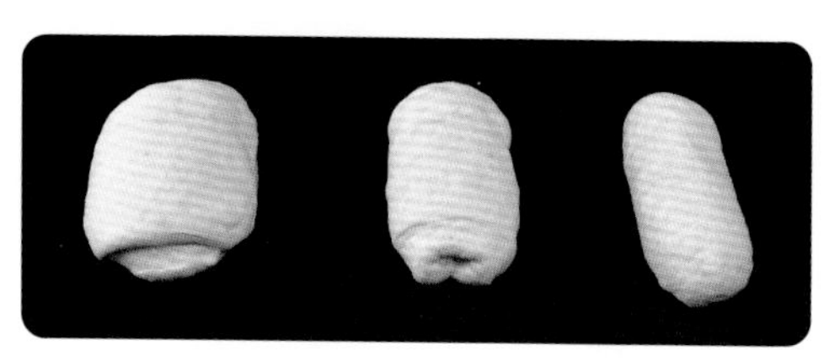

整合面团，可以施以不同的强弱。

整合力道薄弱（左），整合力道适度（中），整合力道强（右）

滚圆的强弱以什么为基准？
= 滚圆与体积的调整

想要呈现出面包体积时，可以强力滚圆，想要抑制体积时，则力道较弱地滚圆。

滚圆分切好的面团这个操作，几乎每种面团都需要，但滚圆的强弱，会因面团种类或发酵状态而改变。无论哪种面团，中间发酵后，要使面团成为适合整形的松弛状况，最后能烘焙出如预想的面包，这个时候调整滚圆的强度就非常重要。

●软质面包

想要呈现出面包成品的体积，因此进行搅拌后，为了形成能够保持气体的面筋组织，使面团更紧实，滚圆操作也会强力执行。但要注意避免损伤完成滚圆的面团表面。

●硬质面包

相较于软质面包，需要花时间使其缓慢地发酵。为避免面筋组织过度生成，会以较弱的力道搅拌，较少量的酵母（面包酵母）以减缓发酵力道（⇒p.205）。不想使面包成品体积过度膨胀时，会以较弱的力道进行滚圆。因面包种类而有所不同，有几乎不需滚圆的，也有轻轻折叠整合即可的情况。

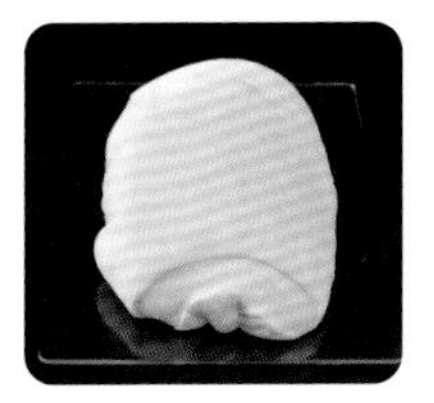

法式面包（法棍面包）
面团的滚圆（整合）

●过度发酵时

较一般面团松弛时，有可能是过度发酵。这时为了避免过度施力损伤面团，需要力道较弱地滚圆。

●发酵不足时

较一般面团紧实时，有可能是发酵不足。此时，可以借由滚圆使面团不再紧实，需注意施力强弱，以较弱的力道进行滚圆。除此之外，为了使面团能松弛成便于整形的状态，可以拉长中间发酵的时间。

完成滚圆的面团该放置在什么地方？
= 滚圆后面团的放置场所

滚圆后的面团会静置在发酵器中，为了能方便移动，放置在板 子上。

完成滚圆后的面团，基本上就进入了中间发酵。

中间发酵，大多是将面团再次放回分割操作前就设定好温度的发酵器内，因此会将面团放置在板子等方便移动的物体上。为避免面团粘黏，会在板子上轻撒手粉或铺放布巾，再放置面团。

此外，在室温下进行中间发酵时，要避免面团干燥，覆盖上塑料袋或保鲜膜等。

中间发酵

何谓中间发酵?

借由滚圆紧实的面团，为了能顺利进行下个整形操作，而必须适度静置。这个静置过程就称为中间发酵。

中间发酵时，除了经时间推移重整面筋组织的排序之外，也因短时逐次的持续发酵，生成的酒精和乳酸可以软化面筋组织。如此一来，可以松弛因滚圆而紧实的面筋组织（⇒**p.218～p.219**），面团中恢复的弹性被减弱，也更容易整形。

中间发酵期间，面团会发酵，虽然大多会静置于与分割操作前相同发酵条件的场所，但相较于分割前，面团表面更容易干燥，因此要多注意湿度的设定。过湿时，整形操作就必须多撒上手粉，也有可能因此造成面团表面干燥，保持适当的温度和湿度非常重要。

大体上，中间发酵的必要时间为，小型面包10～15分钟，大型面包20～30分钟。

中间发酵前后的面团变化

分别比较中间发酵前的面团（左）和中间发酵后适度松弛的面团（右）

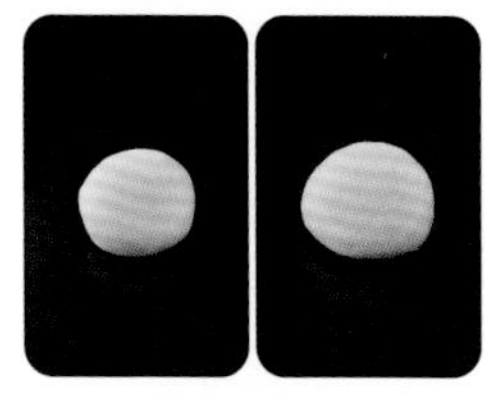

滚圆的面团（小）

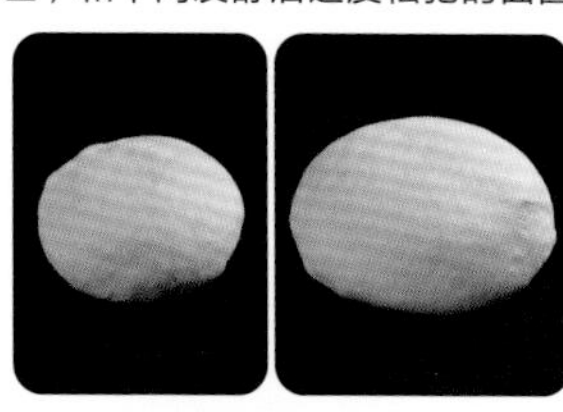

滚圆的面团（大）

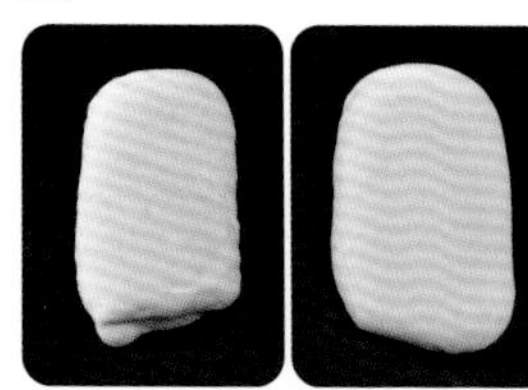

棒状（整合）的面团

面团发酵至什么状态可以视为完成中间发酵了呢？
= 适当中间发酵的判断方法

面团略为松弛，变得易于整形时就表示完成了。

中间发酵是为了使下一个整形操作能顺利进行，让因为滚圆（整合）而产生的弹力能够再次松弛而静置面团。要静置多长时间较合适，会随面包的种类、完成分割的面团大小、滚圆的强度而有所不同。

具体的方法是观察面团的状态、用手触摸来判断。外观上，相较于刚完成滚圆时，略有膨胀且有时会稍稍塌软。触摸判断时，用手或手指轻轻按压面团，收手时会直接留下按压痕迹的松弛程度，就代表完成中间发酵了。

整形时面团弹力变强或收缩，就表示该面团的中间发酵不足。

中间发酵时的面筋组织

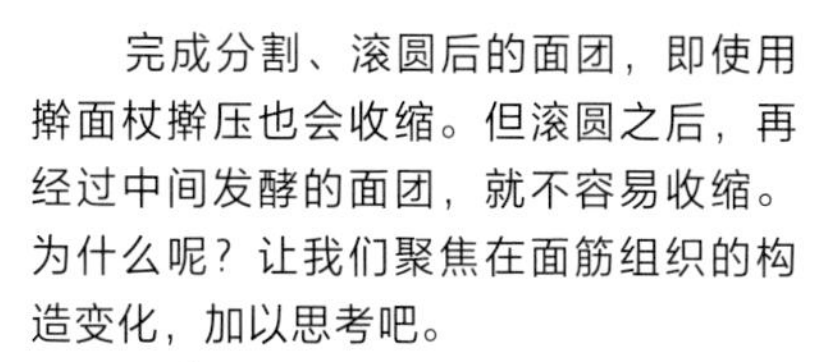

完成分割、滚圆后的面团，即使用擀面杖擀压也会收缩。但滚圆之后，再经过中间发酵的面团，就不容易收缩。为什么呢？让我们聚焦在面筋组织的构造变化，加以思考吧。

面筋是以网状结构存在于面团中，当揉和面团或施力改变面团形状时，面筋组织的结构会被拉扯或扯断，导致结构紊乱。

面筋组织的网状结构，原本是规则正确的网状排序，即使结构紊乱，也能再次被构建起来，自然地变化成规则正确的排序，这需要一定的时间。

假设在面筋组织结构紊乱的状态下，要擀压面团，会促使面筋组织内发生紊乱，在恢复至原本大小、形状的力道作用下，面团收缩。但只要再稍加放置，面筋组织的排列再次恢复，之后再擀压面团，因所有的排序已再次恢复，在某种程度上面筋组织就能顺利延展开了。

这个面筋组织的再次排序，即使是不经发酵的饼干、面条类的面团，也一样会发生。面团中其他发酵所产生的酒精及各种有机酸使得面筋组织软化，这也是面团更容易延展的原因之一。

整形

何谓整形？

整形就是配合想要制作的面包，整理面团形状的操作。

在中间发酵时静置的面团，松弛了滚圆后紧实又具张力的面筋，减弱弹性以便于整形。面包制作的步骤中，就是重复“紧实”与“松弛”的操作，使其达到制作者想要呈现的体积膨胀又兼具口感的面包（⇒p.174）。整形是紧实面团的最后操作，为了能够达到烘焙完成时的形状而强化面团的黏弹性（黏性和弹性）。

视面团的状态来进行整形吧。

整形的步骤

大多数的面包，基本上是圆形或棒状。整形成圆形的面团，再薄薄地擀压成圆盘状，折叠后卷起，也可以做成吐司。也有整形成棒状的面团，薄薄地延展后由一端卷起，或使用数根长条面团编卷起来等。

●圆形的整形（用右手进行时）｜小型面团

用手掌按压排出气体，面团上下翻面，将光滑面朝下。

2

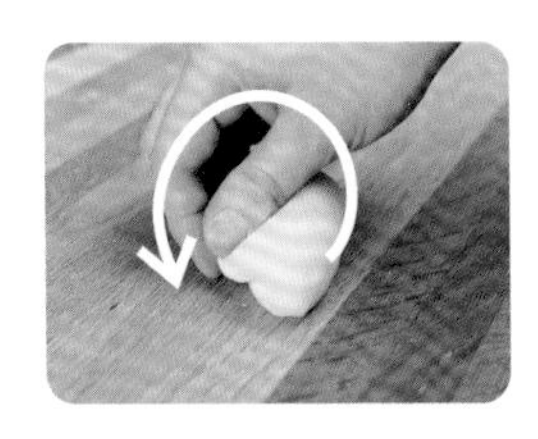

面团由身体方向朝外侧翻折。

3

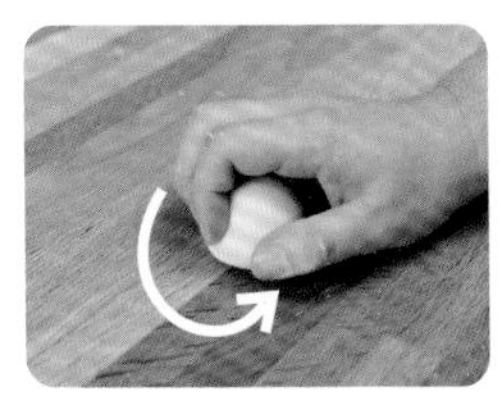

以用手掌包卷一般，将手以逆时针方向，边操作边使其形成表面具张力的滚圆面团。

4

因表面紧实而形成光滑状态，抓取面团的底部使之闭合。闭合接口朝下放置。

●圆形的整形（用右手进行时）｜大型面团

1

用手掌按压排出气体，面团上下翻面，将光滑面朝下。

2

面团由身体方向朝外侧翻折。

3

将面团转动90°，用手指抵住面团的外侧，将面团侧边朝下推送，使表面形成张力。

4

指尖朝面团右下方向，边画弧，边手朝身体方向拉回使面团滚动。将手离开面团，再同样地以指尖抵住面团的另一侧，重复同样的动作。

5

因表面紧实又有张力而形成光滑状态，抓取面团底部的接口。闭合接口朝下放置。

●棒状的整形

1

用手掌按压排出气体，面团上下翻面，将光滑面朝下。

2

面团由外侧朝身体方向翻折1/3，以手掌根部按压面团使其贴合。

3

转180°，同样地翻折1/3，以手掌根部按压使其贴合。

4

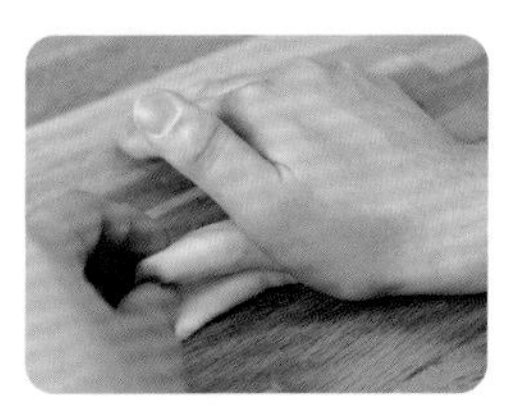

从外侧朝身体方向对折，同时用手掌根部按压面团边缘，使其闭合。

5 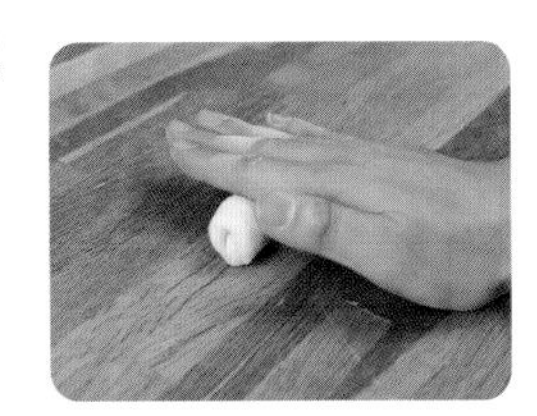

单手放在面团中央，轻轻施力并滚动面团，使中间部分变细。

6 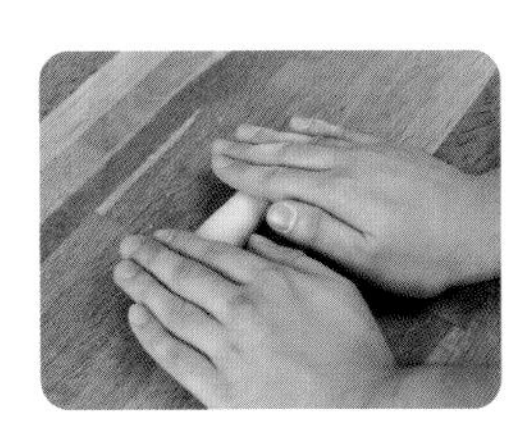

接着，以双手摆放在面团上，同样施力滚动面团，朝两端搓揉延展。

7 

表面紧实有张力，呈均匀的粗细即可。

●从圆形开始的整形变化 | 圆盘状的整形

1 

由面团的中央朝身体方向滚动擀面杖，压排出气体。

2 

继续由中央向外侧滚动。

3  

必要时，可以转换面团方向，滚动擀面杖，排出气体。

4 

待厚度均匀，使气体恰到好处地排出即可。

●从圆形开始的整形变化 | 椭圆形的整形（用吐司模型等烘焙时）

1 

整形成圆盘状（⇒p.241），使其成为排出气体的状态。

2 

面团上下翻面，使光滑面朝下。将面团从外侧朝身体方向折入1/3。

3 

从身体方向朝外同样地折入1/3，用手按压贴合。

4 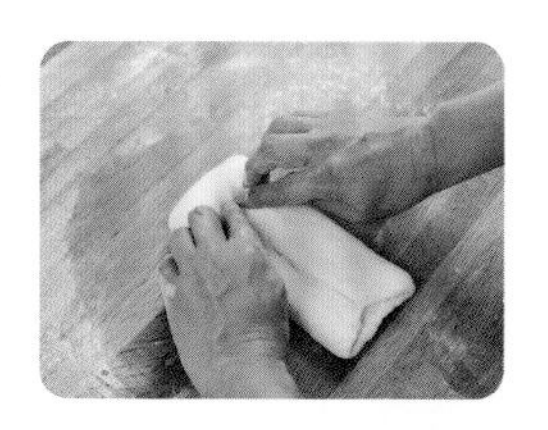

将面团转90°，从面团外侧折入少许，轻轻按压做成中间部分。

5 

从外侧朝身体方向，用拇指轻轻按压使表面呈现张力，边紧实边卷起。

6

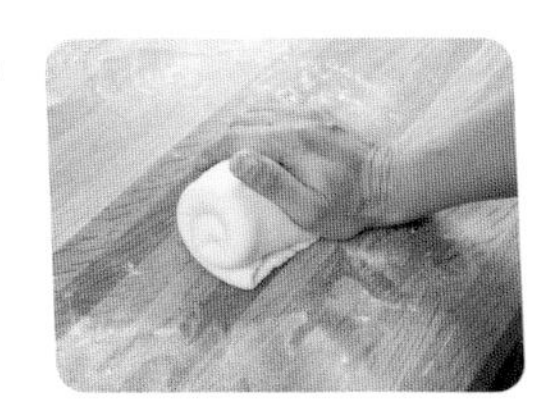

卷至最后边缘时，用掌根按压闭合面团。

7

闭合接口处朝下放入烘烤模具中。

从棒状开始的整形变化 ｜ 奶油卷的整形

预备整形（泪滴状）

1

整形成棒状（⇒p.240），使表面具张力，成为粗细均匀的棒状。

2

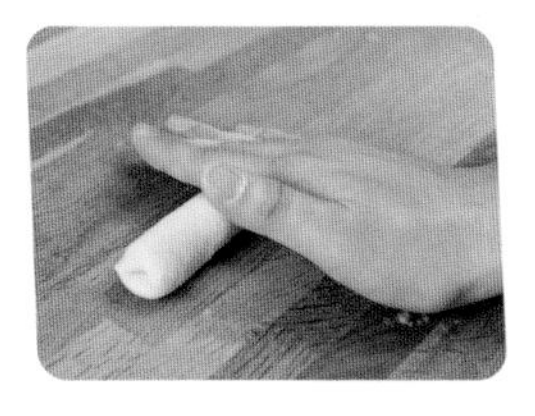

单手放在面团的中央，往小指方向渐次地滚动变细，使单侧成为细长泪滴状。在室温下静置5分钟。

正式整形

3

静置后的泪滴状面团，粗的一端朝外侧摆放，用擀面杖由面团中央朝外侧擀压，以排出气体。

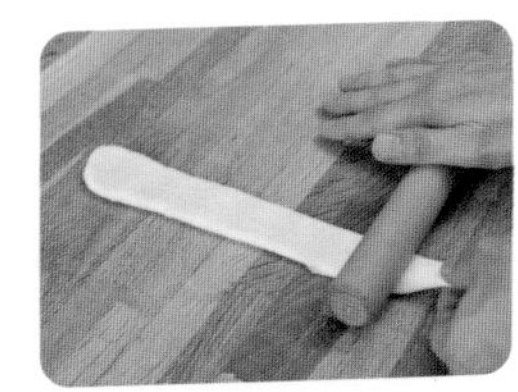

手拿着面团较细的一端，边向身体方向拉长，边由中央朝身体方向滚动擀面杖，排出气体。擀压成为均匀的厚度。

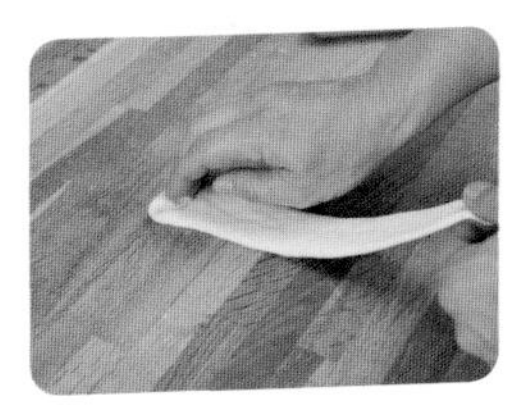

整形成棒状时的接口（⇒**p.240**）处朝上放置，面团较窄的一端用手拿着，较宽的一端少许折入后，轻轻按压做成中间部分。

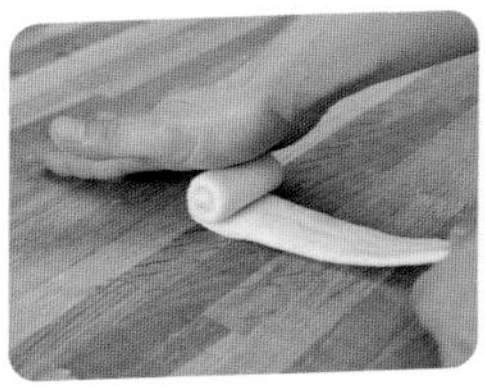

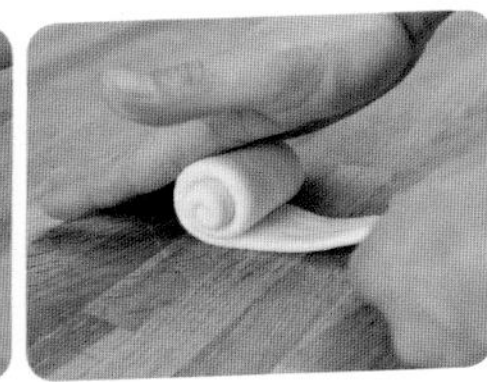

由外侧朝身体方向卷动。

7

卷至最末端时贴合面团。

若卷好的面团各层厚度均匀，就是最佳状态。

●从棒状开始的整形变化 | 三股编织的整形

1 将完成棒状整形（⇒p.240）的面团，搓揉延展成两端细的状态。

2 

同样地做出3条，进行三股编织，收紧面团末端使其固定。

整形时要注意哪些重点？
= 整形时的施力程度

必须注意避免损伤面团，同时也要施以适度的力道，以强化面筋组织整合形状。

配合面团的种类及想要的面包类型，考虑对面团的施力。

加诸面团的力道若过强，强力施压会导致面筋断裂，使得面团无法在最后发酵及烘焙完成时膨胀，会制作出体积不足的面包。

反之，施于面团的力道较弱时，面团的紧绷状态变弱，无法承受最后发酵时产生的气体，导致面团无法膨胀，如此会形成体积不足的成品。

整形时力道大小的平衡，会影响最后发酵所需的时间，以及完成烘焙时面团的膨胀。因此整形后与滚圆时，同样需要让面团呈现表面平顺、光滑，且具张力的状态，并且避免干燥也非常重要。

完成整形的面团是以什么状态进行最后发酵呢？
= 整形后的最后发酵

摆放在烤盘上、放入烘烤模具中、放置在布巾上、放入发酵篮内等，配合面包制作方法，进行最后发酵。

因面包不同，完成烘焙的方法也不同，应根据各种需求来决定以何种状态进行最后发酵。主要方法如下文所述。

●摆放在烤盘上

整形后，大部分的面包会摆放在烤盘上。

此时必须注意，完成整形的面包之间，必须有充分的间隔。完成整形的面团，在最后发酵时，体积会膨胀2～3倍。接下来烘焙时，还会更加膨胀，因此必须将这些列入决定面团间距的因素。

一旦间距过窄，面团之间会相互粘黏，即使没有粘黏，也会因面团间太过接近，使烤箱的热度难以流动，导致烘焙不均或受热不良。

间距较大时，基本上没有特别的问题，但也必须考虑到制作的效率。考虑烤盘上摆放的面包个数也很重要。若烤盘上面团的间距各不相同，完成烘焙的面包也会出现差异。

刚完成整形（左），完成最后发酵的状态（右），膨胀 2 ～ 3 倍

●放入烘烤模具中

吐司或布里欧等有特定烘焙模具的产品，会放入模具中。在模具中放入数个完成整形的面团，大小必须相同，并以相同的间距放入。

分切成 3 等份，填入专用模具的吐司面团

放于专用模具的布里欧

●放置在布巾上

法式面包等硬质面包，大多会在整形后摆放在麻布或帆布等绒毛较少的布巾上。在烘焙时，会直接将面团摆放在烤箱底部（炉床、窑床），以名为

“直接烘烤”的方法来进行烘焙（⇒Q223）。

摆放在布巾上进行最后发酵，是因为发酵完成的面团在烘焙前，会用名为“移动带”的专用入窑设备移动进去（⇒Q224）。

必须注意的是，依面团的形状也会有不同的变化。整形成棒状的面团摆放至布巾时，利用布巾做出皱褶以隔开面团。根据面团膨胀来调节面团与布巾的间隔，以及布巾皱褶的高度。

整形成圆形的面团应注意，与摆放在烤盘上几乎相同，面团间必须要有充分的间距。但若是放在布巾上进行最后发酵，仅需考虑膨胀的部分即可。

无论是哪种状况，考虑到移入移出发酵器的便利性，会将布巾铺在板子上。

棒状的面包

摆放完成整形面团的布巾和板子。为避免布巾产生折叠痕迹，可以摊平或卷成筒状来保存管理

摆放面团后，再放置下个面团前，做出皱褶

面团两侧适度地留下间隔后做出皱褶，皱褶的高度要高于面团 1 ~ 2cm

圆形或小形面包

考虑到膨胀因素，面团间要留下间距

●放入发酵篮内

硬质面包如乡村面包等面团柔软，且最后发酵时面团会塌陷、难以保持形状的面包，需要放入发酵篮内。烘焙时，翻转模具倒扣出面团，因此要将光滑面朝下放入。

这两款都是发酵篮。无论哪款都要光滑面朝下放入。

制作山形吐司，为什么要整形成好几个面团？= 将多个面团填入模具

相较于整形成一个面团，多个面团可以使气泡变多，更能充分膨胀，做出柔软口感。

本书中，以将分割、整形后的面团分3个放入模具内，制作出3个面团的山形吐司为例（⇒p.242），无论是山形或是方形吐司，也有称为枕形（1个山形）的吐司，或整形成2个山形吐司的情况。

多个相同大小的面团填入模具的方法，可以让气泡变多，膨胀更好，并有柔软的口感。此外，面团的力量（面筋的强度）增大，全部面团的膨胀也会增强（⇒Q229）。

整形成枕形时，气泡较少，因此会呈现较有咀嚼口感的面包。

吐司整形变化

※ 面团分切成 2 个，做出 2 个山形的吐司时，面团填入模具后产生空隙。模具与面团之间，面团与面团之间，哪个地方有间隙都没有关系，但必须留出均等的间隔

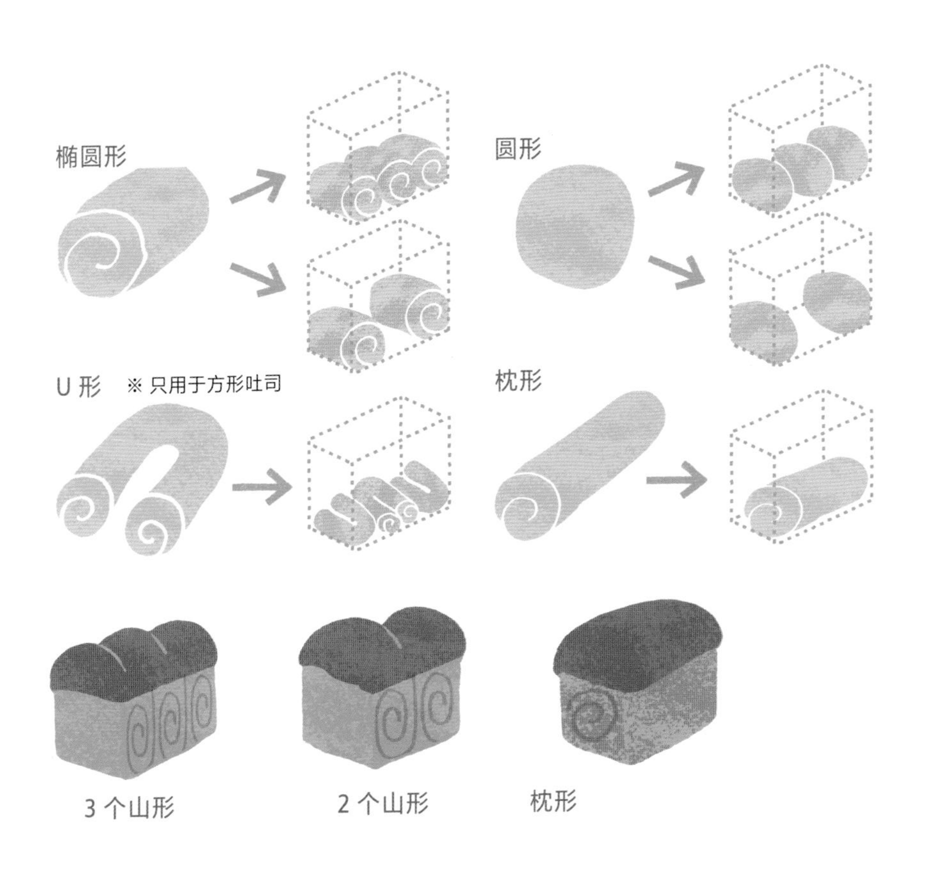

方形吐司为什么要加盖烘焙？食用时与山形吐司有什么不同？
= 方形吐司与山形吐司的差异

方形吐司的弹性较强，有嚼感，柔软内侧口感润泽。

据说原本诞生于英国的山形吐司传到美国后，变成了适合在工厂生产的方形吐司。但这也并非为了追求效率，而是为了呈现不同的口感和形状。并且，使用多油多糖类配方而想要更加提升柔软度时，也会盖上盖子。

方形吐司借由盖上盖子，可以避免柔软内侧的纹理（气泡）纵向延伸，相较于山形吐司，更能增加弹性及口感。

另外，烘焙时水分不易散出，完成烘焙的面包水分含量较山形吐司的水分含量多，就能做出口感润泽的柔软内侧。因此，也可以说适合制作三明治等不经烘烤直接食用的食物。

菠萝包上方覆盖不同面团，最后发酵时会妨碍下方面团的膨胀吗？
= 菠萝面团的覆盖粘贴方法

完全包覆上菠萝面团时，会使膨胀变差，因此不要覆盖到底部。

面团上包覆其他面团整形时，膨胀会受到影响。特别是菠萝包，若菠萝面团将面团完全包覆至底部，面团的膨胀会变差，因此大多不会包覆至底部。此外，菠萝面团若过于厚重，膨胀也会略受影响。

制作菠萝包时，整形后要以菠萝包中的黄油（油脂）不会熔化的温度来进行最后发酵。并且菠萝包的特征是表面的裂纹会伴随着最后发酵的面团一起延展。

可颂的折叠和整形要特别注意什么？
= 可颂的折叠与整形

要避免黄油过度柔软，面团以冰凉状态进行操作。

可颂是将具可塑性（⇒Q109）的油脂（主要是黄油），包入完成发酵的面团内折叠制作的特殊面包。用与糕点的派皮面团相同的手法制成，相异之处在于使用的是以酵母（面团）发酵的面团。

面团最初经25℃左右短时间发酵后，再移至5℃的冷藏室内静置约18小时，使其低温发酵（⇒Q199）冷却面团，避免之后折叠的黄油变得过度柔软。接下来用面团包裹擀压成片状的黄油，用压面机薄薄地擀压后进行三折叠，置于冷冻室静置约30分钟后，再次薄薄地擀压、进行三折叠，重复数次这样的操作（⇒Q120）。之后进行整形。以下针对“折叠”和“整形”进行详细说明。

●折叠

每次进行三折叠后，都要将面团静置于冷冻室内，让变得柔软的黄油冷却，温度在13～18℃时可塑性最佳，硬度也适当。

此外，借由薄薄地擀压，给予和揉和相同的刺激，使面团产生弹性，缩回原状的力道能强烈地作用。因面团静置，面筋组织的弹力松弛，而能顺利进行下一次的折叠操作。

一旦面团的温度升高，因发酵而产生的气体会使面团中的气泡变大，擀压面团时，气泡破掉，会使油脂向外漏出，也会失去面团表面的光滑。这些都是必须冷却面团的原因。

一般酵母基本上在4℃时会进入休眠状态，一旦面团低于这个温度，会抑制发酵，油脂的可塑性也会消失。适度地调整变得柔软的油脂，加上面筋组织变得松弛，静置于冷冻室30分钟左右即可达到效果。如此，在抑制酵母活跃的同时，也能使油脂达到能发挥可塑性的状态，使下次的折叠操作得以顺利进行。

若长时间放入冷冻室冻结，无法立刻进行折叠，必须适时地移至冷藏室等进行管理。若使用的是在10℃左右即停止活动的冷藏面团用酵母，在冷藏室静置也是一个方法。

●整形

一般的可颂，会将擀压成薄片状的面团用刀子分切成等腰三角形，从面团底边开始向顶点卷起整形。

此时也一样要充分冷却面团，并且使用好切、锐利的刀子，避免破坏折叠完成的面团层次非常重要。切面具层次的切口，也要避免卷起，切开的面团一旦温度上升，层次也会塌陷，必须迅速地进行整形。

最后发酵

何谓最后发酵？

恢复因整形而紧实具张力面团的延展性（易于延展的程度），使面团能充分产生烘焙弹性，以期待能制作出体积膨胀的面包，而进行的发酵、熟成的最后阶段，称为最后发酵。

在此，利用软化面筋组织来松弛因整形而紧实的面团（⇒p.174）。最后发酵使面团状态及物理性质变化的机制，与搅拌后的发酵一样（⇒p.218），用生成的酒精和乳酸等有机酸来软化面筋组织，使面团延展性变得更好。并且，这些酒精和有机酸，会成为面包的香气和风味的来源。

与搅拌后的发酵温度不同，此时会提高发酵温度的设定（搅拌后的发酵温度为25～30℃）。在短时间内升高面团温度，也会提高酵母（面包酵母）和酵素的活性。

适合最后发酵的温度是多少呢？
＝最后发酵的作用

提高酵母的活性，以 30 ～ 38℃的温度使其短时间发酵。

根据面包种类不同，最后发酵的温度也不同。对于硬质面团来说，会设定在30～33℃。想呈现蓬松柔软的软质面团时，会设定在35～38℃。

特殊情况下，像是布里欧般黄油较多的面团，或加入黄油的可颂，为避免黄油溢出，温度应设定在30℃以下。

通常利用前述温度的发酵器发酵时，硬质面团的温度会上升3～4℃，软质面团则是5～6℃，最后发酵完成时的面团温度则会是32～35℃。

关于这样的发酵温度设定，可以试着用酵母（面包酵母）的特性来思考。酵母在40℃左右会产生最多的二氧化碳气体，越远离这个温度，活力就越差（⇒**Q63**）。

搅拌后的发酵，若二氧化碳气体一次大量产生，会因过度强力拉扯面团而致其损伤，只能略抑制酵母活性，将发酵器的温度设定在25～30℃。经过发酵，面筋组织软化，并伴随着面团的延展性变好，在二氧化碳气体产生与面筋组织软化呈现平衡的状态下，面团就会膨胀起来。

但最后发酵与搅拌后的发酵有一点不太相同。在最后发酵阶段，因整形而使面团内的气泡变细且分散，最后发酵时必须使这些气泡变大，之后在烘焙时膨胀。因此，为提高酵母活性，放入调高温度的发酵器内。但若长时间保持高温状态，会导致面团塌陷，所以时间不宜过长。相较于搅拌后的发酵，在烘焙的过程中，最后发酵的面团还可以有较大的烘焙弹性。

此外，虽然湿度以70%～80%为主，但依面包不同，有些会在湿度50%的干燥发酵室发酵，也有些在湿度85%以上的高湿发酵室进行最后发酵。

完成最后发酵的判定方法是什么？
= 最后发酵完成时的状态

利用整形时开始的膨胀状态与面团表面的松弛程度来判断。

完成最后发酵的面团，必须预留还能膨胀的余地。面团在进入烘焙时，还必须再继续膨胀。话虽如此，但在这个阶段一旦发酵不足，就无法充分恢复面团的延展性（易于延展的程度），在烘焙时无法膨胀至理想体积，成品会变小且口感不佳。

相反地，若发酵过度，面筋组织过度软化会导致面团过度松弛，因而在烤箱中膨胀时面团会难以承受，导致与发酵不足产生同样的状况，无法呈现膨胀的体积。并且，过度发酵时，每个气泡过大，使得完成烘焙的面包柔软内侧的质地粗糙。再加上酵母（面包酵母）是以糖分为营养成分进行酒精发酵，发酵时使用糖分的结果，就是面团中残留的糖分变少，也会难以形成烘烤色泽。要制作出美味面包，必须能判断适度发酵的程度。首先，整形时开始膨胀至什么程度（面团的体积比刚完成整形时增加多少），先用眼睛观察。其次，用手触摸确认面团的松弛程度。确认时用指尖试着按压膨胀的面团，用回弹情况和残留的手指痕迹状态来判断面团的松弛程度。

最后发酵的确认方法（以奶油卷为例）

●观察膨胀状态

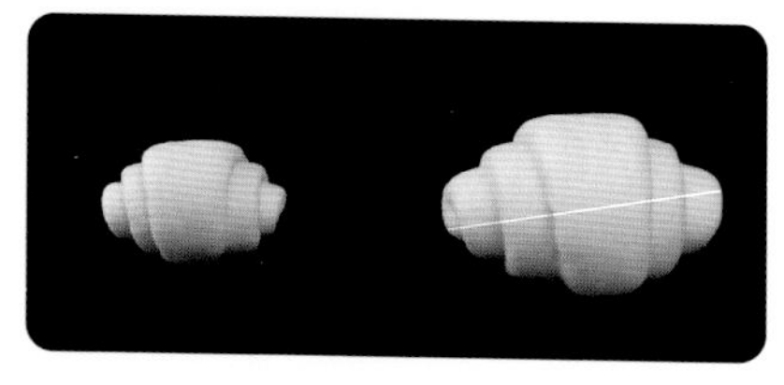

发酵前（左）、适度的最后发酵（右）

●观察手指轻压后的痕迹状态

发酵不足

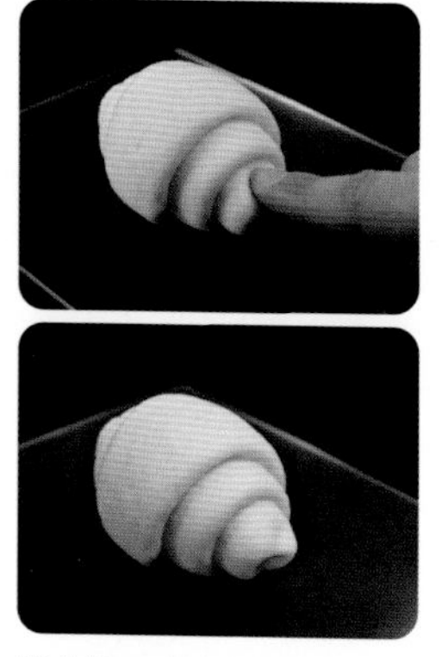

指尖按压痕迹立即恢复

发酵适度

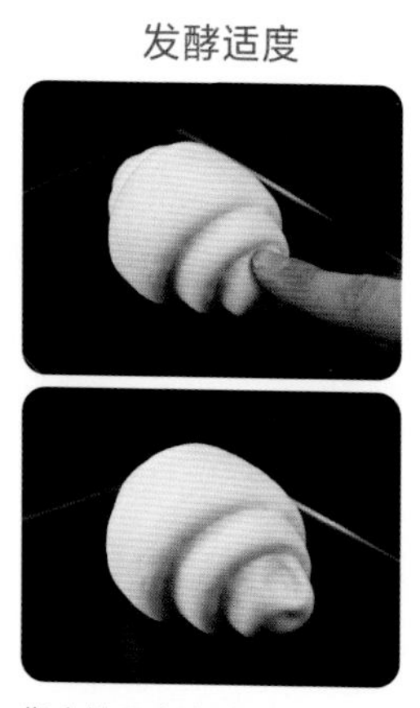

指尖按压痕迹略恢复

发酵过度

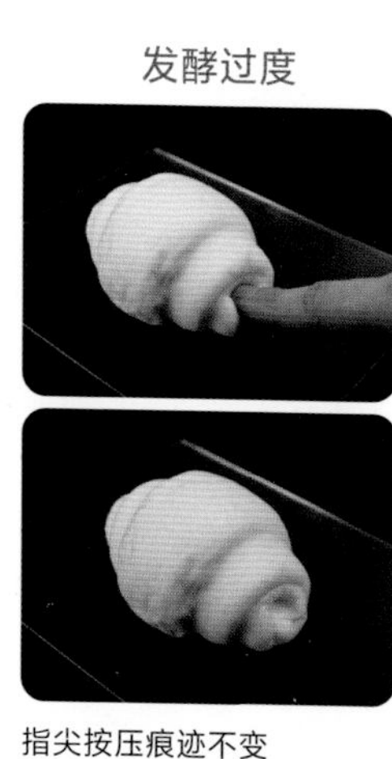

指尖按压痕迹不变

方形吐司的边角变成圆形，要如何才能做出漂亮的直角呢？= 方形吐司最后发酵的判断

最后发酵不足时，就无法做出直角。膨胀至模具体积的七八成，就是最后发酵的参考标准。

烘焙吐司时，虽然是模具加盖后放入烤箱，但视最后发酵进展的程度，不只是烘烤完成的体积不同，连同外观也会有所不同。

适度的最后发酵是面团膨胀至模具体积的七八成。若发酵适度，则烘焙完成的方形吐司会隐约带着圆形的边角。若发酵不足，烘焙出的就是圆形的边角。发酵过度时，边角会过度突出，也容易产生侧面弯曲凹陷的情况（⇒Q229）。

发酵程度不同，完成烘焙的方形吐司边角的差异

	发酵不足	发酵适度	发酵过度
最后发酵后	 模具体积六成的膨胀状态	 模具体积七八成的膨胀状态	 模具体积九成的膨胀状态
完成烘焙后	 上方边角有大缺失	 上方边角略带圆形，是合适的状态	 上方边角过度突出，且侧面弯曲凹陷

烘焙完成的奶油卷为什么会变小呢？
= 奶油卷最后发酵的判断

可见是过度发酵。

以奶油卷为例，比较随着最后发酵进展完成烘焙的成品。

最后发酵的时间无论是过短或是过长，完成烘焙的面包体积都会小于适度发酵的成品，但是其原因却各不相同。

最后发酵时间过短的成品，酵母（面包酵母）的二氧化碳产生量少，会造成膨胀不良，奶油卷的卷边会裂开。这是因为发酵不足，使得面团的延展性（易于延展的程度）变差。完成烘焙时二氧化碳的体积变大，将面团推压展开时，面团的延展性变差，强力拉扯会造成卷边裂开的情况。

另外，发酵时间过长，无论有多少二氧化碳产生，完成时一样会萎缩变小。这是因为发酵时间拉长，面筋组织过度软化，使面团松弛而无法保持住气体，导致塌陷。并且面团过度松弛，烘焙时的烘焙弹性减小，这也是面团体积无法膨胀的重要原因。

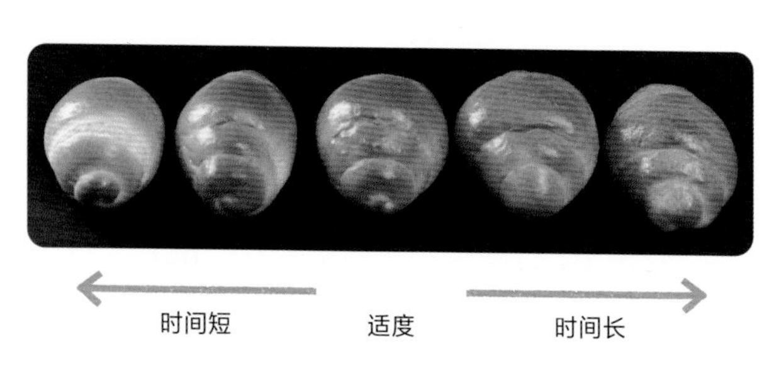

完成烘焙的奶油卷。中间是完成适度最后发酵的成品

烘焙完成

何谓烘焙完成？

从搅拌开始，经过长时间发酵、熟成的面团，终于变成面包食品，烘焙完成是制作面包的最后步骤。

将完成最后发酵，膨胀至完成烘焙时80%的面团放入烤箱中，仍不断地膨胀，过段时间膨胀会停止，面团表面开始变硬。

接着会开始呈色，随着时间的推移，烘烤色泽会变得更深，烘焙至面团变得金黄且散发香气，此时就制作出具有特殊的风味且口感佳的面包。

温度变化与烘焙完成的流程

完成最后发酵时，面团的中心温度是32～35℃。放入烤箱后，中心温度会慢慢地上升，烘焙完成时，约上升至近100℃。在这期间，面团时时刻刻都在变化。

面团膨胀

①借由酵母的酒精发酵产生的二氧化碳

即使放入烤箱，也不会立刻停止发酵，酵母（面包酵母）在约40℃时活性最大，生成的二氧化碳和酒精也会增加。至约50℃时，发酵作用最活跃，会生成大量的二氧化碳和酒精，至约55℃酵母才会死亡（⇒**Q63**）。

②二氧化碳、酒精、水的热膨胀

酵母产生的二氧化碳会直接存在于面团中，因热膨胀而增加体积。部分二氧化碳会溶于面团的水分中，借由烘焙时汽化以增加体积，也会将面团推压展开。

与二氧化碳一样，因发酵生成的酒精也会因汽化而增大体积，使面团膨胀。并且，接续汽化的水，也会因热膨胀而使面团膨大起来。

面团的烘焙弹性

面团放入高温的烤箱时，表面会暂时如薄薄的水膜般呈现湿润的状态，不会立刻就烘烤成表层外皮。

面团内部，从50℃左右酵素开始活性化，蛋白质分解出的酵素开始分解淀粉后，会使面团急速软化。此外，酵素分解淀粉会产生受损淀粉（⇒Q37），使面团呈现流动性。

与此同时，因酵母的酒精发酵使二氧化碳活跃地生成，面团会变大膨胀，这就称为烘焙弹性。

膨胀的面团烘烤凝固

面筋组织因热变性完全凝固是在75℃左右，但在60℃左右时，结构就已经开始产生变化，其中的水分开始渗出。

淀粉在60℃左右开始糊化（α化），其中水是必要的。所以面筋组织中渗出的水分被淀粉夺走，淀粉吸收了面团中的水分，再推进糊化。

面筋组织在75℃左右完全凝固，面团停止膨胀，凝固的面筋组织成为支撑面包膨胀的骨架。

另外，淀粉的糊化在85℃左右几乎完全结束，一旦达到85℃以上时，水分从糊化的淀粉中蒸发，变化成面包组织形状的半固态结构，形成柔软内侧的松软质地。下面将淀粉和面筋组织（蛋白质）的变化分别更详尽地陈述。

淀粉，是借由水和热产生的糊化（α化）起到制作出面包柔软内侧的作用（⇒Q36）。面粉中所含的淀粉是以颗粒状存在，颗粒中包含直链淀粉和支链淀粉，连接后分别成为束状。

部分淀粉在制粉过程中成为受损淀粉（⇒Q37），从搅拌阶段开始吸收水分，但大部分的淀粉是所谓的健全淀粉，有规则且致密的结构，使水分无法进入。因此，面团中的淀粉在完成烘焙前，几乎都不会吸收水分。

开始烘焙后，面团的温度一旦高于60℃，热能会切断这致密构造的连接，使结构松弛，让水分得以进入其中，也就是水分子进入直链淀粉和支链淀粉两种粒子的束状之间，发生糊化。

汤汁般的液体因淀粉变得浓稠，因为有足够糊化的水，吸收水分的淀粉粒子膨胀、损坏，而生成的直链淀粉和支链淀粉使全部液体变得黏稠。但面团中的水量并不足以使淀粉完全糊化。因此，即使糊化也并不会使粒子完全崩坏，某种程度上可以保持其以粒子状态存在于面团中，与变性硬化的面筋组织一同支撑面团。

进行烘焙时发生的淀粉变化

50～70℃	酵素活化，受损淀粉被淀粉酶（淀粉分解酵素）分解，一直被吸附的水分因而分离，面团液化成流动性状态，更容易产生烘焙弹性。受损淀粉中游离出的水分之后会被用于淀粉粒子的糊化。受损淀粉分解出的糊精、部分麦芽糖，在酵母（面包酵母）升至55℃死亡前，都会被用在酵母的发酵上
约60℃	面团中会产生水分的移动，至此与面筋组织的蛋白质结合的水分，以及面团中的自由水，都会被用于淀粉的糊化，强制淀粉粒子开始吸收水分
60～70℃	淀粉连同水分一起被加热，推进糊化
70～75℃	分散在面筋薄膜里的淀粉粒子，夺取面筋薄膜中的水分产生糊化，面筋薄膜本身因蛋白质热变性而形成表层外皮，面团的膨胀也开始减缓
85℃～	淀粉糊化完成。在温度更高时，水分从糊化的淀粉中蒸发，蛋白质在变性与相互作用下，变化成面包组织形状的半固态结构

面筋组织（蛋白质）的变化

面筋组织是小麦的两种蛋白质（醇溶蛋白、麦谷蛋白）与水一起搅拌而形成的。在面团中面筋组织形成多重层次的薄膜，将淀粉拉入内侧，使面团延展。此时，面筋组织的蛋白质会与面团中约30%的水产生水合。

此时面筋组织的薄膜具有弹性，同时也能充分延展，能承受保持住产生的二氧化碳，同时伴随面团的膨胀，也能平顺地延展。

面团的膨胀，至55℃左右酵母（面包酵母）死亡为止，都是酵母借着酒精发酵产生二氧化碳所引起的。另外，因烤箱内的高温，分散在面团中的二氧化碳和溶于面团中水分的二氧化碳与酒精产生热膨胀，部分的水汽化使体积变大，也会造成面团膨胀。还有蛋白质，在约75℃时产生凝固，面筋组织变性而形成表层外皮，成为面包的坚固骨架，此时面团停止膨胀。

面团在形成表层外皮时，面筋组织支撑着面包的膨胀，但淀粉糊化（α化）时，淀粉因子糊化而膨胀，在二者的相互作用下，呈现面包的成品状态。

进行烘焙时发生的蛋白质变化	
50～70℃	酵素活化，面筋组织因蛋白酶（蛋白质分解酵素）被分解、软化。借由受损淀粉的分解与面团液化相互作用，面团的流动性也更容易促进产生烘焙弹性
60℃左右	面筋组织的蛋白质会因加热而开始变性，面筋组织的蛋白质结合水分后游离，被淀粉粒子吸收，运用在淀粉的糊化上
75℃左右	面筋组织的蛋白质会因加热而变性结块，淀粉粒子因糊化而膨胀，在这些相互作用下，面筋变化成面包组织形状的半固态结构

面团呈现的颜色

面团的表面部分水分迅速蒸发，温度较内部略高。超过100℃时就会形成表层外皮，散发香气，呈现烘烤色泽。

面包呈现烘烤色泽，主要是因为蛋白质、氨基酸和还原糖因高温加热而发生美拉德反应，呈褐色。

在烘焙前期，面团中水分变成水蒸气，从面团表面汽化，因此面团表面湿润，温度低，未呈现烘烤色泽。

当从面团蒸发的水分减少，面团表面变干，温度升高，产生美拉德反应，至160℃左右时开始呈色。

与美拉德反应有关的蛋白质、氨基酸、还原糖都是来自面包材料，其中也有被面粉和酵母（面包酵母）等所含的酵素分解生成的成分。

蛋白质和氨基酸主要是来自面粉、鸡蛋和乳制品。蛋白质是几种氨基酸以锁链状结合而成的，蛋白质一旦被分解就成为氨基酸。此外，氨基酸并不只是蛋白质的构成物质，也可以单独存在于食品中。

所谓的还原糖，有着高反应性的还原基，葡萄糖、果糖、麦芽糖和乳糖等都属于还原糖。构成砂糖大部分的蔗糖，虽然不是还原糖，但是会因酵素被分解成葡萄糖和果糖，所以也与这个反应有所关联。

表面温度升高至近180℃时，面团中残留的糖类会因聚合形成焦糖，产生焦糖化反应，面包会因此更加显色，也会散发出甜香的气息。

美拉德反应

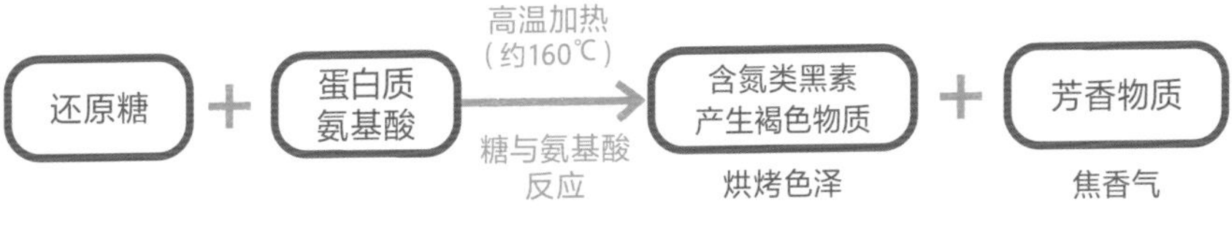

焦糖化反应

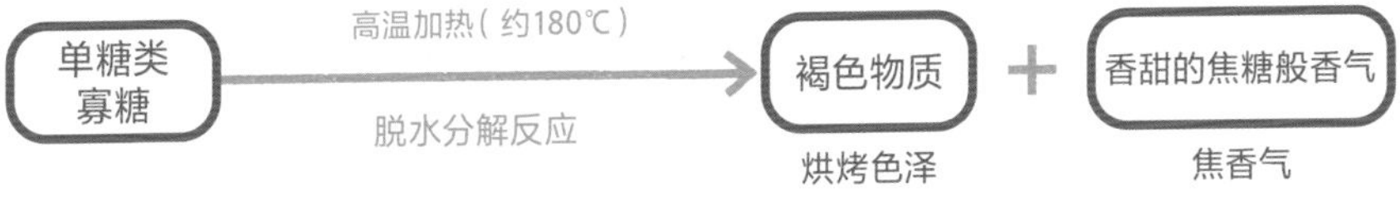

参考⇒Q98

为什么烤箱需要预热呢？
= 预热烤箱的意义

因为烤箱上升至指定温度时，面团的水分会流失过多。

烘焙面包时，烤箱预热是必要的。基本上预热中的烤箱不会放入任何东西，请在烤箱预热至烘焙温度后再放入面团。

面包大多会用超过200℃的温度来烘焙，若不先预热就开始烘焙面包，要达到这个温度，需要相当长的时间。面包完成烘焙的时间会变长，面团中的水分也会过度流失，烘焙出内侧干燥粗糙、表层外皮变厚的面包。

预热时的温度会比烘焙温度略高，这是因为要放入面团，打开烤箱门时，烤箱内的热气会向外散失，并且当相对低温的面团放入时，也会导致烤箱内温度下降。预热时，将温度设定成较烘焙温度高10～20℃即可。

借由家用烤箱的发酵功能进行面团的最后发酵时，要如何预热烤箱呢？ = 家用烤箱的发酵及预热

配合最后发酵完成与烤箱预热完成的时机。

以家用烤箱进行最后发酵时，提前将最后发酵的面团取出，剩余的发酵在烤箱外进行。

将从烤箱中取出的面团放至接近最后发酵温度的地方（烤箱附近等），请避免面团的温度急剧下降。

但要配合烤箱预热完成与最后发酵完成的时间确实困难，烤箱预热所需的时间会因机种而异，因此要在何时结束烤箱内的最后发酵，只能依靠经验来判断。

若是面团在发酵途中变冷、变干燥，则烘焙完成时的膨胀会变差，务必要多加注意。因无法顺利调整而造成面包质量不佳时，请试着考虑使用发酵器。

在烘焙前要进行什么样的操作呢？
= 烘焙前的操作

为能烘焙出美味又漂亮的面包，进行最后的操作。

完成最后发酵的面团，在放入烤箱前进行的操作有以下这些。其目的是呈现出面包的体积和光泽、使切纹更清晰漂亮、赋予装饰等。

- 喷洒水雾
- 刷涂蛋液
- 划入割纹
- 过筛粉类
- 其他（挤奶油、摆放水果等）

烘焙前过筛粉类

为什么要在烘焙前润湿面团表面呢？
= 烘焙前润湿面团表面的理由

延迟烘焙出表层外皮，延长面团的膨胀时间。

几乎所有的面包在烘焙前都会在表面进行润湿的操作。一旦面团表面润湿，能抑制面团表面温度的急剧升高，可以延迟因加热生成的表皮外层，借此以增强面团膨胀的烘焙弹性，使面包体积更大。

面团表面润湿的方法大致可分为以下两种。

● 直接润湿面团表面

①用喷雾器喷洒水雾

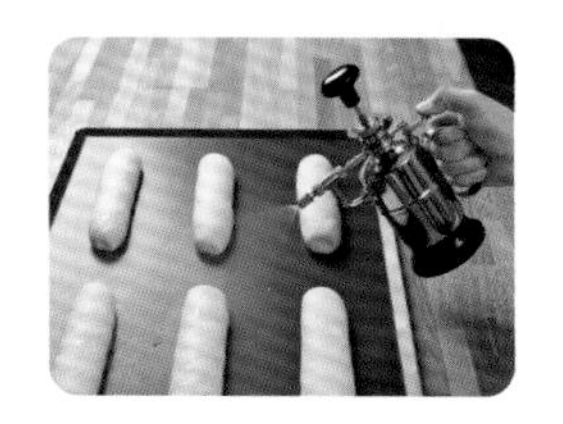

可以稳定地使面包呈色，表层外皮也会略薄。

②毛刷涂抹蛋液

烘烤色泽变深，产生光泽，表层外皮略厚（⇒Q221）。

● 在烤箱中喷洒水蒸气，间接润湿面团表面

这个方法主要用于硬质面包烘焙时，使用有喷洒水蒸气功能的烤箱来进行。

相较于使用喷雾器，更容易增大面包的体积，表面也能呈现光泽。并且法式面包需要划切割纹时，借由这样的操作可以更容易撑开割纹。

烤箱没有水蒸气功能时，在最后发酵的面团表面可以如上述般同样地喷洒水雾，只是烘焙出的成品会不同于喷洒水蒸气完成的。

为什么烘焙前的面团要刷涂蛋液呢？
= 烘焙前刷涂蛋液的作用

使面包体积膨胀，烘焙出具光泽的成品。

面包烘焙时刷涂蛋液有两个目的。

一个如前述，利用润湿表面，在烤箱的热度下能延迟面团表层外皮形成，借此拉长面团可以膨胀的时间，以增加面包体积。虽然喷洒水雾也具有相同的效果，但刷涂蛋液还有另一个目的，那就是烘焙出金黄色的光泽。

变成金黄色，是因为蛋黄的颜色来自类胡萝卜素的作用，呈现光泽是因为在面团表面形成薄膜表层，这个部分是蛋白成分的作用。

相较于用水刷涂，鸡蛋的黏性较强，烘焙时鸡蛋本身会形成表层，因此表层外皮会略微变厚。另外，想要多呈现金黄色泽时，会使用较多蛋黄，仅想要呈现光泽时，会只使用蛋白。也可以加水稀释，控制颜色及光泽的效果。

另外，刷涂蛋液会比较容易烤焦，也应注意。为什么容易烤焦呢？因为鸡蛋中含有蛋白质、氨基酸和还原糖，这些物质被高温加热时，会引起美拉德反应（⇒Q98）。

为什么烘焙前刷涂蛋液会使完成的面包缩小呢？
= 蛋液的刷涂方法

施加过度的力道，面团被压扁了。

完成最后发酵的面团虽然膨胀得很大，但因发酵，面筋组织软化，相较整形时，面团对冲击的抵抗力较弱。

给予过度的冲击时，面团会释放出二氧化碳而造成其体积缩小，因而有塌陷的可能。如此一来，放入烤箱后无法充分膨胀，进而无法烘焙出良好的面包。

刷涂蛋液时，也可能因刷毛的冲击而损伤造成面团缩小塌扁，必须多加注意。

●毛刷的选择

刷涂蛋液的毛刷，尽可能选用细毛且柔软的制品。

毛刷主要有动物毛以及尼龙和硅胶等化学材料，选用哪一种材质都可以。

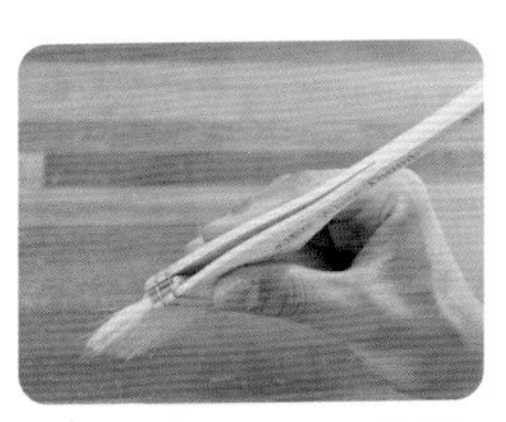

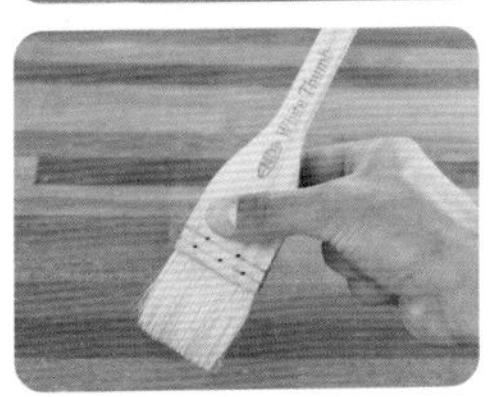

●毛刷的持拿方法

在靠近刷毛处，以拇指和食指、中指轻轻夹住般持拿，不需要多余力道。

●蛋液的刷涂方法

太多的蛋液滴落在烤盘上

使用刷毛，不仅是刷毛的前端，而是以刷毛整体仔细刷涂。

用手腕轻柔地往返刷涂。要注意，若刷毛前端刷涂在面团突出处，一旦过度用力，可能会造成面团缩小塌陷。

●蛋液的制作方法和刷涂的注意重点

最常见的是使用全蛋，一般蛋液的制作方法如下。

首先，要搅断鸡蛋蛋白的系带，完全搅散。其次用茶叶滤网等过滤，使其呈现滑顺的状态。

用毛刷吸满蛋液，在容器边缘刮落多余的蛋液。蛋液含量过多时，容易刷涂不均匀，或完成烘焙后残留蛋液滴垂的痕迹。相反地，若是过少时，刷毛的滑动不良，会损伤面团表面，这时就要适度地补足蛋液。

直接烘烤是什么意思呢？硬质面包为什么要直接烘烤呢？
= 面包的直接烘烤

完成最后发酵的面团，直接摆放在烤箱内（炉床、窑床）烘烤的方法。

软质面包等大部分的面包在整形后会放在烤盘上进行最后发酵，完成烘焙前刷涂蛋液等之后放入烤箱内烘焙，完成后连同烤盘一起取出。像这样，面团一直放置在烤盘上，可以顺利地进行这一连串的操作。

但直接烘烤的面包，整形后的面团会放在布巾上，或放入发酵篮内进行最后发酵。烘焙前会移至专用移动带上，再放入烤箱。面包完成烘烤后，从烤箱中取出时，也必须使用取出面包的工具。那么，为什么要特地花这些工序进行直接烘烤呢？

最重要的理由是需要有较高温度的下火。直接烘烤的硬质面包大多是没有油脂、砂糖的类型，面团的延展性（易于延展的程度）较差，气泡较大，因此必须用大火使其膨胀。一旦烤盘位于面团和烤箱底部时，烤盘下方的热能不容易传至面团，因此，面团不容易膨胀。

话虽如此，烘烤面包之初，是用石头制成的烤窑，完成最后发酵的面团会直接放入烘烤。因此，最接近过去制作少油少糖类配方的硬质面包，即使是现在，也仍采用过去直接烘烤的方法来制作。

也不是所有的硬质面包都采取直接烘烤的方法，也有使用烤盘和烘烤模具的类型。此外，大量制作法式面包的面包店内，也有些会在法式面包整形后，使用专用烘烤模具，而非直接烘焙。

请问将完成最后发酵的面团移至专用移动带上时需要注意什么呢？
= 面团移至专用移动带上时的注意要点

完成最后发酵的面团，在膨胀的同时也会呈现松弛且脆弱的状态，因此要仔细小心地处理。

主要是硬质面包，在烤箱底部（炉床、窑床）直接摆放烘烤，采用“直接烘烤”的方法，会将完成最后发酵的面团放置在名为移动带的专用入窑装置上送入烤箱。

最后发酵完成的面团，从布巾或发酵篮等移动到专用入窑装置时，有几个必须注意的要点。

在移动带上摆放面团，送入烤箱，将移动带拉向自己时，面团就会落在烤箱底部

●仔细处理面团

完成最后发酵的面团在膨胀的同时，面筋组织软化，呈现松弛状态，面团变得非常脆弱。

摆放在烤盘上进行最后发酵时，可以直接放入烤箱，因此面团不易塌陷，但用布巾或发酵篮等进行最后发酵的面团，移动至专用入窑装置时，若不小心仔细，面团可能会塌陷。

●间隔相等地排列

面团排放的位置和间隔也必须注意。与面团排放在烤盘上相同，必须考虑到面团在烤箱中膨胀的空间。

此外，面团的间隔若不相同，会产生烘烤不均的状况。比照烤盘，以专用入窑装置排放面团就是重点。

将面团移动至专用入窑装置的方法

●放在布巾上的棒状面团

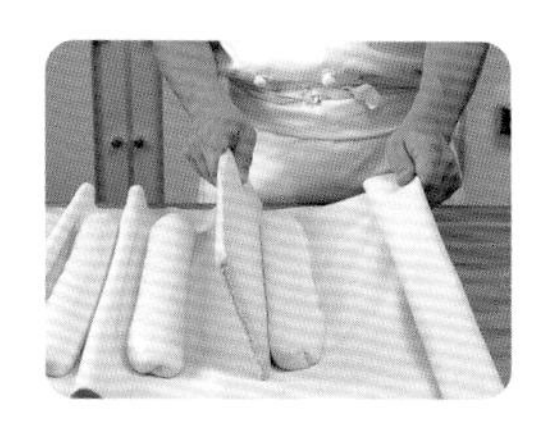

拉平面团两侧布巾的褶皱，取物板放在面团的侧边。

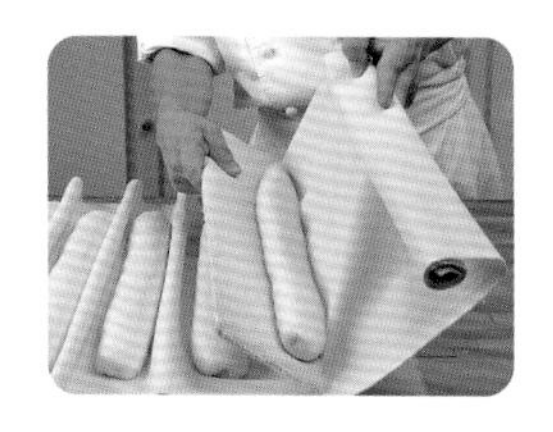

没有拿取物板的手提起布巾，面团上下翻面地移至取物板上。

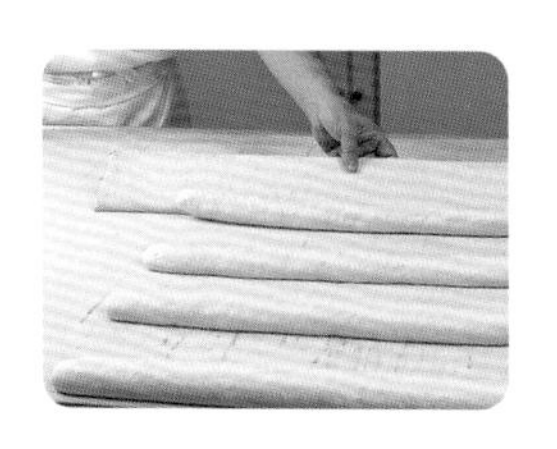

如同面团上下翻面一般，将摆放在取物板上的面团，由较低的位置再度翻面移至专用入窑装置上。

●放在布巾上的圆形面团

大型面团用双手捧起，小型面团用单手捧起，移至专用入窑装置上。

●放入发酵篮的面团

从低的位置将发酵篮翻面，将面团移至专用入窑装置上。

为什么法式面包要划入切口（割纹）呢？
= 法式面包的割纹

割纹使面包整体能均匀地膨胀，使其充分均匀受热，同时也能成为面包的图纹。

将法语中表示划切意思的“coupe”引申成为在面团上划入切口，称为“划入割纹”。

在法棍面包等硬质面包上划入割纹有两个原因。

一是为使面包呈现更膨胀的体积。在完成最后发酵的面团上划入切口时，面团表面的紧实张力会部分断开，在如此使紧实的面团上形成切口，在烘焙时这个部分会被撑开，有助于面包整体的膨胀，也能使膨胀状况更均匀，借由划入切口使面团充分受热。

二是设计性。借由撑开划切的部分，呈现出美丽有趣的形状，让面包更具个性化。并且划入割纹让面包的体积随之改变，割纹撑开后面包呈现膨胀的体积，柔软内侧则具有轻盈的口感。若是体积受到抑制，则会形成紧实的内侧，口感也较为扎实。

请问法式面包划切割纹的时间点是什么？
= 割纹的划切方法

在完成适度的最后发酵的面团上，用锋利的割纹刀一气呵成地划切。

法式面包有棒状、圆形等各式各样的形状，划入割纹的方法也各不相同。在此，以棒状法式面包为例，一起来看看划入割纹时的注意要点吧。

●适度地进行最后发酵

最重要的就是适度地进行最后发酵。发酵不足的面团，膨胀小，容易分切，但难以顺利划切割纹，无法烘焙出良好的面包。反之，过度发酵的面团，因过度膨胀，划切时面团会萎缩且塌陷，这样也无法做出良好的面包。

●整合面团表面状态

完成的最后发酵，移至专用入窑装置的面团，表面略呈润湿状态。因此在划入割纹时，刀子会被牵引，因扯动面团而无法顺利划切。因此，需稍加放置，等待润湿表面略微干燥。但若过度干燥，面团的表面变得过硬，刀刃也无法顺利划入，同样会造成面团的拉扯。

●使用锋利好切的刀子

完成最后发酵的面团是松弛的，在表面用刀子划切，若刀子划切不佳，会对面包施以不必要的力道，可能会导致其塌陷。准备锋利的割纹刀，也是顺利划切割纹必须准备的。

●轻持刀子一气呵成地划切

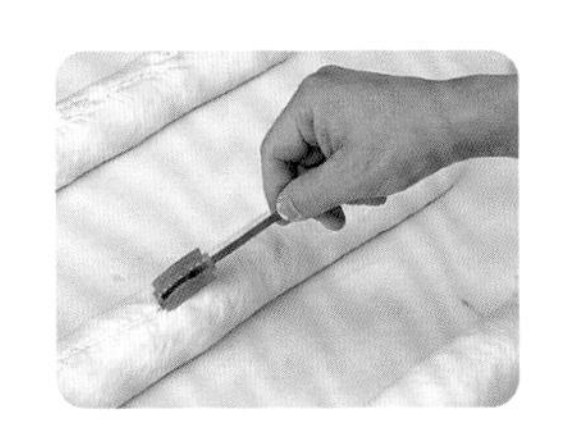

不要过度用力，应轻持割纹刀，刀刃以略斜的角度抵住面团表面，一气呵成快速地像画线般，割划出必要的长度（距离）。划切的深度，会因面包的大小、粗细、发酵状态等而有所不同。注意不要划切得过深。

●划切割纹从面团一端至另一端

因面包形状、大小、粗细不同，划入的割纹数量和倾斜度也不同。像法棍面包般的棒状面团，会均等地划入相同长度的割纹。第2条之后的割纹，其前面割纹后1/3处与下一条割纹的前1/3处，如下页图片所示，平行错开划入即可。

圆形面包划入割纹时，刀子的刀刃与面团表面垂直，一气呵成地划切出割纹。

割纹的划切方法

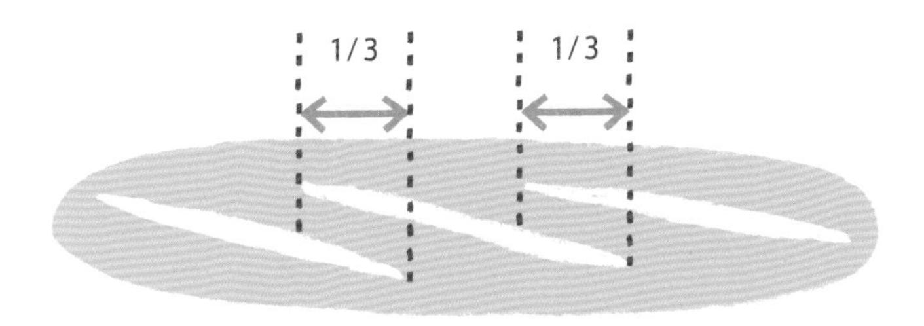

因割纹的划切方法不同，面包完成的状态也会随之改变吗？
= 割纹的划切方法与烘焙完成时的成品之间的关系。

割纹的划切方法不同，体积和口感也会不同。

割纹的划切方法各不相同，如像削切面团般，刀刃斜向划切与垂直划切等，都会影响烘焙完成后的面包体积和外观。尤其是整形成棒状的法式面包，特别容易看出割纹划切方法的不同。

划切时不同的角度

像削切面团般划切的基本法棍面包

切面

割纹展开是立体的

垂直削切的法棍面包

切面

割纹展开是平面的

切面的比较

像削切面团般，刀刃斜向划切（左）可使面团充分膨胀，气泡大小不均匀。相对面团垂直划切的（右），膨胀程度略小，气泡大小均匀

●因割纹斜倾（距离面包中心线的倾斜度）的不同

割纹斜倾，较基本斜度略大或略小，烘焙完成时的割纹间隔（带状）会有所不同。

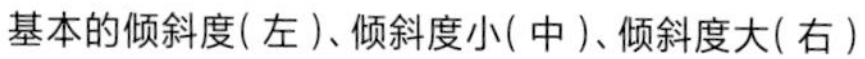

基本的倾斜度（左）、倾斜度小（中）、倾斜度大（右）

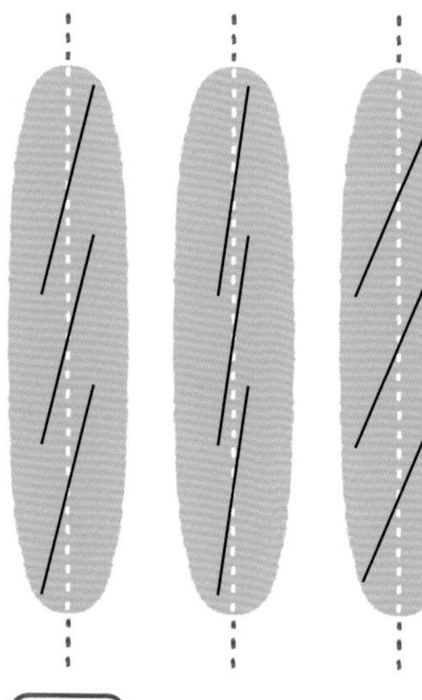

基本的倾斜度　　倾斜度小　　倾斜度大

● 因割纹位置的不同

割纹的位置，较基本位置多或少，与割纹长度有关，完成烘焙后的状态也会不同。

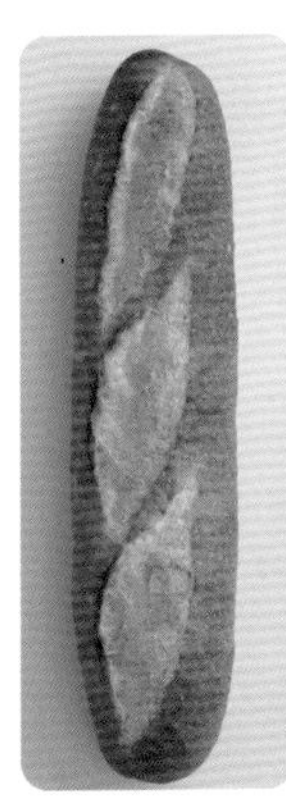

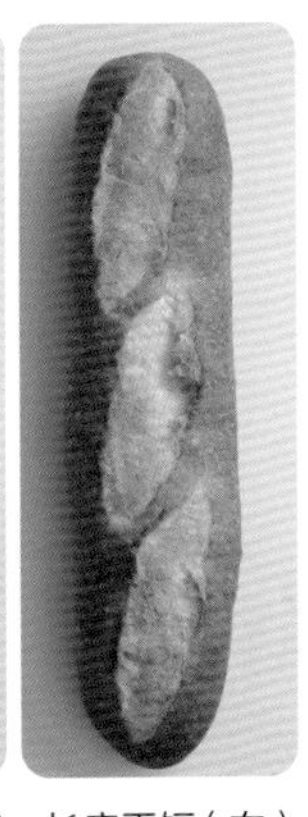

基本的位置（左），长度更长（中），长度更短（右）

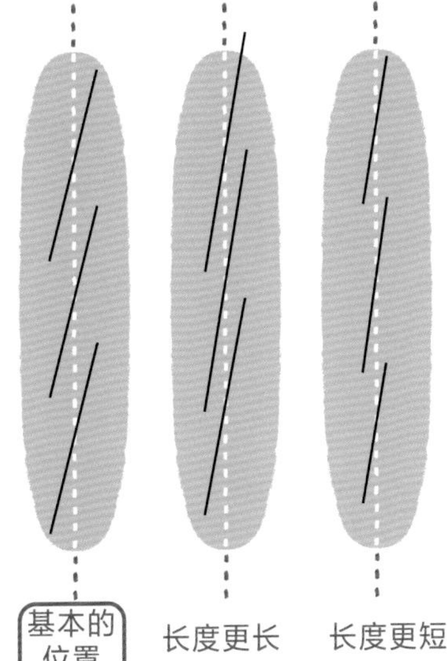

为什么法式面包的表面会有裂纹呢？
= 法式面包表层外皮产生裂纹的原因

因烤箱内温度与室内温度的差异，使得柔软内侧的气泡缩小，完成烘焙时的表层外皮就会出现裂纹。

面团因烤箱加热而膨胀，至中心处受热全体凝结，完成烘焙的面包，从烤箱中取出后渐渐冷却，但刚取出时，会因急剧温度差而导致略有收缩的情况。

主要是因热膨胀的面团内的气体（二氧化碳和水蒸气等），因温度下降而收缩，此时软质面包表面就会产生若干皱纹。

法式面包相较于软质面包，采用少油少糖类配方，并且采取高温长时间烘烤，因此表层外皮干燥、变厚。也因缺乏柔软性，产生的不是皱纹而是裂纹。

但若在烤箱中无法充分膨胀，也有不会产生裂纹的状况。反之，过度膨胀体积变大时，表层外皮容易变薄变脆弱，因而也会产生深且细的裂纹，面包冷却后，表层外皮会有剥落的状况。

吐司完成烘焙，为什么脱模后表层外皮会凹陷下去？= 吐司的塌陷

刚出炉面包的水蒸气会润湿表层外皮，侧面的中心部位就会凹陷。

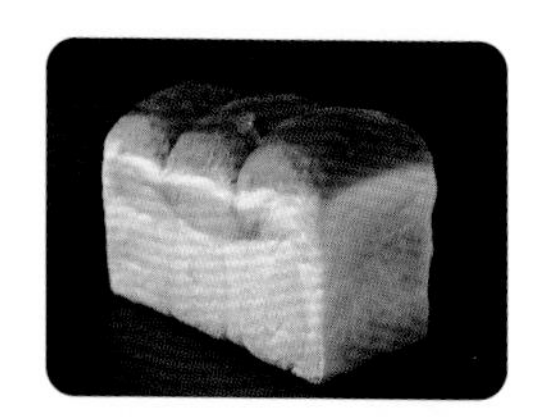
侧面弯曲凹陷的吐司面包

烘焙完成后，面包的侧面会朝内侧凹陷。这种现象常见于吐司面包等放入深模具烘焙的大型面包。

面包是从受热的外侧开始烘烤，慢慢将热传至内部，最后完成全部的烘焙。在完成烘焙时，面包的表层外皮是干燥且能稳定支撑面包。但柔软内侧（面包的内部）仍残留许多热的水蒸气，糊化（α化）的淀粉还是很柔软的，组织的构造仍是柔软的状态。面包内部的水蒸气会借由表层外皮向外释放。因此，外层表皮会随着时间吸收水蒸气后而变软。

像吐司面包等使用深模具的面包，侧面和底部在模具包覆的状态下进行烘焙。因此，水蒸气难以向外排出，外层表皮也难以干燥。并且因面包的重量，会使中心部分容易成为凹陷的形状。所以在完成烘焙后至面包冷却前，外层表皮会吸收许多水蒸气而变软，进而无法支撑面包，导致侧面中央附近会向内侧凹陷，产生称为侧面弯曲凹陷的现象。

为了防止这个情况的发生，完成烘焙取出后，立即连同模具敲扣在工作台上并马上脱模。如此一来，面包内的水蒸气就能尽快往外散出，可以使侧面弯曲凹陷不容易发生。

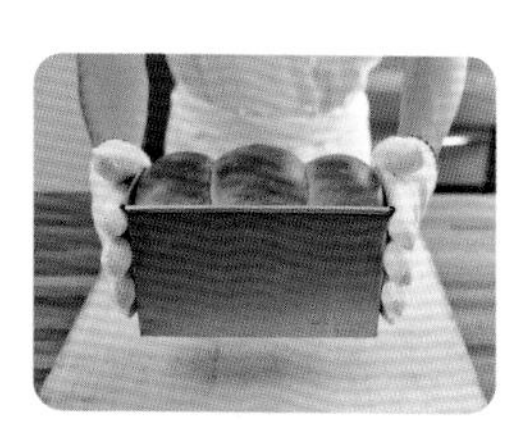
在工作台上敲扣模具，使面团中的水蒸气散出，尽快取出面包

即使在工作台上敲扣模型，外层表皮吸收面包内部散出水分的性质和吐司面包的形状等因素，要完全防止侧面弯曲凹陷也有其困难。并且侧面弯曲凹陷也有可能是因为最后发酵太过，导致面团过于松弛或烘焙不足等情况而产生的，这些也都要注意。

想要用完美状态保存完成烘焙的面包，该怎么做才好呢？
= 面包的保存方法

室内常温若为 25℃以下，可放入塑料袋等保存，以防止面包干燥。

烘焙完成的面包，只要从烤箱取出，就会排出多余的水分及酒精并冷却。基本上是在室温（25℃左右）以下冷却。若用强风等使其冷却，面包的表面就会出现皱褶或变得干燥。软质类面包为了避免水分过度蒸发，会放入塑料袋内，但若在冷却之前放入袋中，袋子内部的水滴反而弄湿面包，也容易滋生细菌。

冷却前放入塑料袋的吐司面包，塑料袋内侧会出现水滴

刚完成烘焙的面包要如何切得漂亮呢？
= 切开烘焙好的面包的时间

面包冷却后就能切得漂亮。

刚由烤箱取出的热腾腾面包，外层表皮因水分蒸发变硬，柔软内侧因含有较多热的水蒸气而呈现柔软状态。此时若用刀子分切面包，表皮外层很难切入，柔软内侧部分会塌陷。

面包切得漂亮的秘诀，就是让面包在室温（25℃左右）冷却好后再行分切。面包内部的水蒸气，在冷却的过程中会经由外层表皮，某种程度上向外排出。借此坚硬的外层表皮会适度地变软，过度柔软的面包内侧，也会呈现适当的硬度。以料理为例，“刚起锅”的意思就是“刚做好”“热腾腾”的印象，让人有光听着就“好吃”的感觉。但是，若用于面包，这个“刚烘焙完成”“热腾腾”等于“好吃”的情况是不适用的。这是因为食用“刚烘焙完成”“热腾腾”的面包时，会发现嚼感和口感都不好。即使勉强趁热切开，也绝不会好吃，因此请等待冷却后，呈现容易分切又能美味品尝的状态时，再来分切吧！

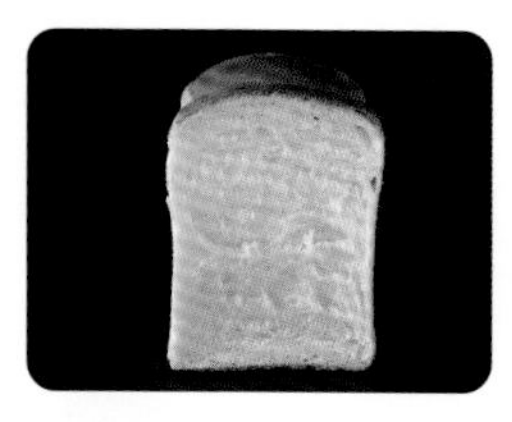

山形吐司趁热切开后，柔软内侧就会塌陷

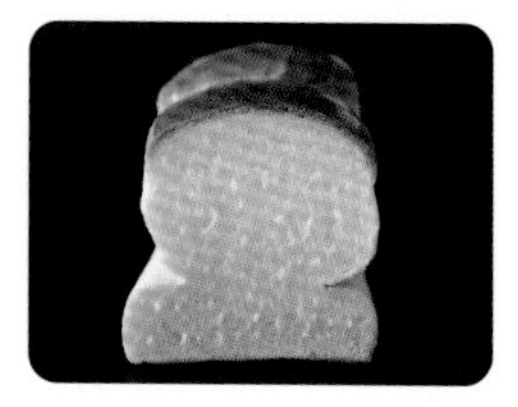

面包本身就塌陷了

保存面包时，冷藏和冷冻哪个更好呢？= 面包的保存方法

无法一次吃完时请冷冻保存。

最好是尽快食用完毕，然而无论如何都必须保存面包时，冷冻保存比较好。面包若常温保存，随着时间推移，水分会蒸发，面包变硬、失去弹力。这是因加热而糊化（α化）的淀粉，会随着时间流失水分，进而老化（β化）所产生的现象（⇒Q38）。

冷藏室冷藏的温度范围为0～5℃，容易促进淀粉的老化，并且冷藏也有可能导致发霉的情况。冷冻时需要注意，为避免温度下降过程中面包水分流失，要以保鲜膜仔细包覆，使其快速降低至冷冻温度（-20℃）。满足此条件即可长期保存。

哪种面包在包装中需要放入干燥剂？= 干燥剂的必要性

除了不喜欢湿气的面包棒、法式面包、脆饼等之外，都不需要放干燥剂。

一般而言，面包是不需要干燥的。面包一旦干燥就会变硬，风味、口感都会变差，所以保存时不放干燥剂。

若需要放干燥剂，就是蒸发水分制作的意大利面包棒，以及硬脆口感的制品，像法式面包、脆饼般烘焙，保持干燥状态的产品。这些产品若长时间放入干燥剂，会导致太过干燥，产品会脆裂，口感变差。

面包的制作

为什么面包会膨胀？

答案是面团中产生的化学性、生物性变化，非我们肉眼可见。因此在制作面包时，要能在脑海中产生印象，了解面团中的面粉及其他材料的成分，酵母、乳酸菌等有哪些作用，面团是什么样的状态，会对技术有进一步帮助。制作过程中，会同时有几个变化的产生。边想象这些变化，边进行面包制作步骤，在此用简单的图示来介绍。

1 | 搅拌

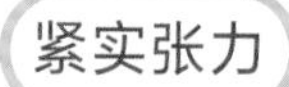

步骤及状态

开始搅拌

面团粘黏

完成搅拌

面团弹力变强，出现光泽且变得滑顺

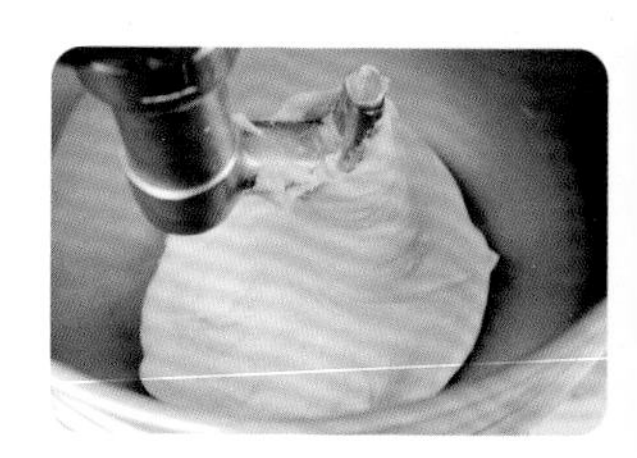

完成后的面团状态

取部分面团，能均匀延展成薄膜状

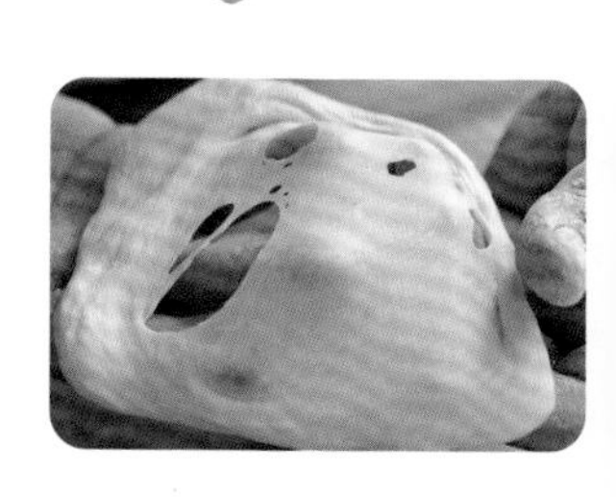

结构的变化

面筋组织的形成

面筋组织粘黏有弹性，形成网状结构

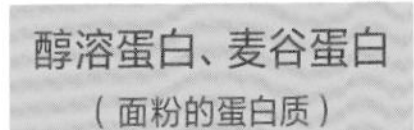

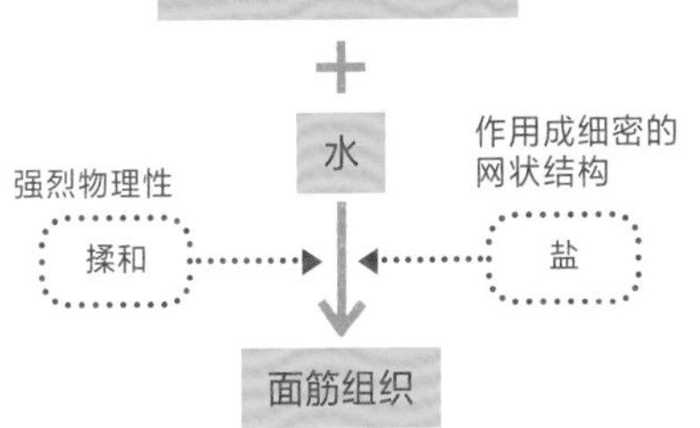

面筋组织的强化

越揉和（给予强烈的物理性刺激），面筋组织的网状结构越细密

面筋组织的薄膜形成

面筋组织在面团中展开，逐渐形成层次，包覆住淀粉和其他成分（糖蛋白、磷脂质等），同时形成薄膜状

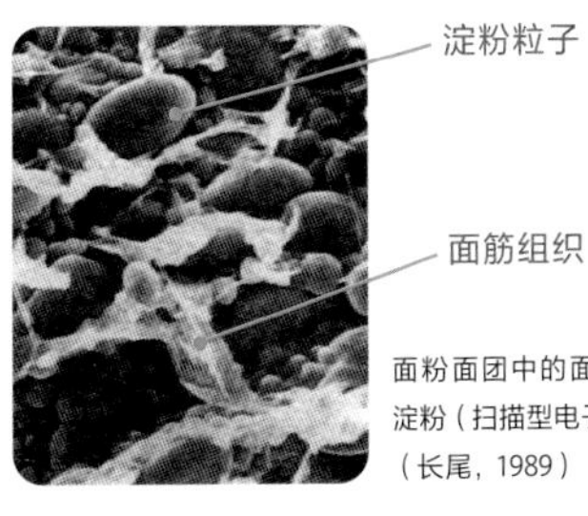

面粉面团中的面筋组织和淀粉（扫描型电子显微镜）（长尾，1989）

在内部产生的变化

酵母的活性化

酵母（面包酵母）分散在面团中，吸收水分开始活性化

糖的分解

面粉和糖中含有碳水化合物（糖）。面粉、酵母、砂糖一旦与水混合，面粉和酵母的酵素活性化后，会阶段性地分解这些碳水化合物，成为酵母在酒精发酵时可利用的状态

◎借由淀粉酶分解

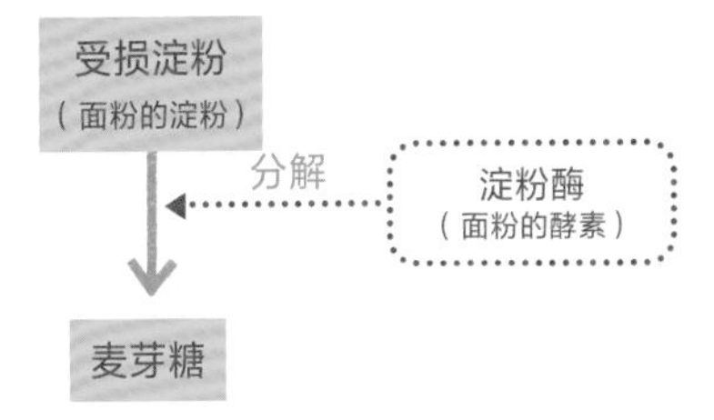

◎借由转化酶分解

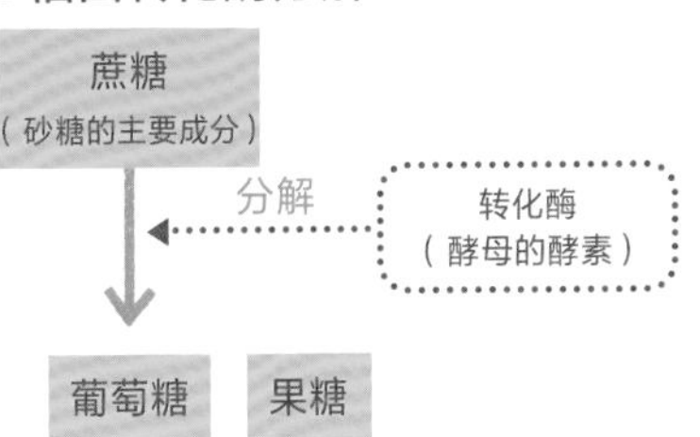

2 发酵 松弛缓和

步骤及状态

发酵开始

以发酸器（25~30℃）进行发酵

发酵结束

充分膨胀，出现因发酵生成的香气和风味

结构的变化

在面团中产生二氧化碳

面团中的酵母（面包酵母）产生了无数的二氧化碳气泡

面团因二氧化碳而膨胀

二氧化碳气泡体积变大，将面团推压展开，使全体膨胀

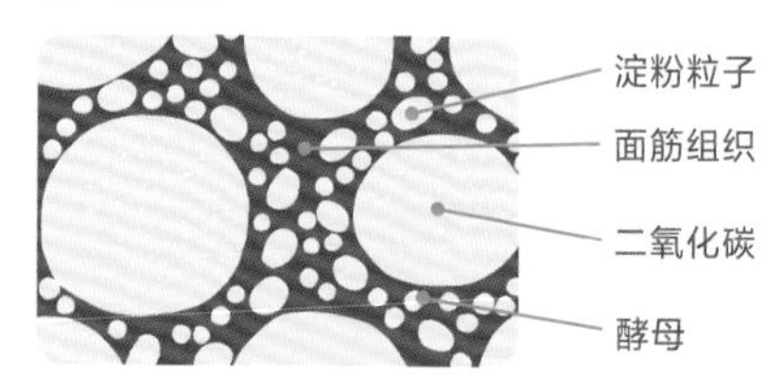

面筋组织的松弛缓和

面筋组织的软化

面团的膨胀使面筋组织被拉扯延展，受到这样的刺激，面筋组织的黏性与弹性少量逐次地变强。同时，借由酵母的副产物（酒精和有机酸），引发了面筋组织的软化

面筋组织的强化

↑ 面团的膨胀使面筋组织被拉扯延展（加以微弱的物理性刺激）

↓ 酒精和乳酸等，因发酵生成的有机酸发挥作用

面筋组织的软化

成为能光滑延展的面团

面团产生延展性（易于延展的程度），能光滑延展且膨胀

在内部产生的变化

有机酸的生成

借由乳酸发酵和醋酸发酵生成乳酸和醋酸等有机酸。这些使面团的面筋组织软化，同时也成为香气和风味的来源

◎乳酸发酵

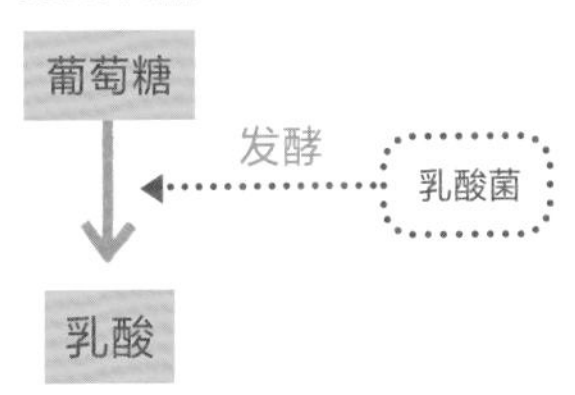

◎醋酸发酵

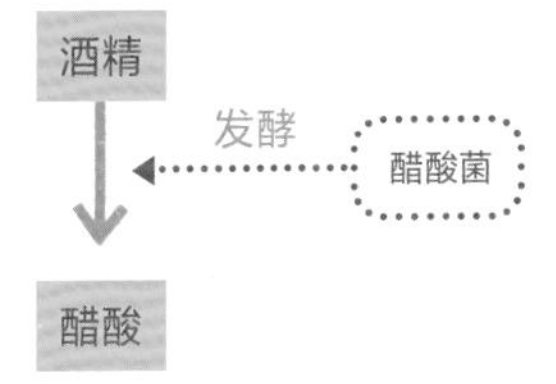

因酵母产生的二氧化碳

借由酵母表面的通透酶，将糖类吸收至酵母内。被吸收的糖类会被运用在酒精发酵上，生成二氧化碳和酒精。二氧化碳使面团膨胀，酒精则能软化面筋组织，并成为香气及风味的来源

◎酵母内的酒精发酵

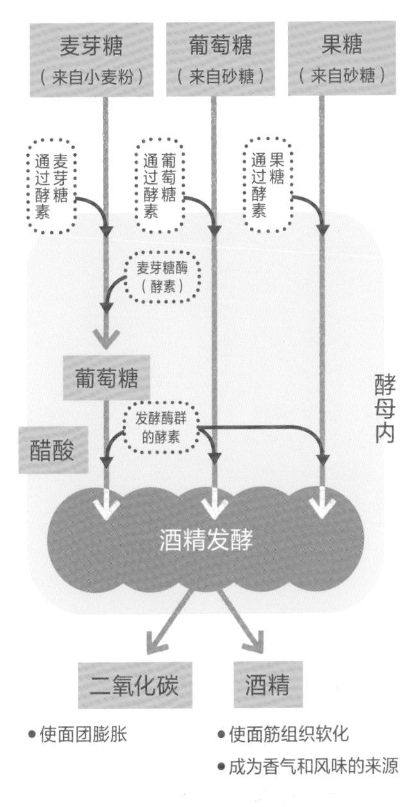

2 | 压平排气 （紧实张力）

步骤及状态

压平排气前

因发酵使膨胀达到巅峰状态

压平排气

用手按压、折叠，以排出面团内的二氧化碳和酒精等

压平排气后

放回发酵器内，使其再次发酵

结构的变化

气泡变细

压扁二氧化碳的大气泡，使其变细小且分散。借此使完成烘焙的面包内侧柔软，质地更细致

面筋组织的紧实张力

面筋组织的强化

借由压平排气（强烈的物理性刺激），使面筋组织的网状更细密，增加强度

强化面团的黏性和弹性

强化面团的黏弹性（黏性和弹性），提升抗张力（拉扯张力的强度）。借此，因发酵而松弛的面团能紧实，保持住更多的二氧化碳

在内部产生的变化

酵母的活性化

酵母（面包酵母）再次活跃地进行酒精发酵，产生二氧化碳

压平排气前

在发酵巅峰压平排气前，酵母本身产生的酒精浓度升高，活性减弱

压平排气

发酵中产生的酒精从面团中排出，氧气混入面团中

压平排气后

酵母活性化

3 分割

步骤及状态

分割

依照想制作的面包重量分切面团

分割后

切口被按压破坏，呈现粘黏状态

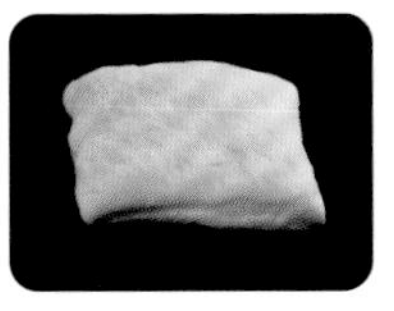

结构的变化

切口的面筋组织紊乱

切口的面筋组织，因被切开而网状结构变成紊乱状态

4 滚圆 紧实张力

步骤及状态

滚圆开始

切口朝面团内部收入，使表面平顺光滑地滚圆

滚圆结束

面团表面紧实且具张力

完成滚圆的面团状态

表面平顺光滑且具弹性和张力

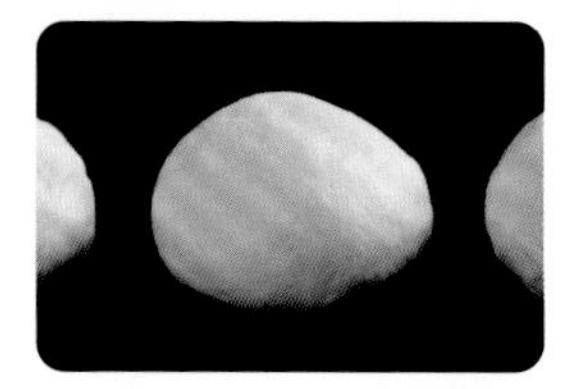

结构的变化

面筋组织的紧实张力

面筋组织的强化

滚圆使面团表面紧实且具张力（强烈的物理性刺激），使面筋组织的网状结构更细密，增加强度

增强面团的黏性和弹性

面团的黏弹性（黏性和弹性）增强，抗张力（拉扯张力的强度）提升，面团收缩紧实

5 | 中间发酵（松弛缓和）

步骤及状态

中间发酵开始

面团静置10～30分钟

中间发酵结束

面团大了一圈，膨胀松弛，原本的球状变得略平

结构的变化

面筋组织的软化与再次排序

酒精、乳酸等有机酸使面筋组织软化，且面筋组织的网状结构中，被强力拉扯延展部分的排序会自然重整

成为可平顺延展的面团

面团产生延展性（易于延展的程度），成为容易整形的面团

在内部产生的变化

有机酸的产生

借由乳酸发酵和醋酸发酵，产生乳酸和醋酸等有机酸。这些能使面筋组织软化，成为香气和风味的来源。但是，发酵和最后发酵时不会产生太多有机酸

◎乳酸发酵　　◎醋酸发酵

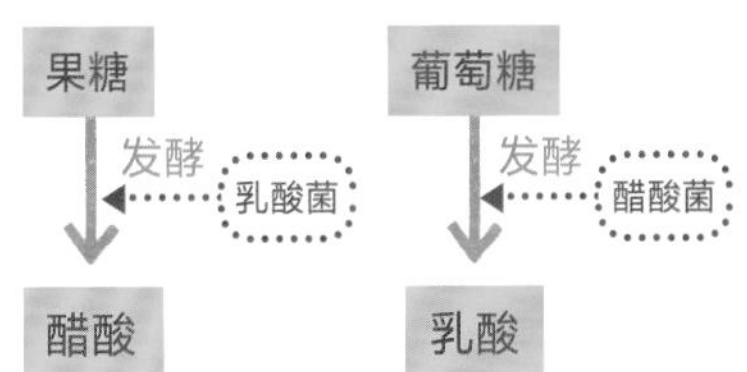

因酵母产生的二氧化碳

在酵母内，酒精发酵少量逐次地进行着，产生少量的二氧化碳和酒精

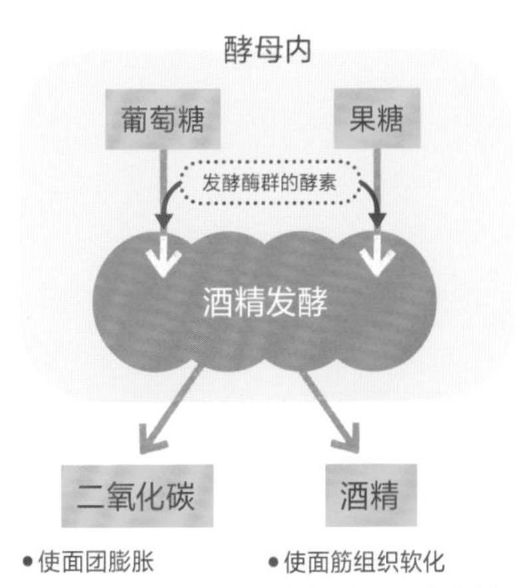

- 使面团膨胀

- 使面筋组织软化
- 成为香气和风味的来源

6 | 整形 紧实张力

步骤及状态

整形

擀压、折叠、卷起，整形完成时的形状

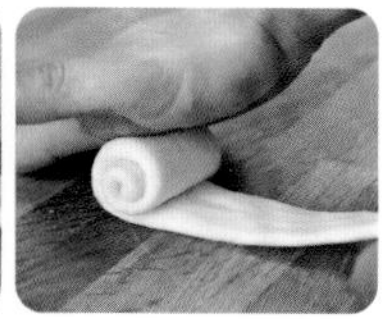

整形结束

成为完成时的形状，
面团表面具张力

结构的变化

面筋组织的紧实张力

面筋组织的强化

整形使面团表面紧实且具张力（强烈的物理性刺激），使面筋组织的网状结构更细密，增加强度

增强面团的黏性和弹性

面团表面的黏弹性（黏性和弹性）增强，抗张力（拉扯张力的强度）提升，因而在最后发酵时面团不会塌陷，能保持膨胀的形状

7 | 最后发酵 松弛缓和

步骤及状态

最后发酵开始

在发酵器（30~38℃）内使其发酵

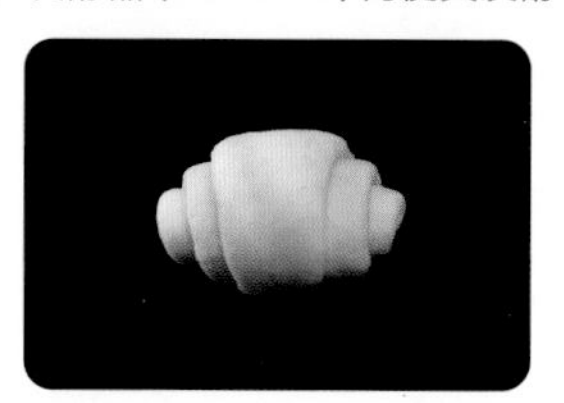

最后发酵结束

膨胀至完成烘焙时的七八分即可，因发酵而出现香气及风味

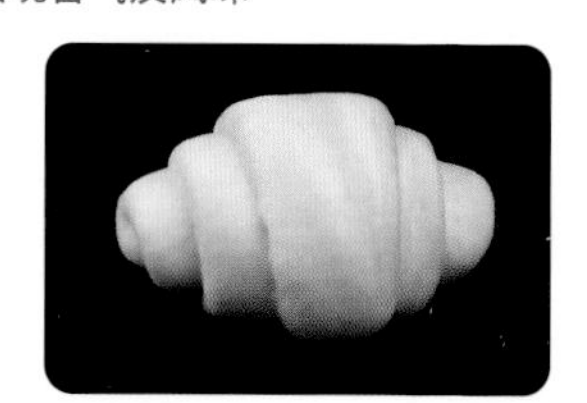

结构的变化

在面团中产生二氧化碳

面团中的酵母（面包酵母）产生的二氧化碳气泡增加，体积变大，气泡周围的面团被延展按压，使全体膨胀

面筋组织的软化

借由发酵的副产物（酒精和有机酸），引发面筋组织的软化

面筋组织的强化

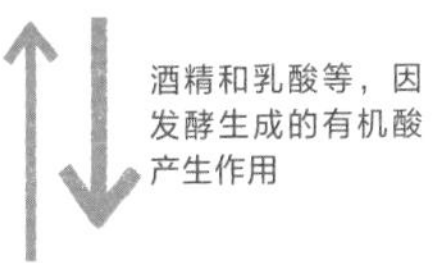

面团的膨胀使面筋组织被拉扯延展（加以微弱的物理性刺激）

面筋组织的软化

成为能光滑延展的面团

面团产生延展性（易于延展的程度），烘焙时能成为易产生烘焙弹性的面团

在内部产生的变化

有机酸的产生

借由酸乳发酵和醋酸发酵，产生乳酸和醋酸等有机酸。这些能使面筋组织软化，成为香气和风味的来源

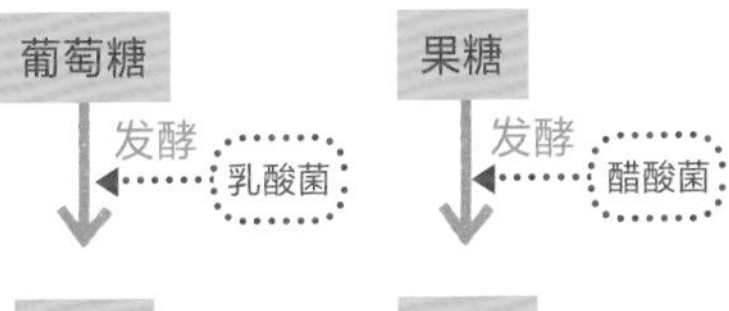

因酵母产生二氧化碳

设置接近酵母活动最适当的温度，引发活跃的酒精发酵，产生大量二氧化碳和酒精

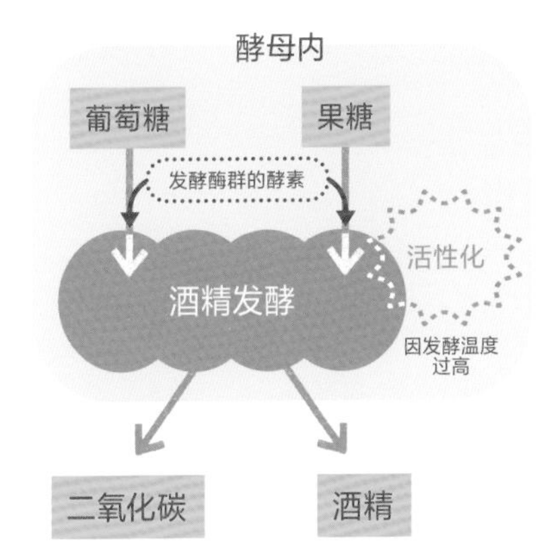

- 使面团膨胀
- 使面筋组织软化
- 成为香气和风味的来源

8 烘焙完成

步骤及状态

烘焙完成前

以烤箱（180～240℃）进行烘焙

烘焙完成后

烘焙完成时，体积会更加膨胀且呈现烘烤色泽，散发焦香味

结构的变化

柔软内侧的形成

因酵母（面包酵母）而产生酒精发酵，加热使二氧化碳、酒精、水汽化和膨胀，使面团大大地膨胀起来。之后，面筋组织因加热而形成表层外皮，淀粉糊化（α化）形成柔软内侧。面团内部在近100℃时，停止温度上升

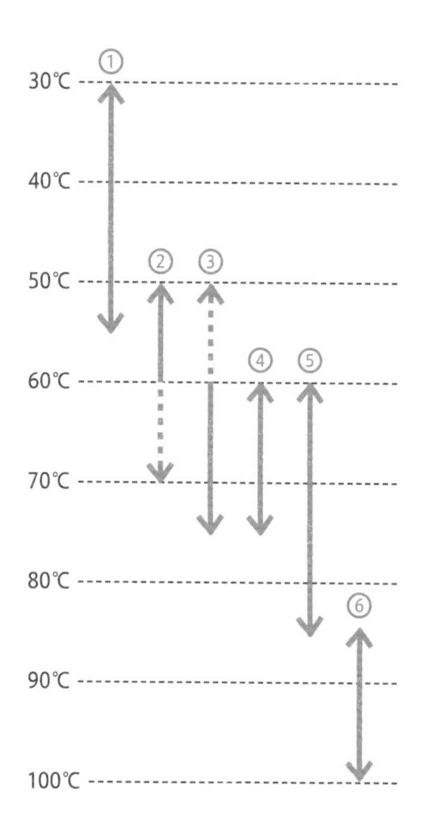

①30 ~ 55℃
二氧化碳变多(产生)

因酵母的酒精发酵，二氧化碳产生量变多，气泡周围的面团被推压展开而膨胀，巅峰出现在约40℃

②50 ~ 70℃
面团的液化

因受损淀粉的分解、面包组织的软化，使得面团液化，也变得更容易产生烘焙弹性

③50 ~ 75℃
面团因热而膨胀

面团中二氧化碳的热膨胀、溶于水中的二氧化碳与酒精的汽化，以及水持续的汽化，使面团膨胀

④60 ~ 75℃
面筋组织的热变性

面筋组织从60℃开始发生凝固，至75℃时完全生成表层外皮(蛋白质的变性)。这个温度以后，膨胀也开始减缓

⑤60 ~ 85℃
淀粉的糊化

淀粉从60℃开始吸水，至85℃会成为柔软且黏稠的状态

⑥85 ~ 100℃
柔软内侧的形成

水分从糊化的淀粉中蒸发，蛋白质的变性与之相互作用，成为海绵状的柔软内侧

表层外皮的形成

因热使得表面干燥，形成表层外皮并呈色，焦香气是由两种反应（美拉德反应、焦糖化反应）所引起的

◎美拉德反应

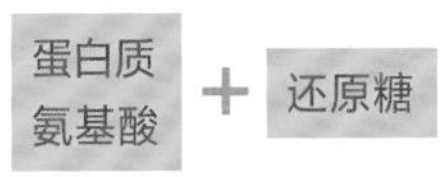

含氮
（烘烤色泽）

芳香物质
（焦香气）

◎焦糖化反应

单糖　寡糖

褐色物质
（烘烤色泽）

焦糖般的香气
（焦香气）

在内部产生的变化

因酵母产生二氧化碳

设置接近酵母活动最适当的温度，引发活跃的酒精发酵，二氧化碳和酒精的产生量达到最大

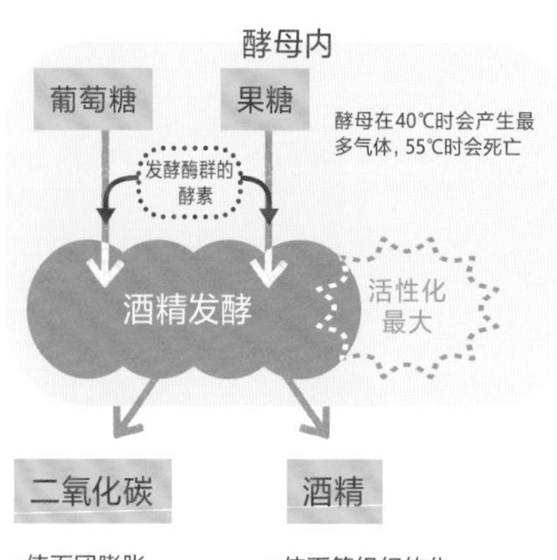

- 使面团膨胀

- 使面筋组织软化
- 香气和风味的来源

因高温加热使面团膨胀

因高温加热，面团中的二氧化碳、酒精、水的体积变大，使面团全部膨胀起来

◎使面团膨胀的要素

- 二氧化碳的热膨胀，溶于水中的二氧化碳汽化
- 酒精的汽化
- 水的汽化

第7章 试烤

所谓试烤，原本是用于烤箱和烘焙产品（主要为面包、糕点类等）教程相关的测试或实验。实际上，调查作为样品的面包或糕点等在烘焙中及完成烘焙后的特性，根据其结果对从材料的选择、配方、制法、面团制作至烘焙方法进行调整。在新机器（烤箱等）开始使用之前，会试着烘烤面包或糕点等，掌握新烤箱烘焙时的特性（上火、下火的烘烤面，或因烤箱底部位置烘烤不均等），也被称为试烤。

在本章中，针对第3章和第4章说明的制作面包的基本材料和辅料，为更进一步了解各材料的特征和特性，设定出能用照片对照比较的条件进行试烤。

例如，在基本配方（右页）中加入特定材料，在经过各个步骤后，面团会有何种变化，分别烘焙简单的圆形面包，观察其外观及内部状态，最后归纳结果。

另外，本章的试烤是以了解材料的特征和特性为目的，每个项目会优先以同一条件来进行。因此，对面团而言也可能并非是最佳状态。

在实际制作面包时，差异可能没有此次试验的结果明显，但是阅读本章并深入了解各材料的特征和特性，在选择材料和配方时，必定会对你有所帮助。

基本配方和教程

在试烤时，本章使用的面团配方及步骤如下所述
依照测试的主题，适度地变化材料及配方
※ 以下的表格，试烤的正文中记录的数值（%），都采用烘焙比例

面团的配方	高筋面粉（蛋白质含量11.8%、灰分含量0.37%）……100% 砂糖（细砂糖）……5% 盐（氯化纳含量99.0%）……2% 脱脂奶粉……2% 酥油……6% 新鲜酵母（常规）……2.5% 水……65%
搅拌 （直立式搅拌机）	1挡3分钟⇒2挡2分种⇒3挡4分钟⇒放入油脂⇒2挡2分钟⇒3挡9分钟
揉和完成温度	26℃
发酵条件	时间 60分钟 / 温度 28～30℃ / 湿度 75%
分割	量杯用300g，圆形面包用60g
中间发酵	15分种
最后发酵条件	时间50分钟/温度38℃ /湿度75%
烘焙条件	时间12分钟/温度上火220℃、下火180℃

面粉面筋量与性质

比较高筋面粉与低筋面粉的
面筋含量及性质

使用面粉 高筋面粉（蛋白质含量11.8%）
低筋面粉（蛋白质含量7.7%）

面筋的萃取

1 100g面粉中加入55g水，揉和成面团。

2 在装满水的盆中搓洗。过程中换几次水，持续至水不再混浊为止。

3 在水中流出的物质就是淀粉及其他水溶性物质，残留的就是面筋（湿面筋）。

4 检查比较重量及拉扯延展状态。

面筋的加热干燥

1 湿面筋以上火220℃、下火180℃加热30分钟。

2 之后，渐渐使温度下降，干燥6小时。

3 检查比较膨胀状态及重量。

※ 此次试验虽然简单，但还是能以肉眼看出高筋面粉与低筋面粉的面筋量及性质差异

面筋量的比较（155g的面团中）

	高筋面粉	低筋面粉
湿面筋	37g	29g
干面筋	12g	9g

面筋的萃取

高筋面粉	低筋面粉
	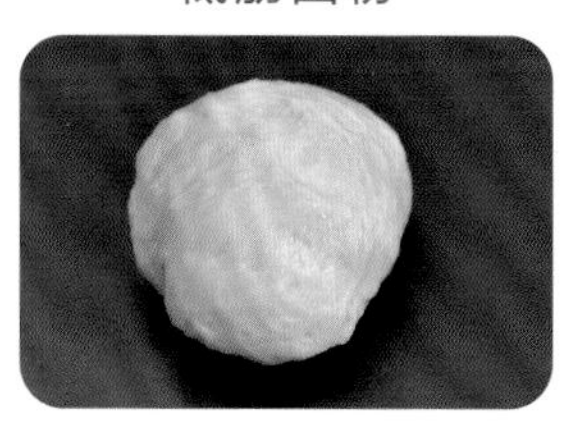

◎结果

高筋面粉可萃取出较多的湿面筋（高筋面粉37g、低筋面粉29g）。高筋面粉的面筋黏性及弹性较强，拉扯延展时需要用力，不易断裂。低筋面粉的面筋黏性和弹性较弱，简单就能拉扯延展。

◎考察

高筋面粉的蛋白质含量较低筋面粉的多，因此形成的面筋较多。此外，高筋面粉中含有的蛋白质所形成的面筋，较低筋面粉形成的面筋，黏性和弹性较强，因此拉扯延展时的强度也更强。

面筋的加热干燥

高筋面粉	低筋面粉

◎结果

湿面筋加热干燥后，高筋面粉的面筋较低筋面粉的面筋大且膨胀。

◎考察

湿面筋一旦加热，面筋中的水分会变成水蒸气，混入的空气因热而膨胀，体积变大，加热后无论是哪一种，湿面筋都是膨胀的状态。相较于低筋面粉，高筋面粉的面筋黏性和弹性更强，随着湿面筋内水和空气的体积变大，保持此状态延展，整体就会变大且膨胀。

面粉蛋白质含量

验证面粉的蛋白质含量
对面团膨胀与制品的影响

使用小麦粉 高筋面粉（蛋白质含量11.8%）
低筋面粉（蛋白质含量7.7%）

量杯测试 基本配方和教程（p.293），用上述面粉制成两种面团进行比较验证。

圆形面包测试 用上述两种面团制作圆形面包，进行比较验证。

量杯测试

	高筋面粉	低筋面粉
发酵前		
60分钟后		

◎结果（60分钟后）

高筋面粉的面团较低筋面粉的面团大且膨胀。

◎考察

相较于低筋面粉，高筋面粉的蛋白质含量较多，形成更多具强力黏性和弹性的面筋。因此，搅拌后的低筋面粉面团粘黏，高筋面粉面团成团，在发酵时也更能充分膨胀。由此可知，面粉的蛋白质含量越多，保持住酵母（面包酵母）所产生的二氧化碳的能力越好。

圆形面包测试

	高筋面粉	低筋面粉
最后发酵前		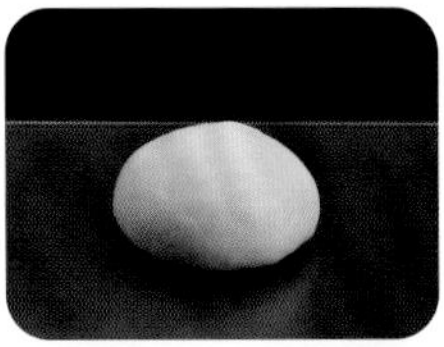
最后发酵后		
完成烘焙后		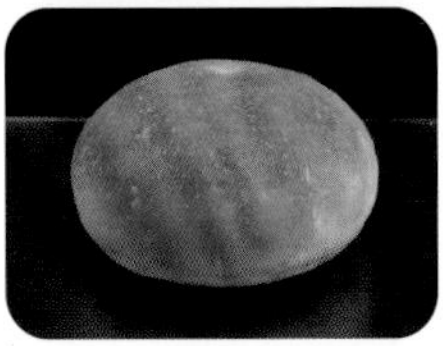
切面	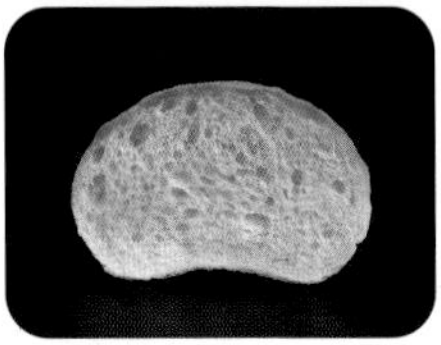	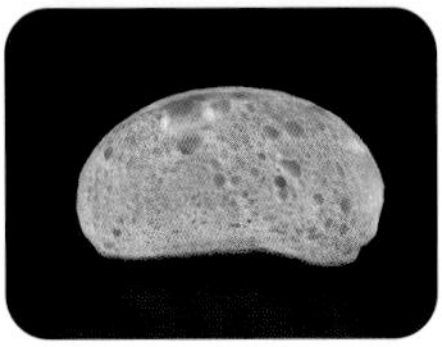

◎结果（完成烘焙后）

高筋面粉的面团向上膨胀，体积变大，柔软内侧的气泡也变大。低筋面粉的面团体积略小，底部也略扁平，完成烘焙后的成品内部气泡小且略紧实。

◎考察

最终发酵前的高筋面粉面团紧实，最终发酵后也能膨胀且增加体积，具有一定高度。低筋面粉面团无论是最后发酵前或后，都是塌陷的状态，这状态关系到完成烘焙后的成品。由此可知，面粉的蛋白质含量越多，面团的膨胀性越好。

面粉的灰分含量①

面粉的灰分含量对面粉颜色影响的验证（目视测验）

使用面粉 面粉A（灰分含量0.44%）
面粉B（灰分含量0.55%）
面粉C（灰分含量0.65%）

目视测试的方法

1 将想要比较的面粉，并排摆放在玻璃或塑料板上，以专用抹刀从上方按压粉类。

2 连同板子一起轻轻地放入水中，浸泡10～20s，再轻轻拉起板子。

3 刚浸水后水尚未均匀在粉中扩散，因此等待一会儿再比较粉的颜色。

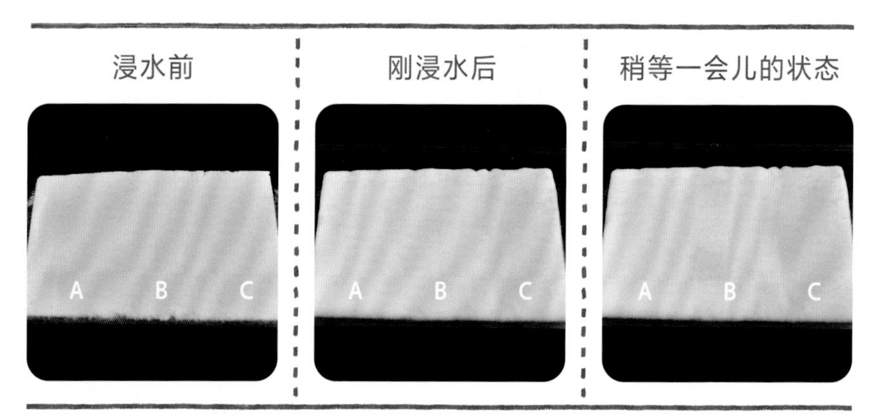

从左起分别是面粉 A、面粉 B、面粉 C

◎结果

随着时间的推移，色差变得明显且容易辨别。最后，面粉 A 是略呈奶油色的白色，面粉 B 是淡黄土色，面粉 C 是淡茶色（可以确认散布在其中颜色较浓的粒子）。

◎考察

面粉的灰分含量越多，在目视测试时，就能看出颜色越暗沉浓重。

面粉的灰分含量②

面粉的灰分含量
对柔软内侧颜色影响的验证

使用面粉 面粉A（灰分含量0.44%）
面粉B（灰分含量0.55%）
面粉C（灰分含量0.65%）

基本配方和教程（p.293），用上述面粉材料制作 3 种面团，进行比较验证。

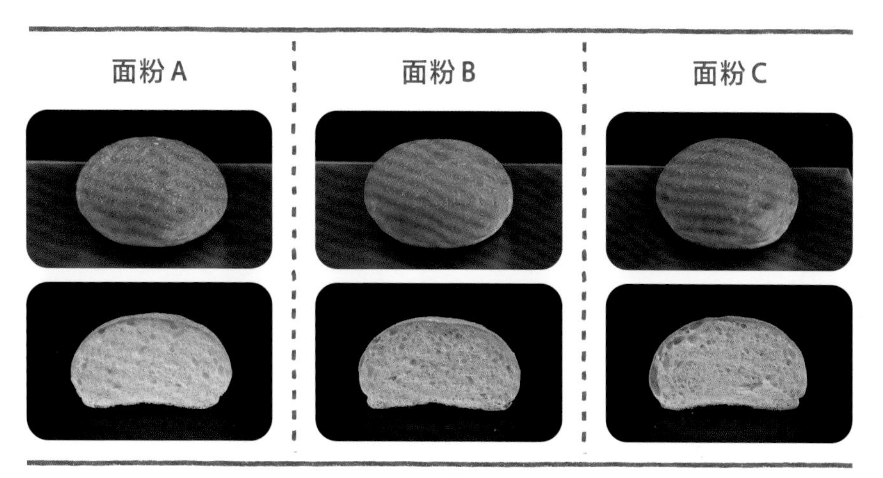

※ 此次试烤的面团中，并没有使用会直接影响柔软内侧颜色的材料（蛋黄、黑砂糖等会呈色的糖、奶油或乳玛琳等油脂）。会对柔软内侧颜色产生差异的要素只有面粉中的灰分含量

※ 即使是相同配方的面包，膨胀不良、柔软内侧的气泡紧密，则颜色会显暗沉，但本测试中是为验证面粉灰分含量对颜色的影响，因此未讨论面包膨胀程度对颜色的影响

◎结果

面粉 A 的柔软内侧呈明亮的奶油色。面粉 B 是略带黄色，面粉 C 是略微的暗黄色，颜色较暗沉。

◎考察

可知面粉的灰分含量越少，烘焙完成后的面包柔软内侧颜色越明亮。但其中的差异，以目视测试（参考左页）可知，并没有像面粉的颜色一样明显呈现。像法式面包，用不添加辅料的少油少糖配方时，如试烤中面粉颜色的不同会更直接地呈现在柔软内侧上。

新鲜酵母配方用量

新鲜酵母的配方用量
对面团膨胀与制品影响的验证

使用酵母（面包酵母） 新鲜酵母（常规）

量杯测试 基本配方和教程（p.293），以变更新鲜酵母配方用量的 4 种面团进行比较验证。以 C（新鲜酵母 3%）为评价基准。

图形面包测试 用上述 4 种面团制作圆形面包，进行比较验证。

量杯测试

＊黄色图是评价基准

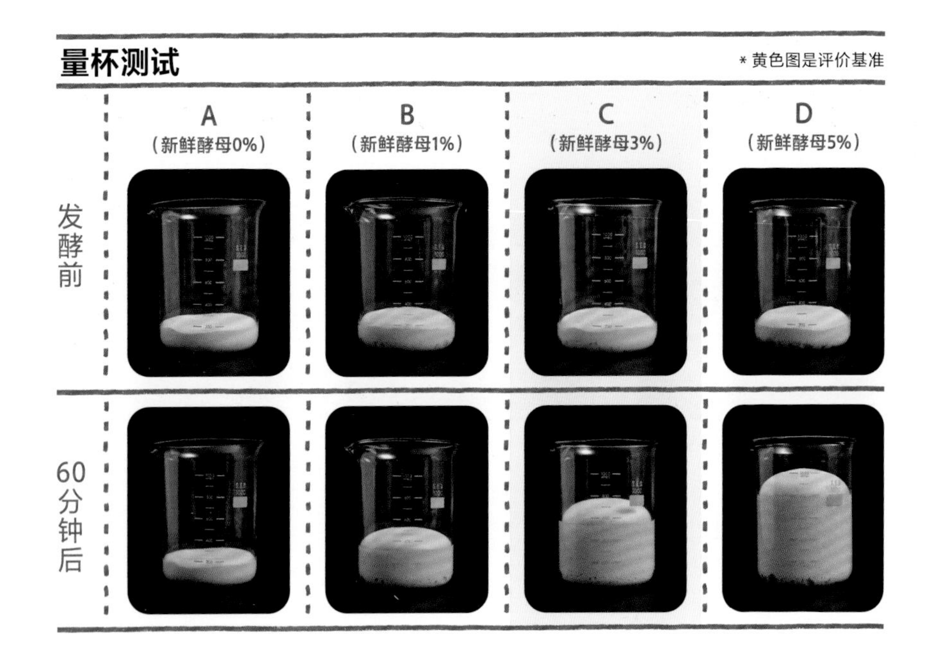

◎结果（60分钟后）

A 是完全不会膨胀。B、C、D 随着酵母配方用量的增加，面团也越发膨胀。

◎考察

本次测试说明酵母量越大，酒精发酵产生的二氧化碳量也越多，面团也越发膨胀。但配方用量变成 3 倍、5 倍时，并不是膨胀量就会变成 3 倍、5 倍。

圆形面包测试

＊黄色图是评价基准

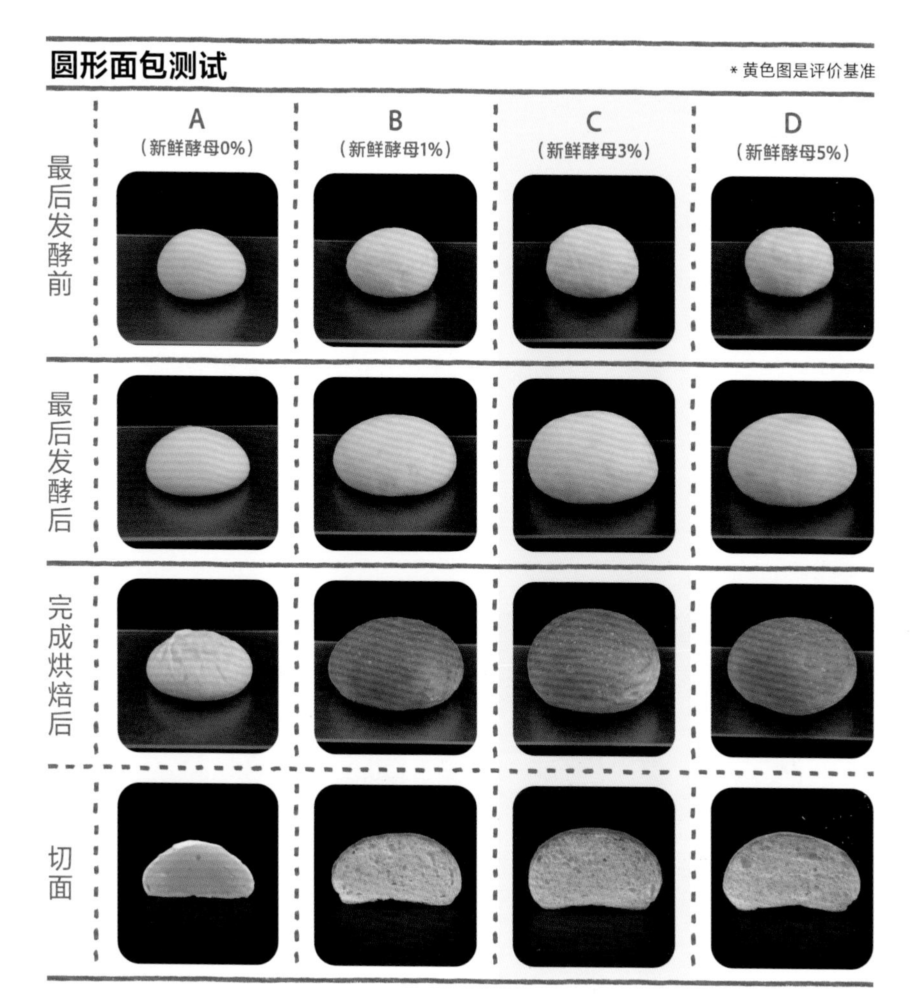

◎结果（完成烘焙后）

A 受热不良，半生半熟，并未膨胀，烘烤完成时也没有显色，没有形成表层外皮。B 的膨胀不良，表层外皮颜色略深，柔软内侧的气泡紧密，食用时口感不佳。C 是充分膨胀，表层外皮的烘烤色泽也很良好，柔软内侧的气泡纵向延展，食用时口感良好。D 是塌陷使得底部变大，没有上方体积，表层外皮的颜色较淡，嚼感不佳，成品干燥粗糙。

◎考察

C 完成烘焙后的状况最好。A 和 B 则发酵不足。D 是酒精发酵过度，一旦酒精发酵过度，会产生较多的二氧化碳，也会产生较多的酒精。因此随着面团的软化，张力会消失，也会无法保持住气体膨胀。另外，酵母（面包酵母）过度地进行酒精发酵时，面团内的糖分会因被使用而难以显色。

即溶干燥酵母的配方用量

即溶干燥酵母的配方用量
对面团膨胀与制品影响的验证

使用酵母（面包酵母） 即溶干燥酵母（低糖用）

量杯测试 基本配方和教程（p.293），以上述产品取代新鲜酵母，并改变配方用量制成 4 种面团进行比较验证。以 C（即溶干燥酵母 1.5%）为评价基准。

圆形面包测试 用上述 4 种面团制作的圆形面包进行比较验证。

量杯测试

＊黄色图是评价基准

	A（即溶干燥酵母0%）	B（即溶干燥酵母0.5%）	C（即溶干燥酵母1.5%）	D（即溶干燥酵母2.5%）
发酵前				
60分钟后				

◎结果（60分钟后）

A 是完全不会膨胀。B、C、D 随着即溶干燥酵母配方用量的增加，在搅拌时面团越发紧实，在发酵时面团越发膨胀。

◎考察

本次测试的配方用量为 0% ~ 2.5%，酵母量越大，酒精发酵产生的二氧化碳量越多，面团也越膨胀。配方用量变成 3 倍、5 倍时，并不是膨胀量就会变成 3 倍、5 倍，并且即溶干燥酵母中添加了维生素 C，更能强化面筋组织的结合，所以配方用量越增加，面团越收缩，紧实变硬。

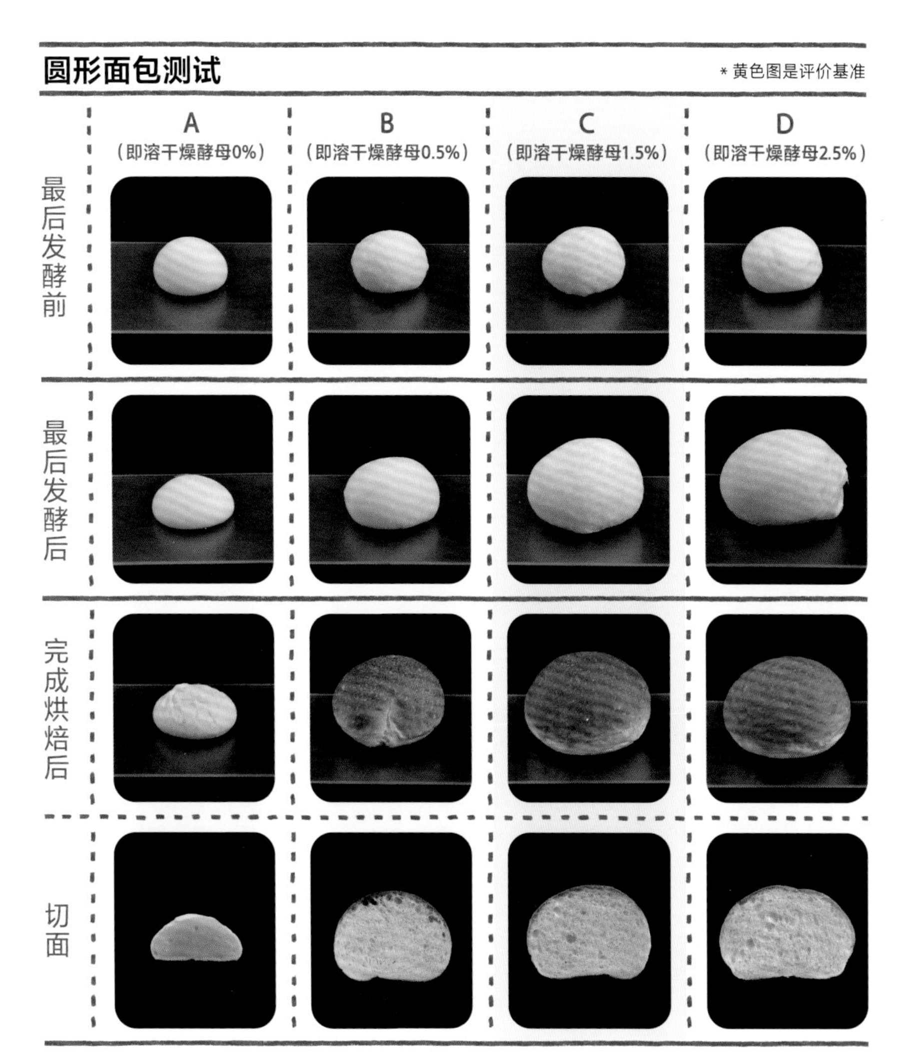

◎结果（完成烘焙后）

A 半生半熟，并未膨胀，没有显色，也未形成表层外皮。B 的膨胀不良，表层外皮颜色略深，柔软内侧的气泡紧密，食用时口感不佳，还可以看到裂缝或裂纹。C 是充分膨胀，表层外皮的烘烤色泽也很好，柔软内侧的气泡纵向展延，食用时口感好。D 的膨胀也可以，但表层外皮的呈色略淡，柔软内侧的气泡较粗，嚼感可以但干燥，能看见裂缝或裂纹。

◎考察

C 的发酵状况良好，也是烘焙完成时状况最良好的，即溶干燥酵母因添加了维生素 C，能强化面筋组织，即使是配方用量 0.5% 发酵不足的 B 面团也不会粘黏。D 即使过度发酵，面团也不会塌陷，面团底部紧实，完成烘焙后会产生裂缝或裂纹，但过度的酒精发酵使用掉面团内大多的糖分，难以呈现烘烤色泽。

面包酵母的耐糖性

酵母的种类和砂糖的配方用量
对面团膨胀影响的验证

使用酵母（面包酵母）

新鲜酵母（常规）2.5%

即溶干燥酵母（低糖用）1%

即溶干燥酵母（高糖用）1%

※ 调整新鲜酵母与即溶干燥酵母的配方比例，使发酵相同

量杯测试

基本配方和教程（p.293），新鲜酵母用上述材料替换，砂糖配方用量也用不同面团进行比较验证。B（砂糖 5%）为评价基准。

量杯测试：新鲜酵母（常规型）

＊黄色图是评价基准

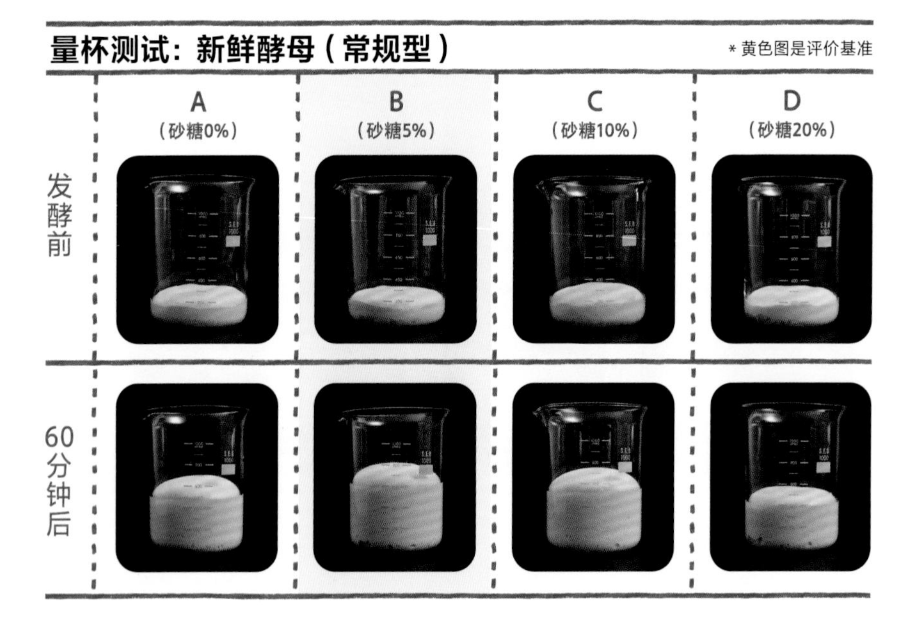

◎结果（60分钟后）

B 的膨胀最大，C、A、D 依次膨胀变小。

◎考察

本次测试中，新鲜酵母的发酵力为 B 最强，砂糖配方用量越增加，膨胀越衰减，并且可以得知砂糖含量为 0% 的 A 也会发酵。除此之外，砂糖配方用量增加，面筋组织会有点儿难以形成，面团会变软并少量逐次地影响膨胀，因为砂糖含量 20% 的 D 较 A 膨胀更小。

量杯测试：即溶干燥酵母（低糖用）

＊黄色图是评价基准

	A（砂糖0%）	B（砂糖5%）	C（砂糖10%）	D（砂糖20%）
发酵前				
60分钟后				

量杯测试：即溶干燥酵母（高糖用）

＊黄色图是评价基准

	A（砂糖0%）	B（砂糖5%）	C（砂糖10%）	D（砂糖20%）
发酵前				
60分钟后				

◎结果（60分钟后）

在低糖用酵母的作用下B的膨胀最大，A虽不及B但仍充分膨胀。C、D随着砂糖配方用量增加，膨胀变小。即使是高糖用酵母，也是B的膨胀最大，C虽不及B但仍充分膨胀，D、A依序膨胀变小。

◎考察

低糖用酵母，砂糖配方用量0%～5%的A、B发酵最活跃，高糖用酵母，砂糖配方用量5%～10%的B、C发酵最活跃。一般低糖用酵母在砂糖5%～10%、高糖用酵母在砂糖5%以上可以使用，但两者都能使用的范围是5%～10%，此对比中，使用高糖用酵母会比较容易膨胀。

水的pH

水的pH对面团膨胀与制品影响的验证

使用水 水 A（pH6.5）
水 B（pH7.0）
水 C（pH8.6）

量杯测试 基本配方和教程（p.293），用 pH 不同的 3 种水制成面团，进行比较验证。B（pH7.0）为评价基准。

圆形面包测试 用上述 3 种水制作的圆形面包进行比较验证。

量杯测试

＊黄色图是评价基准

	A （pH6.5）	B （pH7.0）	C （pH8.6）
发酵前			
60分钟后			

◎**结果（60分钟后）**

几乎看不出其差异，B（pH7.0）的膨胀略大。

◎**结论**

水的 pH 不同，发酵阶段几乎无法用目测分辨其不同。

圆形面包测试

＊黄色图是评价基准

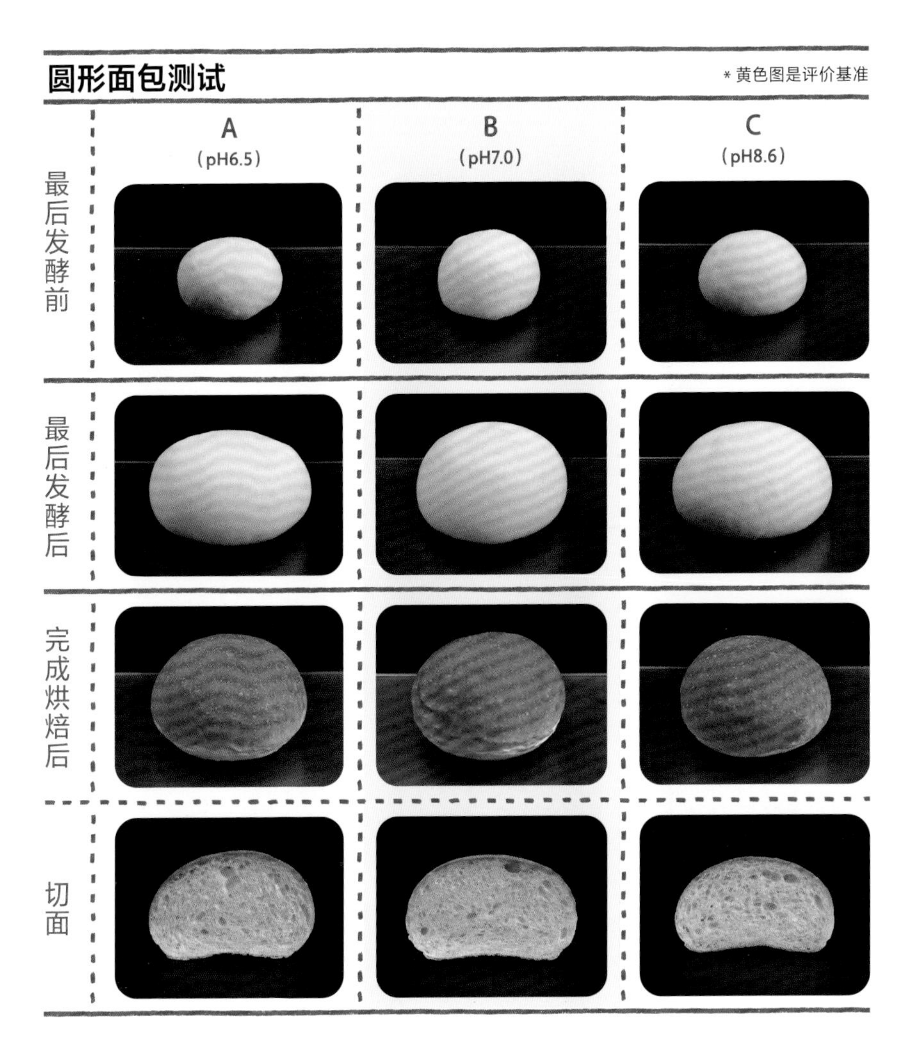

◎结果（完成烘焙后）

A 和 B 充分膨胀，也看不出特别明显的差异。C 略微扁平，体积较小，以切面来看，柔软内侧的气泡粗，有大气泡。

◎考察

A 和 B 的面团充分膨胀，是因为面团在 pH6.0 ~ 6.5 保持弱酸性时，酵母（面包酵母）比较活跃，并且面筋组织适度软化，面团能充分延展。C 面团的 pH 倾向碱性，在酵母的发酵力减弱的同时，面筋组织被过度强化，面团的延展性变差，因此完成烘焙后体积会变小。

水的硬度

水的硬度
对面团膨胀与制品影响的验证

使用水 水A（硬度0mg/L）
水B（硬度50mg/L）
水C（硬度300mg/L）
水D（硬度1500mg/L）

量杯测试 基本配方和教程（p.293），用硬度不同的水制成 4 种面团，进行比较验证。B（硬度 50mg/L）为评价基准。

圆形面包测试 用上述 4 种面团制作的圆形面包进行比较验证。

量杯测试

＊黄色图是评价基准

	A（硬度0mg/L）	B（硬度50mg/L）	C（硬度300mg/L）	D（硬度1500mg/L）
发酵前				
60分钟后				

◎**结果（60分钟后）**

A 最为膨胀，B、C、D 基本看不出差异。

◎**考察**

搅拌时水的硬度越高，面团越紧实。使用硬度 0mg/L 的 A，面筋组织的连接较弱，面团粘黏，即使膨胀起来也会塌陷。因有量杯支撑着面团，很难看出塌陷状况。

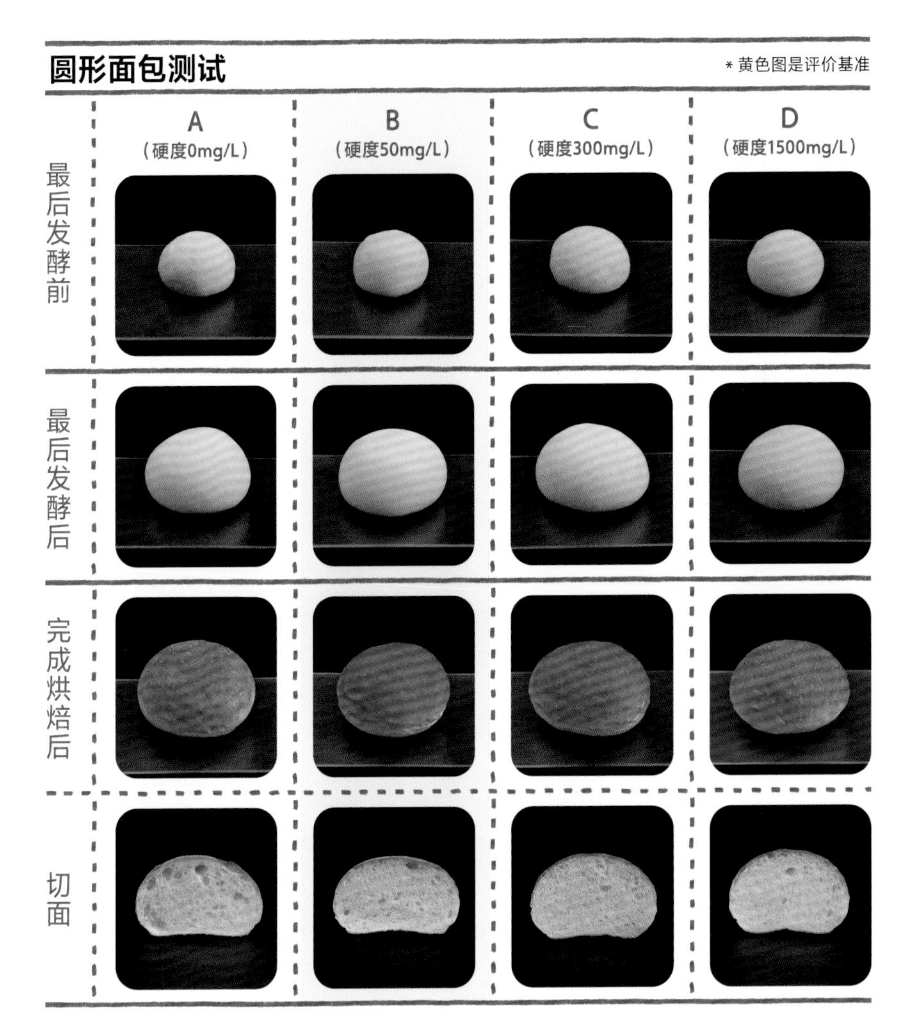

◎结果（完成烘焙后）

一看切面，就能明白 A 是塌陷地完成烘焙，气泡膜破坏后连接成几个大气泡，嚼感差，吃起来有点儿粘牙的口感。B 的柔软内侧气泡状况良好，嚼感也好。C 具高度，有小气泡，嚼感差。D 具高度，体积略小，气泡小，柔软内侧的弹性会变强，嚼感也会变差。

◎考察

硬度 50mg/L 的 B，完成烘焙的状态良好。相对于此，硬度较低的 A，面筋组织的结合较弱，面团粘黏，烘焙出的是略有塌陷的成品。相反地，硬度高的 C 和 D，因面筋组织紧实，面团变硬，柔软内侧的气泡小。但此次测试的硬度范围，无论哪一种都不影响食用，没有太大差别。

盐的配方用量

盐的配方用量对面团膨胀和
制品影响的验证

使用盐 盐（氯化钠含量99.0%）

量杯测试 基本配方和教程（p.293），变更盐的配方用量，制成4种面团进行比较验证。C（盐2%）为评价基准，但B（盐1%）也是在适当范围内。

圆形面包测试 用上述4种面团制作的圆形面包进行比较验证。

量杯测试

＊黄色图是评价基准

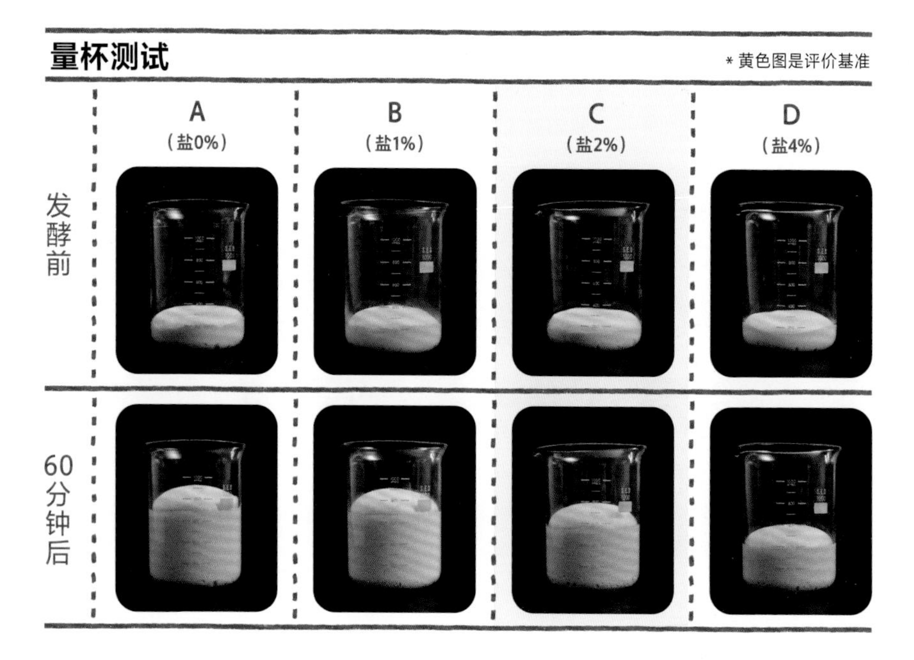

◎结果（60分钟后）

随着盐的配方用量增加，膨胀也会变小。

◎考察

盐的配方用量越大，越会抑制酵母（面包酵母）的酒精发酵，二氧化碳产生量因而减少。此外，盐会强化面筋组织，面团紧实，增加弹性。配方用量0%的A，因面筋组织较弱，变成粘黏的面团，本来应该膨胀的面团却成为塌陷状态，这里因有量杯支撑，所以能保持膨胀状态。

圆形面包测试

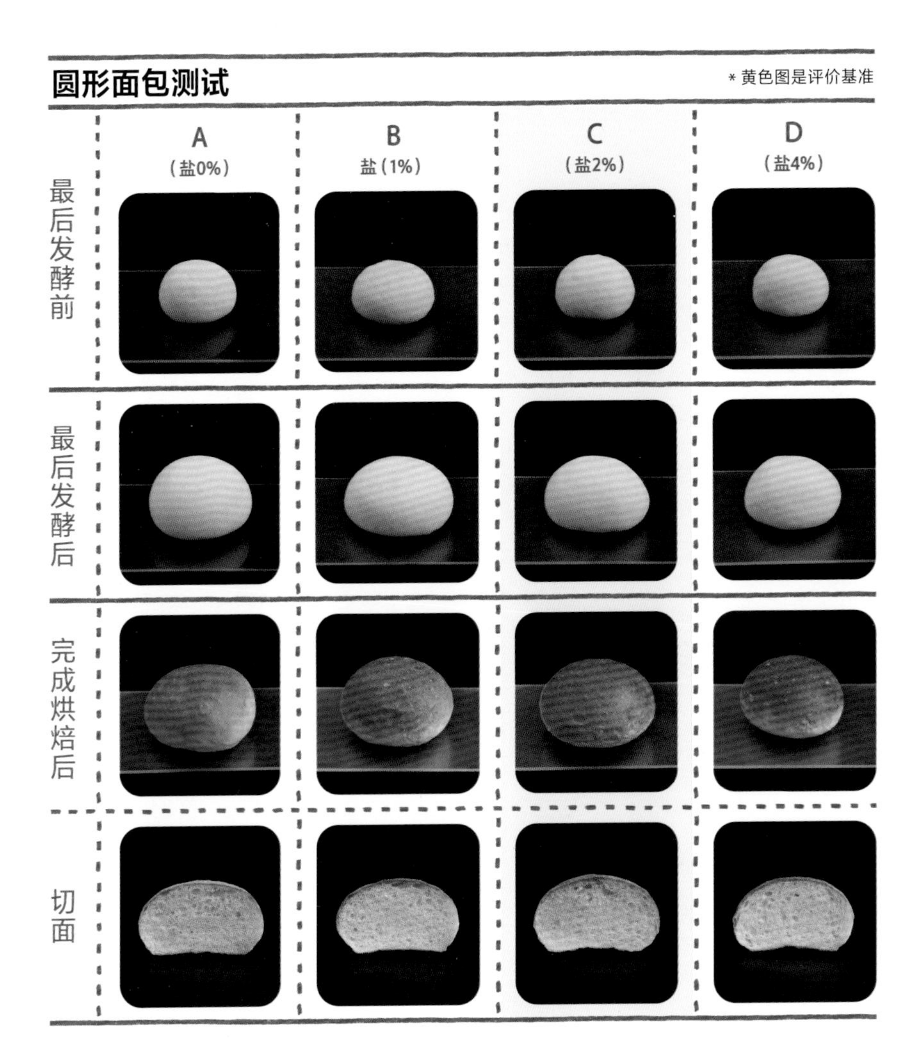

◎结果（完成烘焙后）

A 的烘烤色泽略淡，有塌陷，嚼感尚可，但面包粗糙，味道不好。B 没有太大问题，嚼感好，略微粗糙，咸度略低，风味佳。C 的柔软内侧状态、弹性、咸味、风味都很好。D 的体积小，烘烤色泽深，柔软内侧的气泡紧密，弹性过强，嚼感不佳，咸度相当高，味道差。

◎考察

C 状态最佳，B 也在适度的范围内。盐会使面筋的结构更加细密，有适度抑制酒精发酵的作用。因此，没有配方盐的 A，面筋组织难以形成，并且酒精发酵过度，因生成的酒精软化面团而塌陷。反之，超过适度用量的 D，面团弹性过度强化，因盐抑制了酒精发酵，不只膨胀变差，面团中残留的糖类也会使烘烤色泽过浓。

盐的氯化钠含量

盐的氯化钠含量
对面团膨胀与成品影响的验证

使用盐 盐A（氯化钠含量71.6%）
盐B（氯化钠含量99.0%）

量杯测试 基本配方和教程（p.293），以氯化钠含量不同的盐制作的两种面团进行比较验证。

圆形面包测试 用上述两种面团制作的圆形面包进行比较验证。

量杯测试

	A（氯化钠含量71.6%）	B（氯化钠含量99.0%）
发酵前		
60分钟后		

◎结果（60分钟后）

A较B膨胀多些，但差异很小。

◎考察

A虽然较B更膨胀多些，但因盐的氯化钠含量少，面团的结合较弱，借由酵母（面包酵母）产生的二氧化碳也能更容易地将面团推压延展。

圆形面包测试

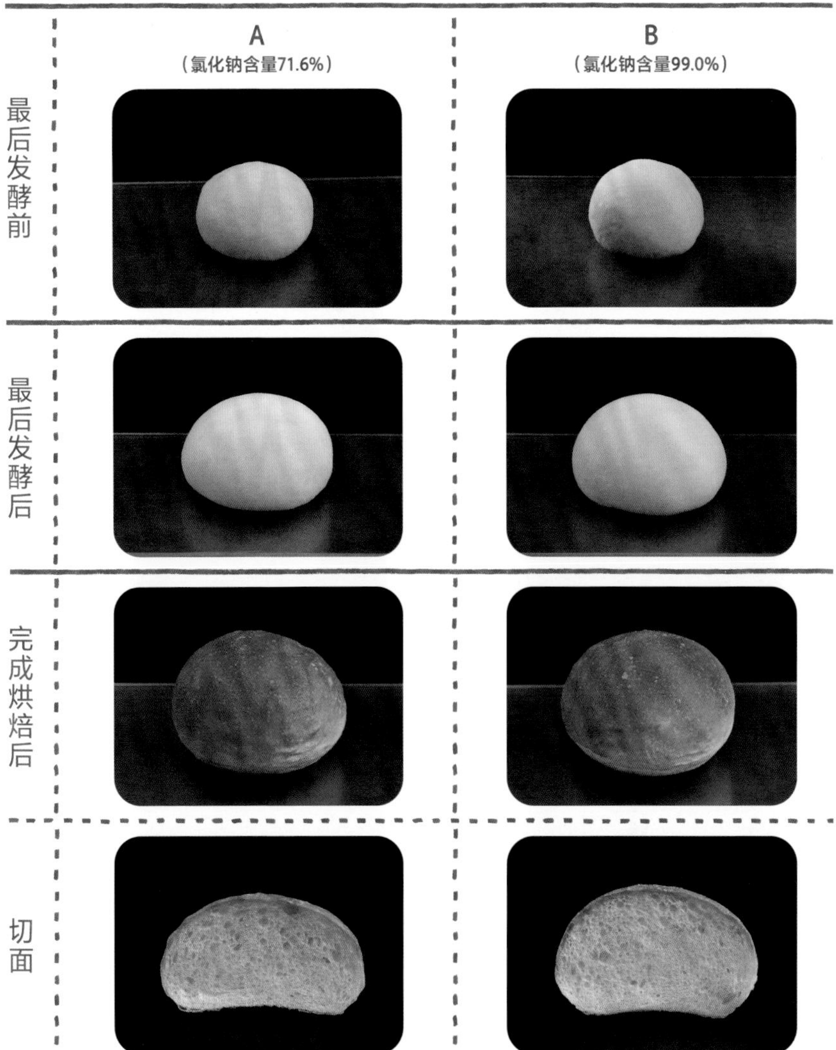

◎结果（完成烘焙后）

看切面即可知道，A 略微扁平，柔软内侧的气泡略大。B 较有高度，面团向上延展，柔软内侧的气泡状态良好。

◎考察

使用的盐，氯化钠含量较多时，面团充分膨胀，氯化钠可强化面筋组织，使面团能保持住二氧化碳，并保持膨胀状态。

砂糖的配方用量

砂糖的配方用量
对面团膨胀与成品影响的验证

使用甜味剂 细砂糖

量杯测试 基本配方和教程（p.293），变更砂糖配方用量制成 4 种面团，进行比较验证。B（细砂糖 5%）为评价基准。

圆形面包测试 用上述 4 种面团制作的圆形面包进行比较验证。

量杯测试

＊黄色图是评价基准

	A（细砂糖0%）	B（细砂糖5%）	C（细砂糖10%）	D（细砂糖20%）
发酵前				
60分钟后				

◎**结果（60分钟后）**

B 最为膨胀，C、A、D 膨胀度依序变小。

◎**考察**

本次测试中，新鲜酵母的发酵力是砂糖量 5% 的 B 最高，随着砂糖配方用量的增加，膨胀越小，并且可知砂糖配方用量 0% 的 A 也会发酵。

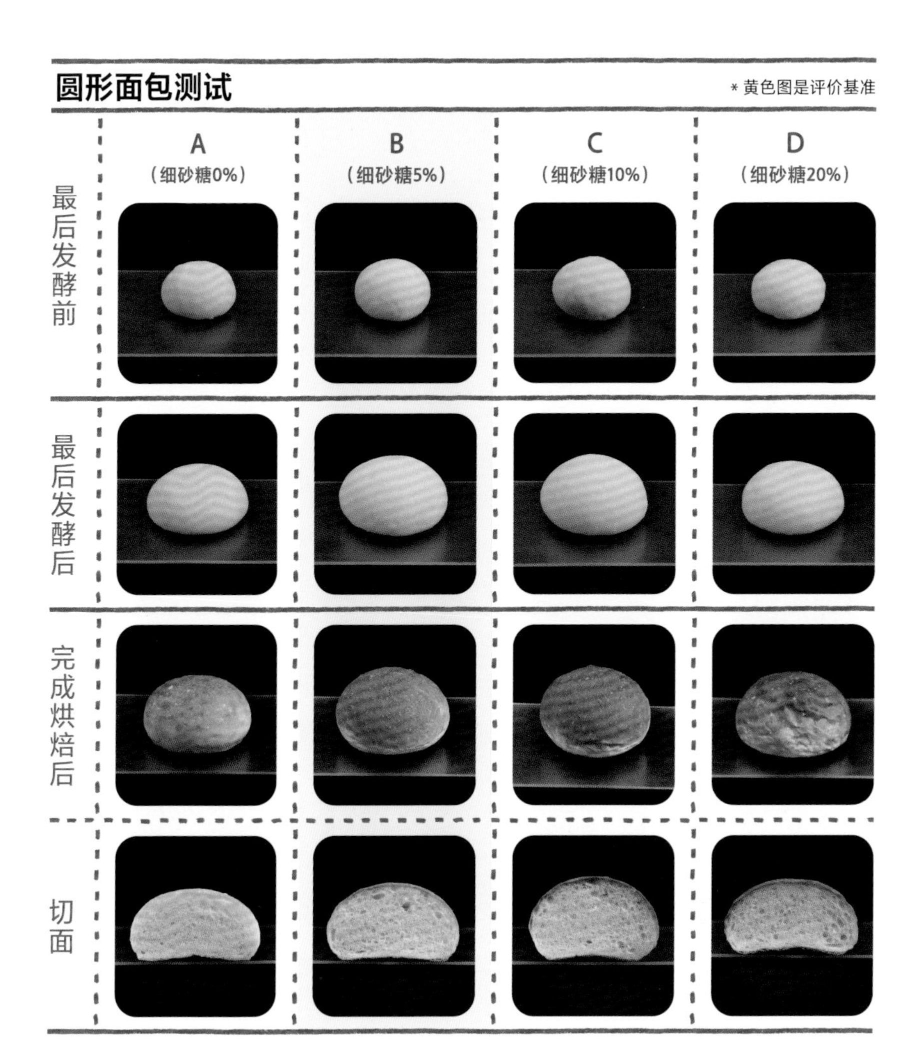

◎**结果（完成烘焙后）**

A 的体积小，塌陷且扁平，柔软内侧的气泡紧密，嚼感差。B 充分膨胀，表层外皮呈色佳，柔软内侧的气泡良好，嚼感好且甜味少。C 充分膨胀，面包高度也没有问题，颜色略深，柔软内侧的质地及嚼感都很好，有恰到好处的甜味。D 形状扁平，受热不良，表面出现皱纹，柔软内侧的气泡紧实，嚼感差，甜味过重。

◎**考察**

此次测试中，砂糖配方用量 5% 的 B 是最好的成品，C 也在适度的范围内。D 面团中的渗透压过高，酵母（面包酵母）细胞内的水分被夺走，因此发酵力降低。此外，砂糖配方用量大，会促进美拉德反应和焦糖化反应，使面包更容易呈现烘烤色泽。

甜味剂的种类

不同的甜味剂
对面团膨胀与成品影响的验证

使用甜味剂：细砂糖、上白糖、蔗糖、黑糖、蜂蜜

量杯测试 基本配方和教程（p.293），用不同甜味剂（如左侧，配方用量10%）制作出的5种面团进行比较验证。A（细砂糖）为评价基准。

圆形面包测试 用上述5种面团制作的圆形面包进行比较验证。

量杯测试

＊黄色图是评价基准

	A（细砂糖）	B（上白糖）	C（蔗糖）	D（黑糖）	E（蜂蜜）
发酵前					
60分钟后					

◎结果（60分钟后）

虽然看不出有太大的不同，但A最为膨胀，其他依序是C和E，再其次是B和D。

◎考察

因甜味剂的种类不同，特征也随之变化，在发酵阶段无法觉察。

圆形面包测试

＊黄色图是评价基准

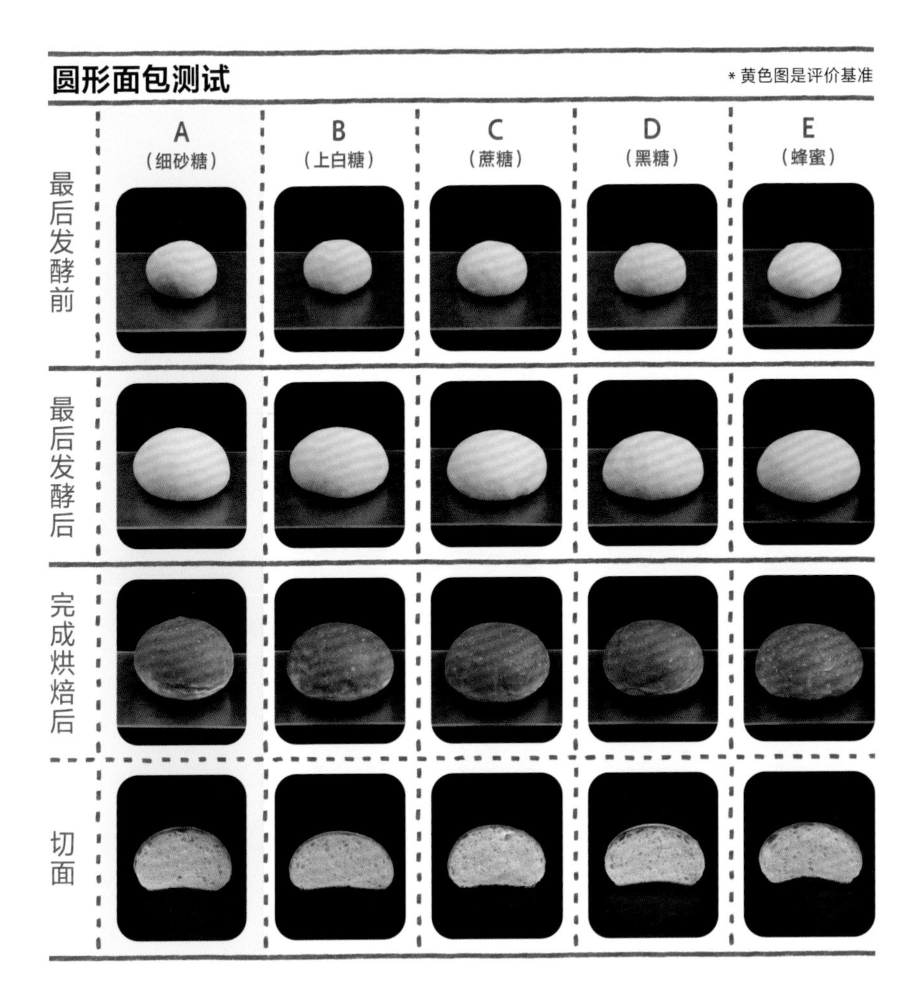

◎结果（完成烘焙后）

关于甜味，细砂糖（A）清爽且没有特殊味道。上白糖（B）浓郁，甜味扎实。蔗糖（C）、黑糖（D）、蜂蜜（E）能感觉到各不相同的香甜风味。在外观、口感上，A的膨胀程度、表层外皮的呈色、柔软内侧的状态、嚼感都很好。B略扁平，但表层外皮和柔软内侧都没有问题，内部润泽，嚼感略差。C和A几乎相同。D的表层外皮略带黑，柔软内侧扎实，嚼感略差。E的色泽良好，但气泡紧密，嚼感不佳。

◎考察

依甜味剂不同，甜味的感觉、浓郁程度及风味不同，也各有其特征。B～E的成分，无论哪种转化糖都多于细砂糖。因转化糖具有吸湿性和保水性，所以特别是B、D、E，面团都会粘黏，烘焙成略大且扁平的形状，柔软内侧润泽，嚼感较差。

油脂的种类

不同的油脂
对面团膨胀与成品影响的验证

使用油脂		
黄油	**量杯测试**	基本配方和教程（p.293），用不同油脂（如左侧，配方用量 10%）制成的 3 种面团进行比较验证。
酥油		
色拉油	**圆形面包测试**	用上述 3 种面团制作的圆形面包进行比较验证。

量杯测试

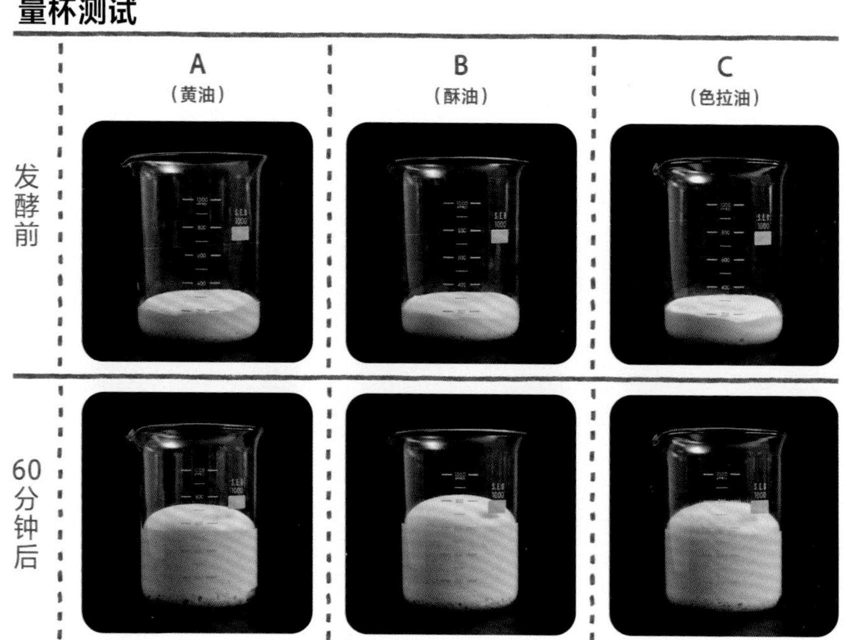

◎结果（60分钟后）

B 最为膨胀，其次依序是 C 和 A。

◎考察

酥油具有使面包膨胀、柔软、嚼感佳的特性，因此使用酥油的面团（B）充分膨胀，酥油和色拉油的成分是 100% 的脂质，但黄油的脂质是 83%，其余几乎都是水分。黄油配方的面团（A），膨胀不如酥油和色拉油的面团（C），即使油脂的配方用量相同，其中所含的脂质量也较少。

圆形面包测试

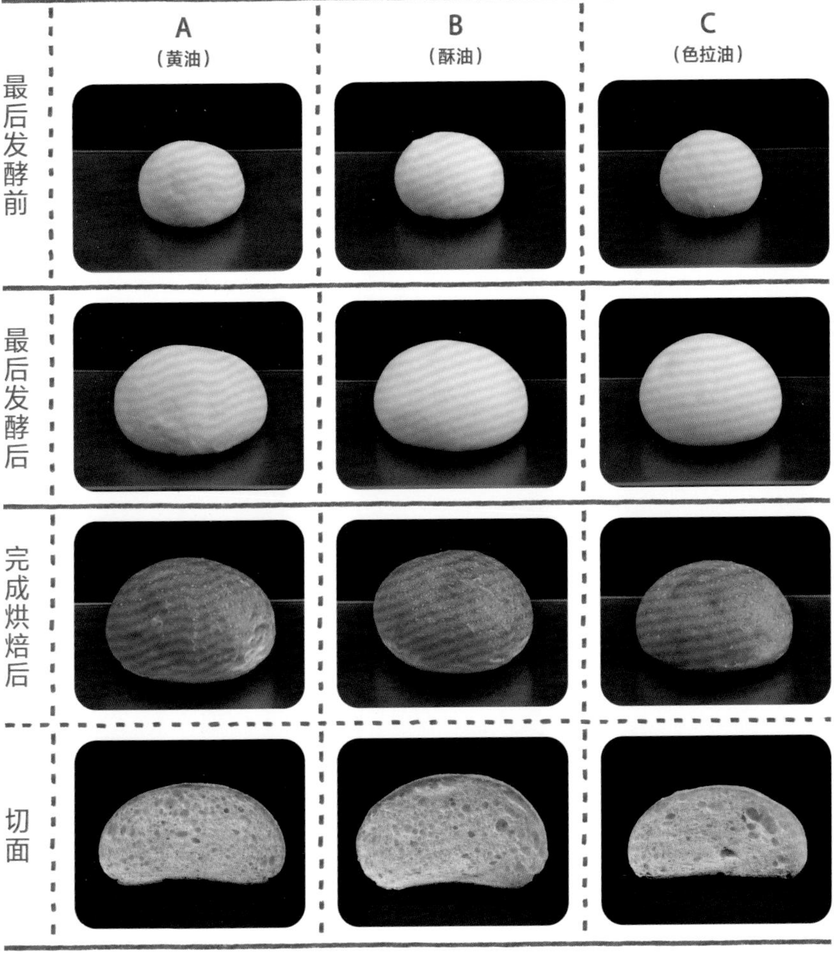

	A（黄油）	B（酥油）	C（色拉油）
最后发酵前			
最后发酵后			
完成烘焙后			
切面			

◎结果（完成烘焙后）

A 的表层外皮、柔软内侧都良好，润泽且柔软，具有黄油特有的香味。B 的表层外皮呈色、柔软内侧的状态也很好，柔软且嚼感佳，风味清爽。C 相较于 A 和 B，膨胀较早结束，因此无法呈现出体积，形状扁平。烘烤色泽也略淡，气泡不均匀地缩紧，嚼感差且油腻。

◎考察

黄油（A）和酥油（B）的面团状态都良好，在味道和风味上，黄油香醇浓郁，酥油无臭无味，色拉油（C）则感觉油腻。口感上，黄油柔软，酥油柔软且嚼感佳，色拉油是液态油脂，不具可塑性，因此膨胀不佳，也无法烘焙出理想体积。

黄油的配方用量

黄油的配方用量
对面团膨胀与成品影响的验证

使用油脂 黄油

量杯测试 基本配方和教程（p.293），变更黄油配方用量，制成 4 种面团进行比较验证。B（黄油 5%）为评价基准。

圆形面包测试 用上述 4 种面团制作的圆形面包进行比较验证。

量杯测试

＊黄色图是评价基准

	A（黄油0%）	B（黄油5%）	C（黄油10%）	D（黄油20%）
发酵前				
60分钟后				

◎结果（60分钟后）

B 最为膨胀，C、D、A 膨胀依序变小。

◎考察

面团中一旦添加黄油，会沿着面筋薄膜扩散，面团变得容易延展，也变得容易膨胀。这次测试中，配方用量 5% 的 B 体积最大，配方用量中黄油增多时，面团会塌陷，体积反而变小。

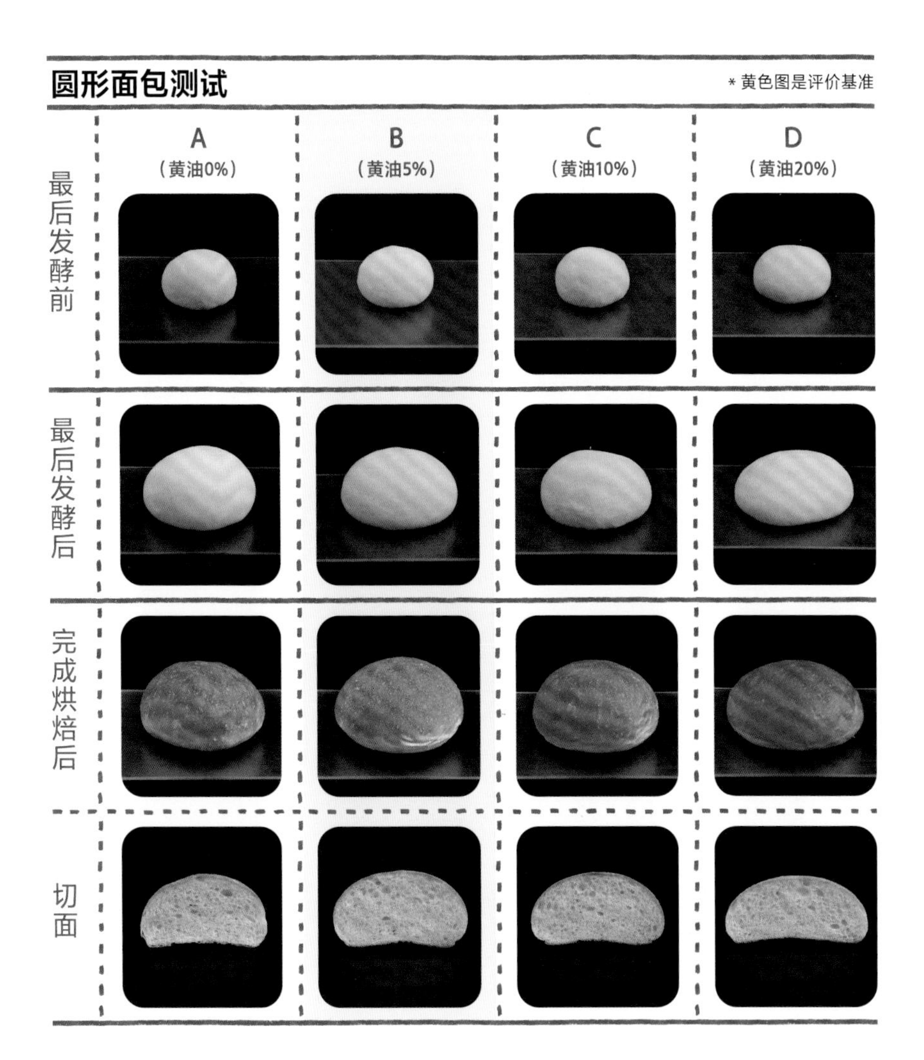

◎结果（完成烘焙后）

A 形状略扁平，烘烤色泽不均，柔软内侧的气泡扎实，嚼感差。B 最为膨胀，表层外皮的呈色良好，气泡略粗，但嚼感好、风味佳。相较于 B，C 的膨胀略差一点，呈色虽好但略重，内侧润泽柔软，能确实感受到黄油风味。D 因塌陷，形状扁平，呈色最浓，柔软内侧的气泡扎实，弹性和嚼感差，黄油风味最重。

◎考察

配方中黄油的首要目的是呈现出黄油的特殊风味。另外，若增加黄油，就能增加膨胀，也能变柔软。但黄油的配方用量超过 5%（B）时，面团会塌陷，使得膨胀变差，也会影响口感。另外，黄油配方用量增加时，会促进美拉德反应和焦糖化反应，更容易呈现烘烤色泽。

鸡蛋的配方用量①（全蛋）

全蛋的配方用量
对面团膨胀与成品影响的验证

使用蛋 全蛋 ※为使面团硬度均匀，鸡蛋配方用量的不同会以水来调整

量杯测试 基本配方和教程（p.293）中追加全蛋，变更配方用量，制作3种面团进行比较验证。A（全蛋0%）为评价基准。

圆形面包测试 用上述3种面团制作的圆形面包进行比较验证。

量杯测试

*黄色图是评价基准

	A（全蛋0%）	B（全蛋5%）	C（全蛋15%）
发酵前			
60分钟后			

◎结果（60分钟后）

感觉不出太大的差异。

◎考察

添加全蛋的面团延展性（易于延展的程度）会变好，能提高对酵母（面包酵母）生成气体的保持力，但也并不是配方用量中全蛋越多，效果越好。

圆形面包测试

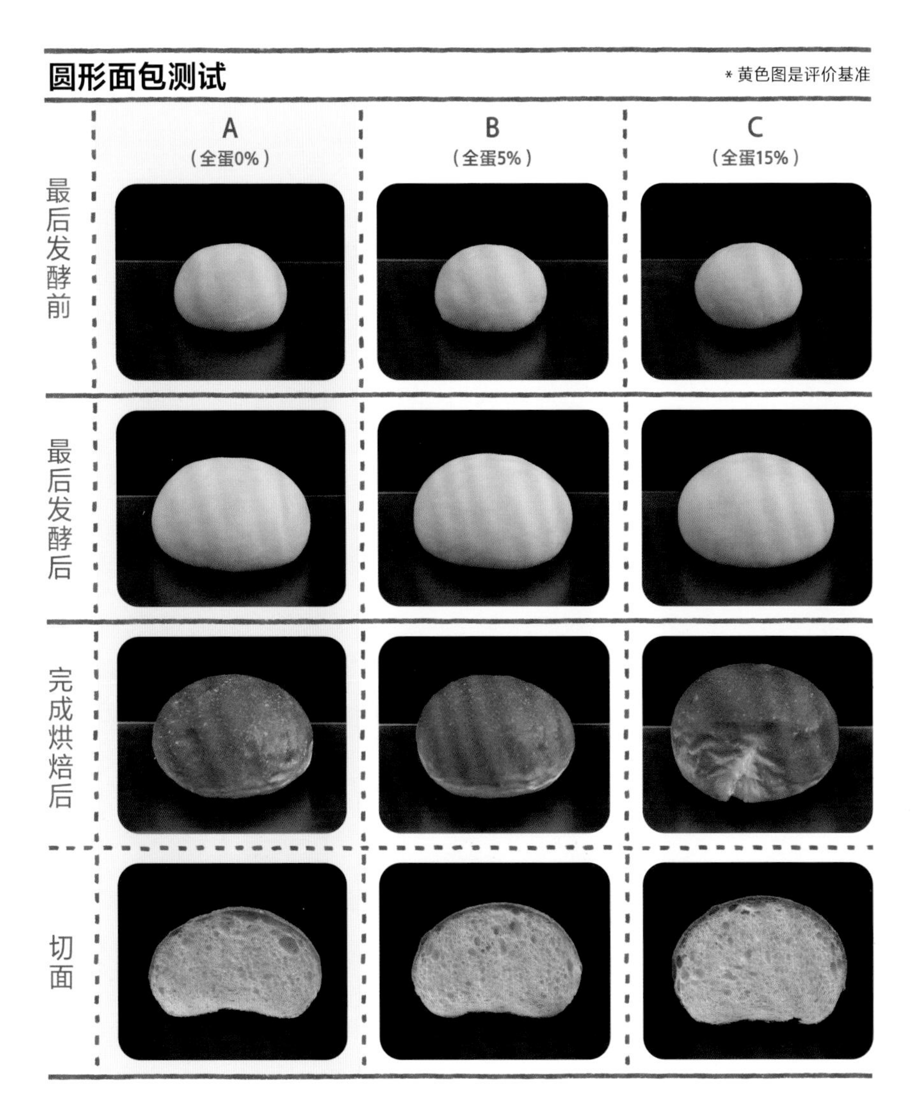

◎**结果（完成烘焙后）**

A表层外皮的呈色良好，柔软内侧略干燥粗糙，但嚼感佳。B的表层外皮与A相同，柔软内侧多少带有黄色，嚼感佳，可以略微尝到鸡蛋风味。C的体积变大，烘焙完成时下方有裂缝，烘烤色泽略深，柔软内侧呈黄色，气泡略扎实。弹性变强，嚼感差，可以尝出鸡蛋的风味。

◎**考察**

随着鸡蛋配方用量的增加，面团体积变大。这是因蛋黄的乳化性使面团延展性变好，也变得容易膨胀。面团因加热膨胀时，蛋白的热凝固可以固定组织。但若增加全蛋的配方用量，蛋白量也会增加，结果会导致面包变硬，像C一般产生裂缝。

鸡蛋的配方用量②（蛋黄、蛋白）

蛋黄、蛋白配方用量
对面团膨胀与成品影响的验证

使用蛋 蛋黄 ※为使面团硬度均匀，鸡蛋配方用量的不同会以水来调整
蛋白

量杯测试 基本配方和教程（p.293）中追加蛋黄、蛋白，变更配方用量，制作出 4 种面团进行比较验证。

圆形面包测试 用上述 4 种面团制作的圆形面包进行比较验证。

量杯测试

	A（蛋黄5%）	B（蛋黄15%）	C（蛋白5%）	D（蛋白15%）
发酵前				
60分钟后				

◎**结果（60分钟后）**

A 和 C 充分膨胀，其次是 B，膨胀隆起略少。D 的膨胀最差，膨胀高度最低。

◎**考察**

蛋黄、蛋白会对面团的黏合及延展程度造成影响，配方用量多的面团会粘黏，但可以得知，若搅拌后的面团形成连接，就能保持住酵母（面包酵母）产生的气体。

圆形面包测试

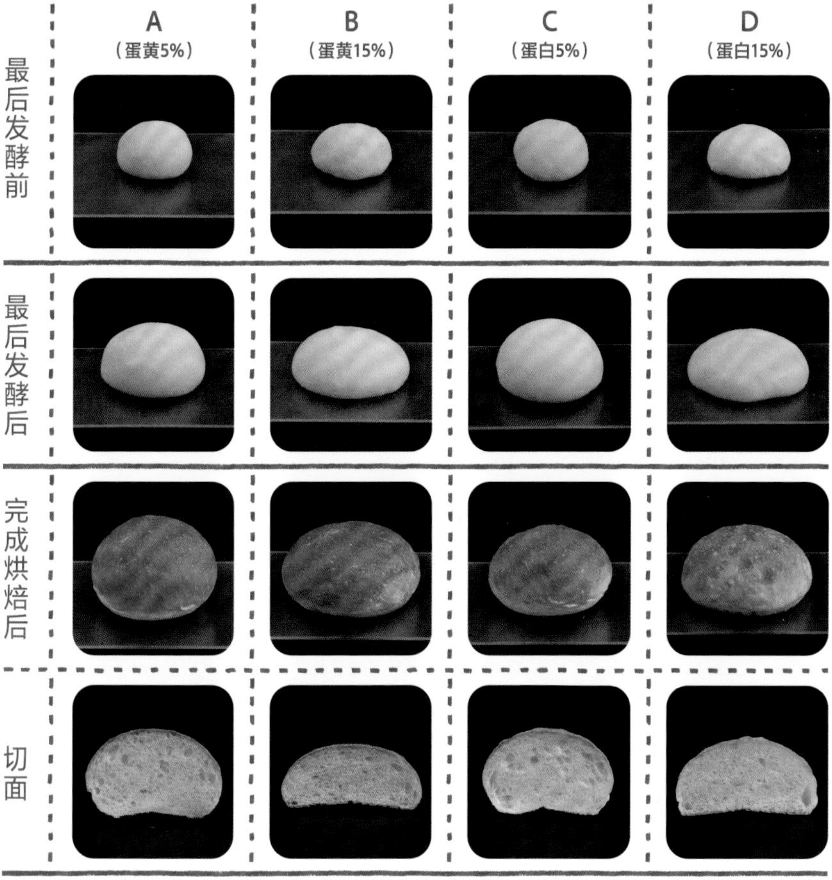

	A （蛋黄5%）	B （蛋黄15%）	C （蛋白5%）	D （蛋白15%）
最后发酵前				
最后发酵后				
完成烘焙后				
切面				

◎**结果（完成烘焙后）**

A 充分膨胀，表层外皮呈色良好，柔软内侧略带黄色，虽略粗糙但嚼感佳，也能尝出鸡蛋的风味。B 形状扁平，柔软内侧的颜色黄且粗糙，干而脆，可以强烈感觉到鸡蛋风味。C 能烘焙出具高度的面包，表层外皮的烘烤色泽略淡，柔软内侧颜色略白，气泡扎实具弹力，嚼感差，感觉不到鸡蛋风味。D 形状扁平，表层外皮的颜色差，柔软内侧白，气泡扎实，嚼感十分差，柔软，有鸡蛋腥味。

◎**考察**

面包中添加鸡蛋的主要目的是增添鸡蛋风味、赋予蛋黄的颜色以及强化营养。蛋黄配方用量 5% 的 A 膨胀很好，因为配方中的蛋黄借由乳化作用使面团延展性变好，也有使质地更细致等作用。此外，蛋白一旦加热，会像果冻般凝固，因此完成烘焙时，能补强膨胀起来的面团骨架。但无论蛋黄还是蛋白，B 和 D 配方用量过多时，都会使面团塌陷，膨胀状况变差。

脱脂奶粉的配方用量

脱脂奶粉的配方用量
对面团膨胀与成品影响的验证

使用乳制品 脱脂奶粉

量杯测试 基本配方和教程（p.293），变更脱脂奶粉配方用量，制成 3 种面团进行比较验证。B（脱脂奶粉 2%）为评价基准。

圆形面包测试 用上述 3 种面团制作的圆形面包进行比较验证。

量杯测试

*黄色图是评价基准

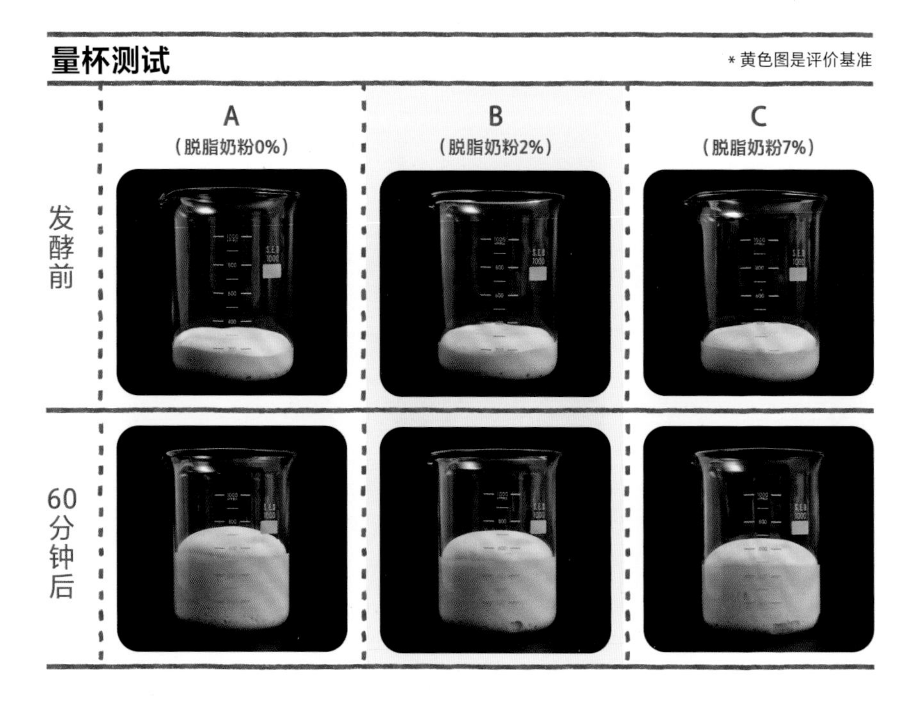

◎结果（60分钟后）

脱脂奶粉的配方用量越多，面团的膨胀越小。

◎考察

随着面团的发酵推进，pH 会降低为酸性，更接近酵母（面包酵母）活跃作用的 pH。但面包中配方若含脱脂奶粉，会因缓冲作用使 pH 不易降低，进而使酵母的发酵力下降。此外，面筋组织不易软化，面团变硬、不易膨胀，都是其中的原因。

圆形面包测试

＊黄色图是评价基准

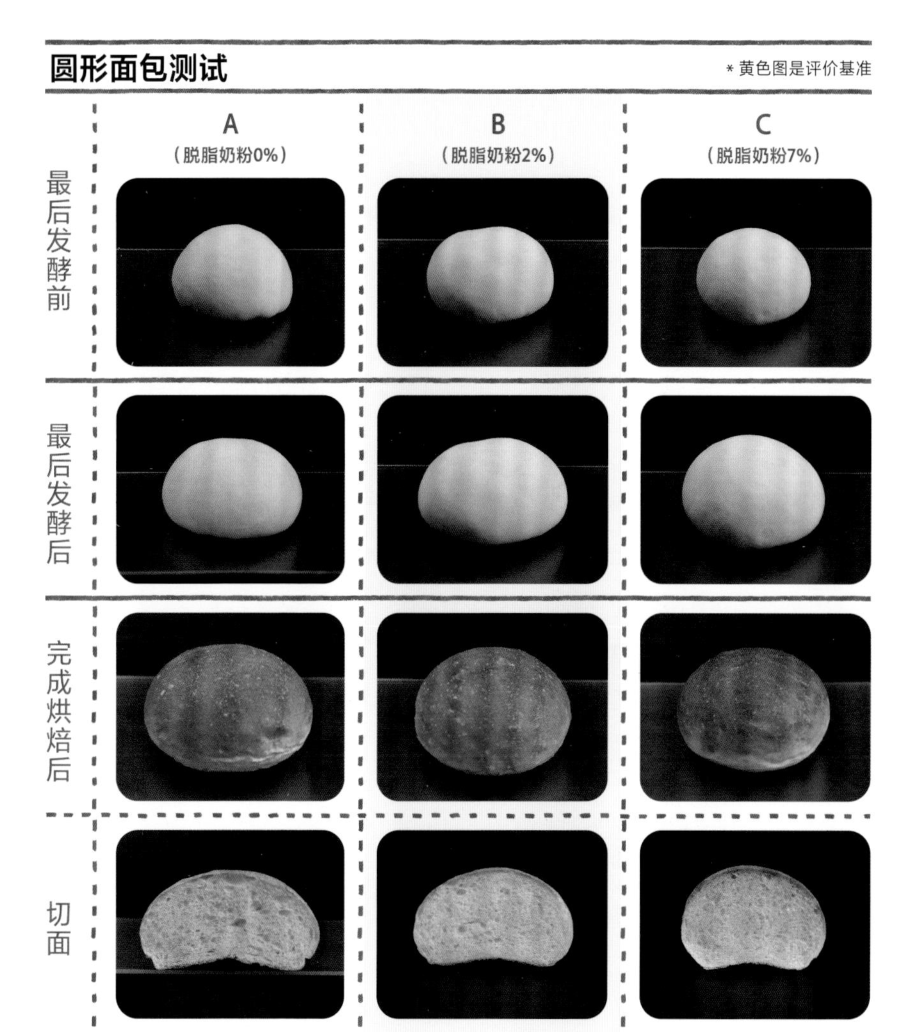

◎结果（完成烘焙后）

A 形状扁平，烘烤色泽略淡，口感粗糙。B 烘焙完成后状况良好。C 具高度，表层外皮颜色深，柔软内侧气泡扎实，弹性强，可以强烈感觉到牛奶的风味。

◎考察

脱脂奶粉的配方用量越增加，则酵母（面包酵母）的发酵力越下降，面团紧实，脱脂奶粉中含乳糖，没有被运用在酵母的酒精发酵，至烘焙时都残留在面团中，因而促进了美拉德反应和焦糖化反应。配方添加脱脂奶粉的主要目的是增添风味、强化营养，烘烤色泽变深也是其中的优点，但也请理解，配方用量过多时，缓冲作用反而会损伤面包的制作性。

乳制品的种类

不同种类的乳制品 对面团膨胀与成品影响的验证

使用乳制品　脱脂奶粉
牛奶

※ 将脱脂奶粉和牛奶中所含水分之外的成分同等地进行换算，牛奶中所含的水分用水来调整

量杯测试　基本配方和教程（p.293），调整乳制品的水分制成两种面团，进行比较验证。

圆形面包测试　用上述两种面团制作的圆形面包进行比较验证。

量杯测试

	A（脱脂奶粉7%）	B（牛奶70%）
发酵前		
60分钟后		

◎结果（60分钟后）

A 的膨胀略好一点。

◎考察

脱脂奶粉是由牛奶除去几乎所有的脂肪成分和水分制成的。调整脱脂奶粉和牛奶的水量，由此次测试可知膨胀程度几乎没有太大的差异。

圆形面包测试

	A （脱脂奶粉7%）	B （牛奶70%）
最后发酵前		
最后发酵后		
完成烘焙后		
切面		

◎结果（完成烘焙后）

A 充分膨胀具高度，烘烤色泽略浓重，柔软内侧气泡扎实、弹力强，可以感觉到牛奶的风味。B 与 A 同样膨胀，但柔软内侧的气泡略粗大，嚼感佳，较 A 更能强烈感觉到牛奶风味。

◎考察

在面包中使用乳制品的主要目的是增添风味并赋予营养成分。此外，烘焙时会促进美拉德反应和焦糖化反应，面包会更容易呈现烘烤色泽，这是配方中含乳制品的面包特征。在此比较脱脂奶粉和牛奶的面团后可知，除了牛奶风味的强弱之外，完成的面包并没有太大的区别。

本书中使用的专业用语

面包的美味，不仅源于味道（味觉），还包括香气（嗅觉）、口感和嚼感（触觉）、咀嚼时的声音（听觉）、颜色和外观（视觉）等，是通过身体五感得到的美味。在此针对本书当中用于呈现美味的词语、化学性用词的表达含意，加以说明。

面团状态的表达用语

面包制作性：面包制作的容易程度。

面团塌陷：面团张力松弛，不收缩紧实的状态。

吸湿性：水分吸收、附着的性质。

保水性：保持水分的性质。

流动性：不固定流动的性质。

黏弹性：具有黏性和弹性的性质。

延展性：易于延展的程度，延展良好的性质。

抗张性：拉扯张力的强度。

可塑性（油脂）：在固态油脂上施以外力使其变形，待除去外力后，再还原成原来状态的性质。

酥油性（油脂）：油脂会阻碍面团的面筋组织形成，借由油脂防止面筋黏合，使烘焙完成的食品呈现松脆易碎口感的性质。

关于面包的表达用语

口感：享用时的味道、口感、咀嚼感等。

风味：不仅是用舌头感觉味道，还指由口至鼻感受到的香气滋味。

润泽：含有适度水分湿润的状态。

软质： 柔软的状态。

体积： 面包的膨胀、大小。

柔软蓬松： 柔软蓬松的状态。不仅是外观，也能用于口感。

轻盈膨胀： 轻盈地膨胀。饱含空气般轻盈柔软的口感。

Q 软弹牙： 润泽或松软当中，含有如麻薯般恰到好处的黏性与弹性，有适度嚼感的状态。

酥松： 不花力气就能轻易咬断的状态。

香脆、爽脆： 咀嚼脆弱易碎的食品时，发出轻快爽利声音的状态。

嚼感良好： 咀嚼食物时，易咀嚼咬断的状态。

Q 弹： 具有弹性，不易拉断，难以咬断。

入口即化： 在口中立刻化成滑顺的状态。

软黏： （柔软内侧塌陷）口感差，很难融入口中的状态，如同咀嚼软糖或口香糖般的口感。

浓郁： 风味、香气强烈，或是用于描述高脂肪成分。

清淡： 风味、香气清爽。

本书面包制作人员名单

浅田纪子
尾冈久美子
中村纮尉
柴田伦美
栾村辽
栾村绫

日文版工作人员名单

摄影　エレファント・タカ
设计　山本阳
校对　万岁公重
编辑　佐藤顺子　井上美希

引用文献

◎ 顕微鏡写真（36、275ページ）…長尾精一：小麦の機能と科学 / 朝倉書店 / 2014 / 101ページ

◎ 顕微鏡写真（39ページ）…長尾精一：調理科学22 / 1989 / 261ページ

◎ 表（23、112、123ページ）…文部科学省科学技術・学術審議会資源調査分科会：日本食品標準成分表（八訂）/ 2020（一部抜粋）

◎ 表（30ページ）…一般財団法人製粉振興会（編）：小麦・小麦粉の科学と商品知識 / 2007 / 48ページ（一部抜粋）

◎ 表（97ページ）…高田明和、橋本仁、伊藤汎（監修）、公益社団法人糖業協会、精糖工業会：砂糖百科 / 2003 / 132、136ページ（一部抜粋）

◎ 図表（133ページ）…全国飲用牛奶公正取引協議会 資料（一部抜粋）

※上述显微镜照片和图表按书中先后顺序进行排序。

参考文献

◎ 竹谷光司（著）：新しい製パン基礎知識 / パンニュース社 / 1981

◎ 日清製粉株式会社、オリエンタル酵母工業株式会社、宝酒造株式会社（編）：パンの原点・发酵と種 / 日清製粉株式会社 / 1985

◎ 田中康夫、松本博（編）：製パンプロセスの科学 / 光琳 / 1991

◎ 田中康夫、松本博（編）：製パン材料の科学 / 光琳 / 1992

◎ レイモン・カルベル（著）、安部薫（訳）：パンの風味・伝承と再発見 / パンニュース社 / 1992

◎ 高田明和、橋本仁、伊藤汎（監修）、公益社団法人糖業協会、精糖工業会：砂糖百科 / 2003

◎ 松本博（著）：製パンの科学・先人の研究、足跡をたどる・こんなにも興味ある研究が… / 2004

◎ 財団法人製粉振興会（編）：小麦・小麦粉の科学と商品知識 / 2007

◎ 長尾精一（著）：小麦の機能と科学 / 朝倉書店 / 2014

◎ 井上直人（著）：おいしい穀物の科学・コメ、ムギ、トウモロコシからソバ、雑穀まで / 講談社 / 2014

※上述作品按出版日期先后进行排序。

资料提供与协助

◎东方酵母工业株式会社
显微镜照片（p.63、p.59、p.60、p.221）

◎雪印牛奶株式会社
图表（p.138）

◎日本尼达株式会社
照片（p.16、p.220）

◎J-oilmills株式会社

◎贝克枫产品生产者协会

梶原庆春

日本辻制果专门学校面包制作专业教授。1984 年毕业于辻调理专门学校。曾在德国奥芬堡的一家知名咖啡馆研修和学习。著有《面包制作教科书》等多部与面包制作相关的图书，在读者中拥有非常高的口碑。试着从 1 次、10 次开始，甚至试做上百次，必定会从中明白制作面包的道理，认真思考为何会如此，这是制作面包过程中最重要的事，也是我每天向学生传授技术的中心思想。

木村万纪子

1997 年毕业于日本奈良女子大学家政学部食物学科，后又到辻调理专门学校学习。从辻调理专门学校毕业后，在辻静雄料理教育研究所工作数年，后来自立门户。现在担任讲师，同时也在调理科学领域执笔创作，著有《用科学了解糕点的“为什么”》等多部烘焙类图书。她擅长活用在烹调现场学到的技术和知识，并将理论和实践完美地结合起来。

图书在版编目（CIP）数据

用科学了解面包的“为什么”：全彩图解版 /（日）梶原庆春，（日）木村万纪子著；王春梅译. -- 沈阳：辽宁科学技术出版社，2025. 4. -- ISBN 978-7-5591-4080-7

Ⅰ. TS213.21-64

中国国家版本馆CIP数据核字第20252T308H号

出版发行：辽宁科学技术出版社
（地址：沈阳市和平区十一纬路25号　邮编：110003）
印 刷 者：辽宁鼎籍数码科技有限公司
经 销 者：各地新华书店
幅面尺寸：145mm × 210mm
印　　张：11
字　　数：400千字
出版时间：2025年4月第1版
印刷时间：2025年4月第1次印刷
责任编辑：康　倩
版式设计：袁　舒
封面设计：袁　舒
责任校对：韩欣桐

书　　号：ISBN 978-7-5591-4080-7
定　　价：88.00元

联系电话：024-23284367
邮购热线：024-23284502
邮　　箱：987642119@qq.com